高等学校公共基础课系列教材

大学物理学习指导

（下册）

李艳辉　白　璐　周彩霞
张艳艳　李存志　韩一平　编著

西安电子科技大学出版社

内容简介

本书是根据《理工科类大学物理课程教学基本要求》中的"教学内容基本要求"编写而成的学习指导用书。本书分为上、下两册，上册包括质点力学、刚体力学基础、振动和波、波动光学、气体动理论与热力学五个模块，下册包括静电场、稳恒电流的磁场、电磁感应、狭义相对论力学基础、量子物理基础五个模块。各模块均由教学要求、内容精讲和例题精析三部分组成。其中："教学要求""内容精讲"两部分旨在帮助读者正确、快速地领会基本物理概念和基本物理规律的内涵；"例题精析"部分又分为"思路解析""计算详解""讨论与拓展"，旨在帮助读者熟练运用物理学规律解决问题，达到触类旁通，举一反三的效果。上、下册的附录中精选了期中、期末模拟试题各三套，并附有参考答案，可帮助读者检验学习效果。

本书可供理工类各专业学生学习参考，也可供大学物理教师教学参考，以及物理爱好者学习拓展使用。

图书在版编目(CIP)数据

大学物理学习指导．下册 / 李艳辉等编著．—西安：西安电子科技大学出版社，2022.9(2024.6 重印)
ISBN 978-7-5606-6675-4

Ⅰ．①大…　Ⅱ．①李…　Ⅲ．①物理学—高等学校—教学参考资料
Ⅳ．①O4

中国版本图书馆 CIP 数据核字(2022)第 175552 号

策　　划　刘玉芳
责任编辑　杨　薇
出版发行　西安电子科技大学出版社(西安市太白南路 2 号)
电　　话　(029)88202421　88201467　　邮　　编　710071
网　　址　www.xduph.com　　电子邮箱　xdupfxb001@163.com
经　　销　新华书店
印刷单位　咸阳华盛印务有限责任公司
版　　次　2022 年 9 月第 1 版　2024 年 6 月第 3 次印刷
开　　本　787 毫米×1092 毫米　1/16　印张　12.5
字　　数　294 千字
定　　价　33.00 元
ISBN 978-7-5606-6675-4/O
XDUP 6977001-3

前　　言

物理学是研究物质的基本结构及物质运动的普遍规律的一门严格的、精密的基础学科。“大学物理”则是高等院校理工科类各专业一门重要的基础课程，它在培养学生科学思维和逻辑推理的能力等方面具有重要的作用。要学好大学物理，除课堂的学习和训练外，还要结合教学要求，做一定量的练习题。

本书以《理工科类大学物理课程教学基本要求》中的“教学内容基本要求”为基础，结合编者多年的教学工作经验和心得体会编写而成，力求使读者尽快地、正确地、更好地领会大学物理学中的基本概念和基本规律的内涵，深刻理解大学物理学中的基本内容并灵活运用，培养学生分析问题和解决问题的能力。

本书分为上、下两册，上册包括质点力学、刚体力学基础、振动和波、波动光学、气体动理论与热力学五个模块，下册包括静电场、稳恒电流的磁场、电磁感应、狭义相对论力学基础、量子物理基础五个模块。各模块均包含“教学要求”“内容精讲”和“例题精析”三部分，附录中附有模拟试题及参考答案。

教学要求。《理工科类大学物理课程教学基本要求》中的教学内容分为核心内容和扩展内容，而在教学实施过程中，根据要求的不同，编者将内容细化，采用“掌握”“理解”“了解”将内容逐一阐述。

内容精讲。本书根据教学要求对物理学的基本概念、基本规律、基本方法等主要内容做了详细解释，并在概括和总结的基础上阐明核心内容和重点、难点。

例题精析。物理学习中需要做一定量的习题以巩固学习效果，为了帮助读者掌握正确的解题方法，改正不求甚解地乱套公式、凑答案的不良习惯，克服畏难情绪，本书精选了“大学物理”课程主要内容中的典型例题，通过“思路解析”帮助读者理解题目所表达的意思，分析解题思路和方法；通过“计算详解”按步骤清晰地给出解题过程；通过“讨论与拓展”总结解题方法、注意事项，思考多种解法，并引申拓展类似题目以帮助读者学会处理同类问题。

模拟试题。模拟试题分为期中和期末两类，题型包括选择题、填空题和计算题。从对基本概念的掌握程度、对物理规律和物理方法的运用情况综合检验学习效果。若要进一步检验学习效果，读者可使用与本书配套的西安电子科技大学出版社出版的《大学物理习题册》(李艳辉、白璐、张艳艳、韩一平编著)。

本书不仅可供学生学习使用，也可供教师授课参考，以及物理爱好者拓展使用。本书不是针对某本教材的辅助参考书，而是对目前出版的工科大学物理学教材基本都适用。

本书在编写过程中，参考了若干现有教材和文献，在许多方面得到了启发，受益良多，在此一并致谢。本书的出版得到了西安电子科技大学教材建设基金资助。

由于编者学识和教学经验的限制，书中不妥之处在所难免，恳请专家和读者批评指正。

编　者

2022 年 8 月

目　　录

模块6 静 电 场

6.1 教学要求

(1) 理解点电荷的概念，理解库仑定律及其适用条件。

(2) 掌握静电场的电场强度和电势的概念及场的叠加原理，并能熟练应用微积分计算一些简单带电体的场强和电势。

(3) 掌握电势和场强的积分关系，理解场强和电势的微分关系，并会利用这些关系计算场强和电势。

(4) 理解静电场的规律(高斯定理和环路定理)，掌握用高斯定理计算场强的条件和方法，并能熟练地应用。

(5) 理解电偶极子的概念，理解电偶极子在外电场中的受力和力矩及电势能。

(6) 理解处于静电场中的导体的静电平衡状态、静电平衡条件及导体上的电荷分布。

(7) 了解静电场中电介质的极化及微观解析。

(8) 了解各向同性介质中 $\boldsymbol{D}$ 和 $\boldsymbol{E}$ 的关系与区别，理解介质中的高斯定理，掌握应用高斯定理求解某些对称性场强分布的方法。

(9) 理解电容的定义及物理意义，掌握较为典型的电容器电容的计算方法。

(10) 理解静电场能量、能量密度的概念，能计算一些简单情况下的电场所储存的电场能量。

6.2 内容精讲

一般来说，运动电荷将同时激发电场和磁场，电场和磁场是相互关联的。但是，当我们研究的电荷相对于某参考系静止时，电荷在这个静止参考系中就只激发电场，而不激发磁场。这个电场就是静电场，即静止电荷在其周围激发的电场。

本模块主要讨论了描述静电场的两个基本物理量——电场强度和电势，静电场的基本定理——高斯定理和环路定理，静电场与物质的相互作用——导体和电介质。点电荷和电偶极子是本模块中两个重要的理想模型。

本模块的内容包括：电荷的量子化、电荷守恒定律，点电荷、真空中的库仑定律，电场、电场强度叠加原理、场强的计算，电场线、电通量、高斯定理及应用，静电力所做的功、电势能、电势、电势差；电势叠加原理、电势的计算，等势面、场强和电势的关系，电偶极子在外电场中所受的力和力矩、电偶极子在外电场中的电势能；静电场中的导体，静电场中的电介质、电位移矢量、有电介质时的高斯定理；电容、电容器，电场能量、能量密度。

6.2.1　库仑定律

1. 电荷

(1) 电荷。电荷是物体的一种属性(能够吸引轻小物体)，有正电荷和负电荷两种，且同种电荷相互排斥，异种电荷相互吸引。

(2) 电荷量子化。带有电荷的物体称为带电体。带电体所带电量总是电子电量的整数倍，即电子电量e($e=1.602\times10^{-19}$ C)是带电体所带电量的最小单元，这一现象称为电荷的量子化。通常在静电场部分所讨论的带电体所带电荷数目巨大，电荷的量子化效应不显著，因此可近似认为电量是连续取值的。

(3) 电荷守恒。在一个孤立系统内，电荷的代数和是不变的，即任何物理过程中，电荷既不能被产生，也不能被消灭，只能是正负电荷分离、中和，或从一个物体转移到另一个物体上。

(4) 点电荷。当带电体的线度远小于带电体之间的距离时，带电体的大小、形状、结构均可忽略不计，在空间只占一个点的位置，称为点电荷。点电荷是个理想化模型。任一带电体都可视为由无数个点电荷组合而成。

2. 库仑定律

真空中两个静止点电荷之间的静电作用力大小与这两个点电荷所带电量的乘积成正比，与它们之间距离的平方成反比，作用力的方向沿着两个点电荷的连线，且同号电荷相斥，异号电荷相吸。

库仑定律的数学表达式为

$$\boldsymbol{F}=\frac{1}{4\pi\varepsilon_0}\frac{q_1q_2}{r^2}\boldsymbol{r}^0=\frac{1}{4\pi\varepsilon_0}\frac{q_1q_2}{r^2}\frac{\boldsymbol{r}}{r}$$

式中，q_1 和 q_2 分别表示两个点电荷的电量，$\varepsilon_0\approx8.85\times10^{-12}\,\mathrm{C^2\cdot N^{-1}\cdot m^{-2}}$，称为真空中的电容率(也称为真空中的介电常数)，$r$ 为两个点电荷之间的距离，$\boldsymbol{r}$ 表示由施力电荷 q_1 引向受力电荷 q_2 的矢径(如图 6.1 所示)，$\boldsymbol{r}^0=\frac{\boldsymbol{r}}{r}$表示 $\boldsymbol{r}$ 方向的单位矢量。

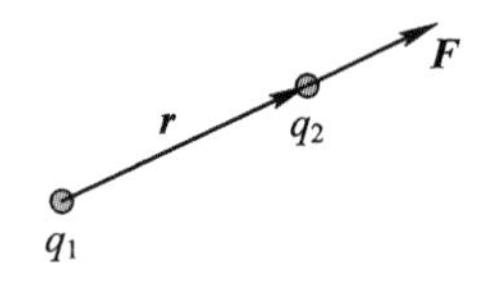

图 6.1

库仑定律描述了真空中两个静止的点电荷 q_1 和 q_2 之间的静电作用力，是静电学的基础。

静电力符合牛顿第三定律和力的叠加原理。

需注意，库仑定律只适用于点电荷与点电荷之间的相互作用力，对于不能视为点电荷的带电体与点电荷之间或带电体与带电体之间的静电力，不能直接应用库仑定律，需将带电体分割成一系列可以视为点电荷的电荷元，然后再利用库仑定律和力的叠加原理进行计算。

6.2.2　电场强度

1. 电场强度的定义

电场中某点的电场强度等于单位正电荷在该点所受的电场力。电场强度的定义式如下：

$$\boldsymbol{E}=\frac{\boldsymbol{F}}{q_0}$$

式中，q_0 为试验电荷电量。需注意以下几点：

(1) 试验电荷 q_0 必须是电量足够小的点电荷。

(2) 电场强度是描述电场本身特性的物理量，与试验电荷 q_0 无关。

(3) 静电场中，电场强度是空间位置的单值函数，即任一点只有一个电场强度 $\boldsymbol{E}$ 与之对应。

(4) 若已知电场强度分布，可利用 $\boldsymbol{F}=q_0\boldsymbol{E}$ 计算试验电荷所受的电场力，式中电场强度 $\boldsymbol{E}$ 不包含试验电荷 q_0 产生的电场。不能视为点电荷的带电体在电场中的受力则需利用力的叠加原理进行计算。

2. 电场强度叠加原理

对于点电荷系，其电场强度如下：

$$\boldsymbol{E}=\sum_i \boldsymbol{E}_i=\sum_{i=1}^{n}\frac{q_i}{4\pi\varepsilon_0 r_i^2}\boldsymbol{r}_i^0$$

即点电荷系在某点产生的电场强度等于各点电荷单独存在时在该点产生的电场强度的矢量和。

对于电荷连续分布的带电体，上式求和改为积分：

$$\boldsymbol{E}=\int \mathrm{d}\boldsymbol{E}=\int\frac{\mathrm{d}q}{4\pi\varepsilon_0 r^2}\boldsymbol{r}^0$$

式中，$\mathrm{d}q$ 为带电体中任一电荷元所带电量，$\boldsymbol{r}^0$ 是由该电荷元指向场点的单位矢量。

在使用电场强度叠加原理时应注意以下几点：

(1) 电场强度叠加原理是矢量求和或矢量积分，具体计算时，可将 $\boldsymbol{E}_i$ 或 $\mathrm{d}\boldsymbol{E}$ 写成直角坐标系中的分量式，然后再分别求积分。

(2) 电荷元的形状及其电量 $\mathrm{d}q$ 与带电体的电荷分布特点有关，通常可根据不同的电荷分布引入电荷线密度 λ、面密度 σ 和体密度 ρ，于是有

$$\mathrm{d}q=\begin{cases}\lambda\mathrm{d}l & (\text{线分布})\\ \sigma\mathrm{d}S & (\text{面分布})\\ \rho\mathrm{d}V & (\text{体分布})\end{cases}$$

相应地，电场强度叠加的矢量积分分别为一重线积分、二重面积分和三重体积分。

(3) 某些复杂带电体，可视为一系列典型带电体的叠加，根据电场强度叠加原理，复杂带电体产生的电场，等于组成它的这些典型带电体的电场强度的矢量叠加，即

$$\boldsymbol{E}=\int \mathrm{d}\boldsymbol{E}$$

式中，$\mathrm{d}\boldsymbol{E}$ 是典型带电体的电场强度。

3. 常用的典型带电体的电场强度分布

(1) 点电荷在空间任一点 P 的电场：

$$\boldsymbol{E}=\frac{1}{4\pi\varepsilon_0}\frac{q}{r^2}\boldsymbol{r}^0$$

式中，q 表示点电荷所带电量，$\boldsymbol{r}$ 表示由点电荷引向 P 点的矢径，$\boldsymbol{r}^0=\frac{\boldsymbol{r}}{r}$ 表示 $\boldsymbol{r}$ 方向的单位矢量。电场方向沿以点电荷为中心的径向向外($q>0$)或向内($q<0$)。这是一非均匀、球对

称的电场分布。点电荷电场是求解其他任意带电体产生的电场的基础。

(2) 均匀带电细圆环在其对称轴线上任一点 P 的电场：

$$E=\frac{1}{4\pi\varepsilon_0}\frac{qx}{(R^2+x^2)^{3/2}}$$

式中，q 表示整个细圆环所带电量，R 表示细圆环半径，x 表示 P 点沿轴线到圆环中心的距离。电场方向沿轴线向外($q>0$)或沿轴线向内指向圆心($q<0$)。

(3) 均匀带电圆盘在其对称轴线上任一点 P 的电场：

$$E=\frac{\sigma}{2\varepsilon_0}\left[1-\frac{x}{(R^2+x^2)^{1/2}}\right]$$

式中，σ 表示圆盘单位面积上所带电量，R 表示圆盘半径，x 表示 P 点沿轴线到圆盘中心的距离。电场方向沿轴线向外($\sigma>0$)或沿轴线向内指向圆心($\sigma<0$)。

(4) 有限长均匀带电直线在线外一点 P 的电场：

$$E_x=\frac{\lambda}{4\pi\varepsilon_0 a}(\sin\theta_2-\sin\theta_1),\quad E_y=\frac{\lambda}{4\pi\varepsilon_0 a}(\cos\theta_1-\cos\theta_2)$$

式中，x 轴沿带电直线方向，y 轴沿过 P 点且垂直带电直线向外的方向，λ 表示带电直线单位长度上所带电量，a 表示 P 点到带电直线的垂直距离，θ_1 和 θ_2 分别表示由带电直线两端指向 P 点的矢径与 x 轴的夹角。

(5) 无限长均匀带电直线在线外任一点 P 的电场：

$$E=\frac{\lambda}{2\pi\varepsilon_0 r}$$

式中，λ 表示带电直线单位长度上所带电量，r 表示 P 点到带电直线的垂直距离。电场方向沿垂直于带电直线的径向向外($\lambda>0$)或向内($\lambda<0$)。

(6) 无限长均匀带电圆柱体在空间任一点 P 的电场：

$$E=\begin{cases}\dfrac{\lambda r}{2\pi\varepsilon_0 R^2}, & r\leqslant R\\[2ex]\dfrac{\lambda}{2\pi\varepsilon_0 r}, & r>R\end{cases}$$

式中，λ 表示整个带电圆柱体沿轴线方向单位长度上所带电量，R 表示带电圆柱体的半径，r 表示 P 点到圆柱体轴线的垂直距离。电场方向沿垂直于圆柱体轴线的径向向外($\lambda>0$)或向内($\lambda<0$)。圆柱体内场强与 r 成正比，圆柱体外场强可等效于同轴的无限长均匀带电直线的电场。

(7) 无限大均匀带电平面在空间任一点 P 的电场：

$$E=\frac{\sigma}{2\varepsilon_0}$$

式中，σ 表示带电平面单位面积上所带电量。电场方向垂直于带电平面向外($\sigma>0$)或向内($\sigma<0$)。这是一关于带电平面对称的均匀电场。

(8) 均匀带电球面在空间任一点 P 的电场：

$$E=\begin{cases}0, & r<R\\[1ex]\dfrac{Q}{4\pi\varepsilon_0 r^2}, & r>R\end{cases}$$

式中，Q 表示整个带电球面所带电量，R 表示球面半径，r 表示 P 点到球心的距离。电场方向与球面垂直辐射向外($Q>0$)或向内指向球心($Q<0$)。球面内场强为零,球面外场强可等效于球心处的点电荷电场。

(9) 均匀带电球体在空间任一点 P 的电场:

$$E=\begin{cases}\dfrac{\rho}{3\varepsilon_0}r, & r\leqslant R\\[2ex] \dfrac{Q}{4\pi\varepsilon_0 r^2}, & r>R\end{cases}$$

式中,ρ 表示带电球体单位体积上所带电量,Q 表示整个带电球体所带电量,R 表示球体半径,r 表示 P 点到球心的距离。电场方向沿径向由球心辐射向外($\rho>0$)或向内指向球心($\rho<0$)。球体内场强与 r 成正比,球体外场强可等效于球心处的点电荷电场。

6.2.3　电通量和高斯定理

1. 电场线的性质

(1) 电场线始于正电荷(或无穷远处),止于负电荷(或无穷远处),不会在没有电荷处中断;

(2) 电场线不会闭合,任意两条电场线不会相交;

(3) 电场线密集处电场较强,电场线稀疏处电场较弱。

2. 电通量

电通量的定义:穿过某个有向曲面的电场线的条数。

电通量 Φ_e 的计算:

$$\Phi_e=\int_S \mathrm{d}\Phi_e=\int_S \boldsymbol{E}\cdot\mathrm{d}\boldsymbol{S}$$

(1) 对于非均匀电场中的有向曲面,通常将曲面切割成无数多个小面元,先计算穿过小面元的电通量 $\mathrm{d}\Phi_e$,再对整个曲面上所有小面元的电通量进行积分累加。

(2) 对于闭合曲面,取其外侧法线方向为闭合曲面的正法线方向。因此,对于穿过闭合曲面的电通量,穿出为正,穿入为负。

3. 高斯定理

真空中的任何静电场中,穿过任一闭合曲面的电通量,数值上等于该闭合曲面所包围的电量的代数和乘以 $1/\varepsilon_0$,与闭合曲面外的电荷无关,即

$$\Phi_e=\oint_S \boldsymbol{E}\cdot\mathrm{d}\boldsymbol{S}=\frac{1}{\varepsilon_0}\sum_{i=1}^{n}q_{i\text{内}}=\frac{1}{\varepsilon_0}\int_V \rho\mathrm{d}V$$

关于高斯定理,需注意以下几点:

(1) 高斯定理表达式中的 $\boldsymbol{E}$ 是闭合曲面上各点的电场强度,它是由闭合曲面内、外所有电荷共同激发产生的总电场强度,并非只由闭合曲面内的电荷所产生。

(2) 穿过闭合曲面的总的电通量只取决于闭合曲面所包围的电荷,即只有闭合曲面内部的电荷才对总电通量有贡献,闭合曲面外部的电荷对总电通量无贡献。

(3) 高斯定理对任意静电场中的任意闭合曲面都是成立的,但在利用高斯定理计算电场强度分布时,则需要选取特定的闭合曲面。

(4) 高斯定理表明静电场是有源场。电场线始于正电荷、止于负电荷,在没有电荷的

地方不会中断，具有这种性质的场称为有源场。

(5) 借助补偿法，可以利用高斯定理求解穿过某些特殊曲面的电通量。选取特定的闭合曲面，可以利用高斯定理求解某些对称分布(如球对称、无限长的轴对称、无限大的面对称)的带电体的电场强度。

6.2.4　静电场的环路定理

1. 静电力做功的特点

静电力对试验电荷所做的功与试验电荷的移动路径无关，只与其始末位置有关。因此，静电力是保守力，静电场是保守力场。

2. 静电场环路定理

在任意静电场中，电场强度沿任意闭合路径 L 的线积分恒等于零，即

$$\oint_L \boldsymbol{E} \cdot \mathrm{d}\boldsymbol{l} = 0$$

静电场环路定理表明静电场是无旋场，静电场的电场线是不可能闭合的。

3. 电势能

电荷 q_0 在静电场中 a 点的电势能，数值上等于把电荷从 a 点移动到电势能零参考点时，静电力做的功，即

$$W_a = \int_a^{“0”} q_0 \boldsymbol{E} \cdot \mathrm{d}\boldsymbol{l}$$

(1) 电势能是电荷 q_0 与电场之间的相互作用能，属于电荷 q_0 和产生静电场的源电荷这一系统共同所有。

(2) 电荷在 a 点的电势能的值与零参考点的选取有关，但电荷在两个确定点的电势能之差与零参考点的选取无关。

(3) 电势能零参考点的选择可以是任意的。对于“有限大”带电体，通常取无穷远处为电势能的零参考点；对于“无限大”带电体一般取场内有限远处的某点作为电势能零参考点。工程应用中通常取大地、仪器外壳等作为电势能零参考点。

(4) 电势能定义式中的积分路径可任意选取，因为静电力做功与路径无关。

(5) 在电荷 q_0 移动过程中，如果静电力做正功，则系统电势能减少；反之，如果静电力做负功，则系统电势能增加。

6.2.5　电势

1. 电势的定义

电场中 a 点的电势，等于单位正电荷在 a 点所具有的电势能，也等于把单位正电荷从 a 点沿任意路径移动到电势零参考点时静电力所做的功，即

$$u_a = \frac{W_a}{q_0} = \int_a^{“0”} \boldsymbol{E} \cdot \mathrm{d}\boldsymbol{l}$$

(1) 电场中某点的电势的值与零参考点的选取有关。电势零参考点的选取是任意的，同一问题中，电势零参考点需同电势能的零参考点一致。

(2) 电场中 a、b 两点的电势差与零参考点的选取无关，即

$$\Delta u = u_{ab} = u_a - u_b = \int_a^b \boldsymbol{E} \cdot \mathrm{d}\boldsymbol{l}$$

(3) 电势是标量，无方向，但有正负。

2. 电势叠加原理

电势满足叠加原理。点电荷系产生的电场中某点的电势等于各点电荷单独存在时在该点产生的电势的代数和，即

$$u = \sum_i u_i = \sum \frac{q_i}{4\pi\varepsilon_0 r_i}, \ u_\infty = 0$$

对于电荷连续分布的带电体：

$$u = \int \mathrm{d}u = \int_Q \frac{\mathrm{d}q}{4\pi\varepsilon_0 r}, \ u_\infty = 0$$

(1) 点电荷电势的表达式与电势零参考点的选取有关，上面两式中取无穷远处为电势零参考点。

(2) 根据电势叠加原理，复杂带电体在某点的电势，等于组成它的简单带电体在该点的电势的代数和。

3. 等势面

电场中电势相等的点组成的曲面叫做等势面。等势面的性质如下：

(1) 电荷沿等势面移动时静电力做功为零；

(2) 等势面与电场线互相垂直；

(3) 规定相邻两个等势面之间的电势差为常数；等势面密集处电场较强，等势面稀疏处电场较弱；

(4) 电场强度的方向总是指向电势降低的方向。

4. 电势与场强的微分关系

某点电场强度等于该点电势梯度的负值，即

$$\boldsymbol{E} = -\left(\frac{\partial u}{\partial x}\boldsymbol{i} + \frac{\partial u}{\partial y}\boldsymbol{j} + \frac{\partial u}{\partial z}\boldsymbol{k}\right) = -\mathrm{grad}(u)$$

需注意，电场强度为零处，电势不一定为零；电势为零处，电场强度不一定为零。

5. 常用的典型带电体的电势分布

以下各电势分布均以无穷远处为电势零参考点，式中各参数及 P 点位置描述与6.2.2节中一致。

(1) 点电荷在空间任一点 P 的电势：

$$u = \frac{q}{4\pi\varepsilon_0 r}$$

这是一球对称的电势分布，在以点电荷为中心的球面上电势处处相等。

(2) 带电圆环在其对称轴线上任一点 P 的电势：

$$u = \frac{q}{4\pi\varepsilon_0 \sqrt{R^2 + x^2}}$$

(3) 均匀带电圆盘在其对称轴线上任一点 P 的电势：

$$u=\frac{\sigma}{2\varepsilon_0}(\sqrt{R^2+x^2}-x)$$

(4) 均匀带电球面在空间任一点 P 的电势：

$$u=\begin{cases}\dfrac{q}{4\pi\varepsilon_0 R}, & r\leqslant R\\[2ex] \dfrac{q}{4\pi\varepsilon_0 r}, & r>R\end{cases}$$

带电球面内部和表面各点电势相等，球面外部电势分布可等效于球心处的点电荷电势。

(5) 均匀带电球体在空间任一点 P 的电势：

$$u=\begin{cases}\dfrac{q}{8\pi\varepsilon_0 R^3}(3R^2-r^2), & r\leqslant R\\[2ex] \dfrac{q}{4\pi\varepsilon_0 r}, & r>R\end{cases}$$

6.2.6　静电场中的电偶极子

由两个距离为 l 的点电荷 $+q$ 和 $-q$ 组成的电荷系，当讨论的场点到电荷系中点的距离 r 远大于 l 时($r\gg l$)，这一对等量异号电荷称为电偶极子。

电偶极矩为

$$\boldsymbol{p}_e=q\boldsymbol{l}$$

式中，$\boldsymbol{l}$ 的方向是由负电荷指向正电荷的。

1. 电偶极子在其中垂线上的电场

$$\boldsymbol{E}=-\frac{1}{4\pi\varepsilon_0}\frac{\boldsymbol{p}_e}{[r^2+(l/2)^2]^{3/2}}\approx-\frac{1}{4\pi\varepsilon_0}\frac{\boldsymbol{p}_e}{r^3}$$

式中，$\boldsymbol{p}_e=q\boldsymbol{l}$ 为电偶极子的电偶极矩，从 $-q$ 到 $+q$ 的矢径 $\boldsymbol{l}$ 称为电偶极子的极轴，其大小 l 为电偶极子的两个点电荷的连线长度，r 为 P 点到两个点电荷连线中点的距离，并且满足 $r\gg l$，如图 6.2 所示。中垂线上各点场强方向与电偶极矩方向相反。

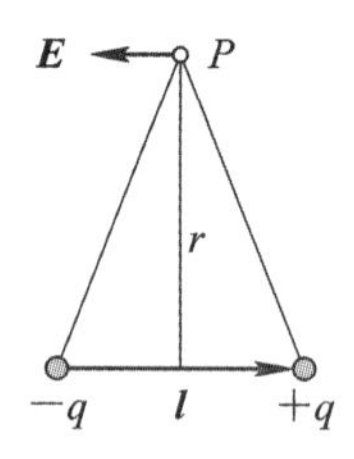

图 6.2

2. 电偶极子在电场中的受力和力矩

(1) 均匀电场：

$$\boldsymbol{F}_{合}=\boldsymbol{0},\ \boldsymbol{M}_{合}=\boldsymbol{p}_e\times\boldsymbol{E}$$

电偶极子在电场力力矩作用下转动。当 $\boldsymbol{p}_e$ 与外电场方向平行或反向平行时，$\boldsymbol{M}_{合}=0$，此时电偶极子处于平衡状态。其中，$\boldsymbol{p}_e /\!/ \boldsymbol{E}$ 为稳定平衡状态，$\boldsymbol{p}_e /\!/ -\boldsymbol{E}$ 为非稳定平衡状态，处于非稳定平衡状态的电偶极子受到扰动后，在外力矩作用下转动，最终达到稳定平衡状态。

(2) 非均匀电场：非均匀电场中，力矩使电偶极子转动，电场力使其沿着电场方向(或反方向)平移。

3. 电偶极子在均匀电场中的电势能

$$W = -\boldsymbol{p}_e \cdot \boldsymbol{E}$$

当 $\boldsymbol{p}_e /\!/ \boldsymbol{E}$ 时电势能最低，当 $\boldsymbol{p}_e \perp \boldsymbol{E}$ 时电势能为零，当 $\boldsymbol{p}_e$ 与外电场方向相反时，电势能最大。从能量的观点来看，能量越低，系统的状态越稳定。因此电偶极子在外电场中总是具有使自己的电偶极矩 $\boldsymbol{p}_e$ 转向外电场 $\boldsymbol{E}$ 方向的趋势。

6.2.7 静电场中的导体

1. 静电平衡条件

导体中存在大量的自由电荷，受电场作用后，电荷发生宏观的定向移动，从而使导体内的电荷重新分布。电荷重新分布的最终结果是导体中的自由电子的宏观定向移动停止，此时导体处于新的平衡状态，称为静电平衡状态。

导体达到静电平衡的条件是：导体内部任意一点的电场强度为零。此时得到两个推论：

(1) 导体是一个等势体，导体表面是一个等势面。

(2) 导体表面上任意一点的电场强度方向垂直于该处导体表面。

2. 静电平衡时导体上的电荷分布

(1) 当带电导体处于静电平衡时，导体内部处处没有净剩电荷，电荷只分布在导体表面。

(2) 对于带空腔的导体，导体内表面是否带电取决于空腔内是否有电荷，内表面带电量与导体腔内电荷等量异号。若空腔内无电荷，则导体内表面不带电，电荷只分布在导体的外表面。

(3) 导体表面外无限靠近表面的任一点的电场强度与该处导体表面的电荷面密度成正比，即

$$E = \frac{\sigma}{\varepsilon_0}$$

此处的电场方向沿该处导体表面法线方向向外($\sigma > 0$)或向内($\sigma < 0$)。

(4) 处于静电平衡状态的孤立导体，其表面上电荷面密度的大小与表面的曲率有关。曲率较大的地方，电荷面密度也较大，在导体表面有尖端的部分，电荷面密度特别大，电场强度也特别强；导体表面较为平坦的地方曲率较小，电荷面密度也较小，导体表面凹进去的地方，电荷面密度更小。

3. 静电屏蔽

对于带空腔的导体，其空腔内部电场(不论导体是否接地)不受导体外表面及导体外部其他电荷的影响；接地后的空腔导体外部电场不受导体腔内及导体内表面电荷的影响，即接地后的导体腔内、腔外的电场互不影响。

4. 确定导体上电荷分布的依据

(1) 电荷守恒定律。即孤立导体的正负电荷代数和保持不变。需注意，接地前后导体

上的电荷不守恒。

(2) 静电平衡条件。即导体内任意取一点，空间所有电荷在该处激发的总的电场强度为零。

(3) 电场叠加原理。导体内及导体外任何一点处的电场强度都是空间存在的各部分电荷在该处产生的电场的矢量叠加的结果。

(4) 高斯定理。对于满足某种对称性的导体及导体组合(如球对称、轴对称、面对称)，可以通过选取合适的高斯面，应用高斯定理来确定电场强度与电荷之间的关系。

(5) 电势叠加原理。若导体接地，则导体上任意一点的电势均为零，即空间所有电荷在该处的总的电势为零。

6.2.8 电介质

1. 电介质的极化

1) 无极分子和有极分子

电介质是指在通常条件下导电性能极差的物质，介质内部没有可自由移动的电荷，根据电介质内部分子电结构的不同，可以把电介质分子分成两大类：无极分子和有极分子。

有极分子：无外电场时，分子正负电荷等效中心不重合，有分子电偶极矩，但取向杂乱，宏观呈电中性。

无极分子：无外电场时，分子正负电荷等效中心重合，无分子电偶极矩，宏观呈电中性。

2) 电介质的极化

当把电介质放在静电场中，无极分子的正负电荷发生微观相对位移，形成电偶极子，有极分子电偶极矩向外电场方向偏转，最终沿外电场方向在电介质的前后两侧面上分别出现正负电荷，这种现象称为电介质的极化。

电介质极化过程中出现在介质表面的电荷称为极化电荷，这种极化电荷不能脱离介质分子而单独存在，因此又称为束缚电荷。需注意，如果电介质是非均匀的，电介质内部的宏观微小区域也会出现极化电荷。

3) 介质中的电场强度

电介质中的任一点的电场强度 $\boldsymbol{E}$ 是外电场(或自由电荷产生的)$\boldsymbol{E}_0$ 和极化电荷产生的附加电场 $\boldsymbol{E}'$ 的矢量和，即

$$\boldsymbol{E}=\boldsymbol{E}_0+\boldsymbol{E}'$$

由于极化电荷产生的电场 $\boldsymbol{E}'$ 与自由电荷产生的电场 $\boldsymbol{E}_0$ 方向相反，故电介质中的场强相比真空中的外电场，是被削弱了的。

2. 电介质中的高斯定理

1) 电位移矢量 $\boldsymbol{D}$

电位移矢量 $\boldsymbol{D}$ 是辅助矢量，与电场强度 $\boldsymbol{E}$ 一一对应，是空间位置的单值函数。各向同性介质中，$\boldsymbol{D}$ 和 $\boldsymbol{E}$ 的关系为

$$\boldsymbol{D}=\varepsilon_0\varepsilon_r\boldsymbol{E}=\varepsilon\boldsymbol{E}$$

式中，ε_r 和 ε 分别称为介质的相对电容率(相对介电常数)和介质的电容率(介电常数)。

2）介质中的高斯定理

有电介质时的高斯定理表达式为

$$\oint_S \boldsymbol{D} \cdot \mathrm{d}\boldsymbol{S} = \sum_i q_{0i内} = \int_V \rho_0 \mathrm{d}V$$

式中 q_0 和 ρ_0 分别表示自由电荷电量及其体密度。积分式中的 $\boldsymbol{D}$ 是高斯面上各点的总电位移矢量，由空间所有电荷（自由电荷、极化电荷、高斯面内电荷、高斯面外电荷）共同决定；而穿过高斯面的电位移通量 $\oint_S \boldsymbol{D} \cdot \mathrm{d}\boldsymbol{S}$ 仅由高斯面内的自由电荷决定。

3）对称性带电介质中的高斯定理

选取合适的高斯面，可以利用介质中的高斯定理来求解某些具有对称性的带电体的介质中的场强分布。

6.2.9 电容和电容器

1. 电容的定义

孤立导体的电容（带电量为 Q，电势为 u）：

$$C=\frac{Q}{u}$$

电容器的电容（极板电量为 Q，极板间电势差为 Δu）：

$$C=\frac{Q}{\Delta u}$$

电容反映了导体或导体组合存储电荷和电能的本领。电容 C 只与导体的大小、形状、相对位置及导体间介质的特性有关，与导体是否带电无关。

2. 常用的典型电容器的电容

(1) 孤立导体球的电容（半径为 R）：

$$C=4\pi\varepsilon_0 R$$

(2) 平行平板电容器的电容（忽略边缘效应，极板面积为 S，板间距离为 d）：

$$C=\frac{\varepsilon_0 S}{d}$$

(3) 圆柱形电容器的电容（内外圆柱面半径分别为 R_1、R_2，高为 L，且 $L \gg (R_2-R_1)$）：

$$C=\frac{2\pi\varepsilon_0 L}{\ln(R_2/R_1)}$$

(4) 球形电容器的电容（内外球半径分别为 R_1、R_2）：

$$C=\frac{4\pi\varepsilon_0 R_1 R_2}{R_2-R_1}$$

(5) 两平行长直导线（半径为 R，两导线间距离为 d，$R \leqslant d$）的单位长度的电容：

$$C \approx \frac{\pi\varepsilon_0}{\ln \dfrac{d}{R}}$$

3. 电容器的串联和并联

(1) 电容器并联(见图 6.3):

$$\begin{cases}\Delta u_1=\Delta u_2=\Delta u\\ Q=Q_1+Q_2\\ C=C_1+C_2\end{cases}$$

电容器并联后，耐压能力不变，容电能力增强(C 增大)。

(2) 电容器串联(见图 6.4):

$$\begin{cases}\Delta u=\Delta u_1+\Delta u_2\\ Q=Q_1=Q_2\\ \dfrac{1}{C}=\dfrac{1}{C_1}+\dfrac{1}{C_2}\end{cases}$$

电容器串联后，容电能力减弱(C 减小)，耐压能力增强。

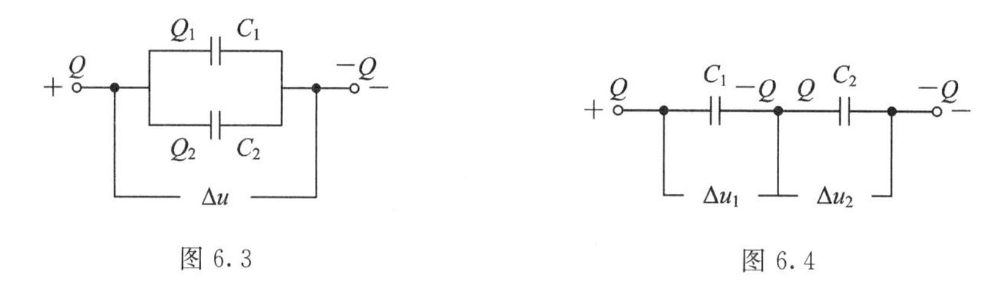

图 6.3　　图 6.4

6.2.10　静电场的能量

1. 电容器存储的静电能

$$W=\frac{Q^2}{2C}=\frac{1}{2}C(\Delta u)^2=\frac{1}{2}Q\Delta u$$

此式可用于描述各种结构的电容器中所存储的能量。在具体问题中，若电容器与电源保持连接，则电容器两极板间电势差 Δu 保持不变，此时用下式描述电容器能量:

$$W=\frac{1}{2}C(\Delta u)^2$$

若电容器与电源断开，则电容器极板上电荷 Q 保持不变，此时用下式描述电容器能量:

$$W=\frac{Q^2}{2C}$$

2. 电场能量

静电能并非存储于电荷中，而是分布在电场所占的整个空间。

电场能量密度：是指单位体积电场内所存储的电场能量，其表达式为

$$w=\frac{1}{2}\varepsilon E^2$$

此式适用于任何均匀或非均匀电场。电场强度越大的区域，电场的能量密度也越大。

整个电场中存储的电场能量为

$$W=\int_V W\mathrm{d}V=\int_V \frac{1}{2}\varepsilon E^2\mathrm{d}V$$

当带电体及其产生的电场以及周围介质具有某种空间对称性(如球对称、轴对称等)时，可利用对称性选取合适的体积元模型，以便简化积分运算。

6.2.11 电场强度和电势的计算

1. 计算电场强度的常用方法

计算电场强度的方法较多，常用的方法有以下几种。

(1) 点电荷电场强度公式＋电场强度叠加原理：

$$\boldsymbol{E} = \int_{(Q)} \frac{\mathrm{d}q}{4\pi\varepsilon_0 r^2}\boldsymbol{r}^0$$

此方法以点电荷作为电荷元模型，应用电场叠加原理，理论上可求解任意带电体的电场强度分布。

(2) 典型电场强度公式＋电场强度叠加原理：

$$\boldsymbol{E} = \int_{(Q)} \mathrm{d}\boldsymbol{E}$$

有些带电体可视为某种典型带电体的叠加，如均匀带电圆盘可以看作无数多个半径不同的均匀带电同心圆环的叠加，这种情况下，可以将典型带电体选作电荷元，再应用电场叠加原理进行计算。

(3) 高斯定理：

$$\oint_S \boldsymbol{E} \cdot \mathrm{d}\boldsymbol{S} = \frac{1}{\varepsilon_0}\sum_{i=1}^{n} q_{i内} = \frac{1}{\varepsilon_0}\int_V \rho \mathrm{d}V$$

如电场中有介质存在，则

$$\oint_S \boldsymbol{D} \cdot \mathrm{d}\boldsymbol{S} = \sum_i q_{0i,内}$$

此方法适用于求解某些具有对称性(如球对称、无限长轴对称、无限大面对称)的电场。

(4) 电势和电场强度的微分关系：

$$\boldsymbol{E} = -\left(\frac{\partial u}{\partial x}\boldsymbol{i} + \frac{\partial u}{\partial y}\boldsymbol{j} + \frac{\partial u}{\partial z}\boldsymbol{k}\right) = -\mathrm{grad}(u)$$

此方法适用于电势分布已知或电势分布的计算比电场强度的计算更容易的情况。

(5) 有导体存在时，先确定导体上的电荷分布，再利用以上方法求解电场强度分布。还需注意，导体内任意一点电场强度均为零。

2. 计算电势的常用方法

计算电势的常用方法有以下几种。

(1) 点电荷电势分布＋电势叠加原理：

$$u = \int \mathrm{d}u = \int_Q \frac{\mathrm{d}q}{4\pi\varepsilon_0 r},\ u_\infty = 0$$

此方法以点电荷为电荷元模型，再应用电势叠加原理，理论上适用于计算任意带电体的电势分布。但需注意，上式中点电荷电势的表达式是以无穷远处为电势零参考点的。

(2) 典型带电体电势分布＋电势叠加原理：

$$u = \int \mathrm{d}u \quad 或 \quad u = \sum_i u_i$$

有些带电体或带电体系可以看作某些典型带电体的叠加，比如均匀带电圆盘可以看作一系列半径不同、均匀带电的同心圆环的叠加。这种情况下，可以选取典型带电体作为电荷元，再应用电势叠加原理进行计算。

(3) 电势定义式：

$$u_a=\int_a^{“0”}\boldsymbol{E}\cdot \mathrm{d}\boldsymbol{l}$$

此方法适用于电场强度分布已知或电场强度分布的计算比电势的计算更容易的情况。积分式中的电势零参考点的选取是任意的。

(4) 有导体存在时，先确定导体上的电荷分布，再用以上方法求解电势。还需注意，导体是个等势体，导体上各点电势均相等。

6.3 例题精析

【例题 6-1】 一绝缘细棒弯成半径为 R 的半圆，其上半段均匀带有电荷 $+q$，下半段均匀带有电荷 $-q$，如图 6.5(a)所示，求半圆中心 O 点处的电场强度。

【思路解析】 本题是已知电荷分布计算电场强度的问题，可应用点电荷电场强度公式和电场强度叠加原理来求解。由于电荷分布在圆弧曲线上，可将弧线分割成许多的小圆弧段 $\mathrm{d}l$ 作为电荷元，每段小圆弧均可视为点电荷，应用点电荷的电场强度公式，将各个电荷元产生的电场强度进行矢量叠加。此题需重点注意矢量积分的计算，当各电荷元的电场 $\mathrm{d}\boldsymbol{E}$ 方向各不相同时，需要将 $\mathrm{d}\boldsymbol{E}$ 分别沿各坐标轴投影，即将电场叠加原理的矢量积分运算转化为标量积分运算。

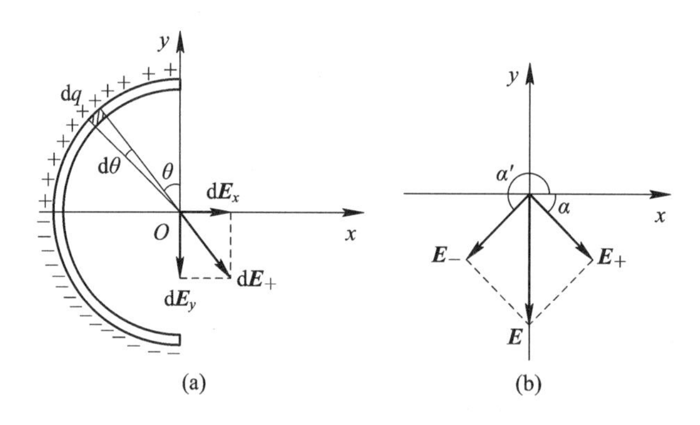

图 6.5

【计算详解】 取如图 6.5(a)所示的坐标系，任取一小段带电圆弧 $\mathrm{d}l$ 为电荷元，设电荷元相对于 O 点的矢径与 y 轴夹角为 θ，电荷元所带电量为

$$\mathrm{d}q=\frac{q}{\frac{1}{2}\pi R}\mathrm{d}l=\frac{2q}{\pi R}\mathrm{d}l$$

当电荷元取在半圆弧的上半段时，带电量为正；电荷元取在半圆弧的下半段时，带电量为负。利用点电荷电场强度公式可得，带正电的电荷元在半圆中心 O 点产生的电场强度的大小为

$$dE_+=\frac{1}{4\pi\varepsilon_0}\frac{dq}{R^2}=\frac{1}{4\pi\varepsilon_0}\frac{2qdl}{\pi R^3}=\frac{qdl}{2\pi^2\varepsilon_0 R^3}$$

方向如图 6.5(a)所示。由于各电荷元在 O 点的电场方向不同，需将电场强度矢量 $d\boldsymbol{E}_+$ 沿 x、y 轴投影，于是可得

$$dE_{+x}=dE_+\sin\theta=\frac{qdl}{2\pi^2\varepsilon_0 R^3}\sin\theta$$

$$dE_{+y}=-dE_+\cos\theta=-\frac{qdl}{2\pi^2\varepsilon_0 R^3}\cos\theta$$

将 $dl=Rd\theta$ 代入后分别积分可得

$$E_{+x}=\int dE_{+x}=\int_0^{\frac{\pi}{2}}\frac{q}{2\pi^2\varepsilon_0 R^2}\sin\theta d\theta=\frac{q}{2\pi^2\varepsilon_0 R^2}$$

$$E_{+y}=\int dE_{+y}=-\int_0^{\frac{\pi}{2}}\frac{q}{2\pi^2\varepsilon_0 R^2}\cos\theta d\theta=-\frac{q}{2\pi^2\varepsilon_0 R^2}$$

因此，带正电荷的上半段圆弧在 O 点处产生的电场强度大小为

$$E_+=\sqrt{E_{+x}^2+E_{+y}^2}=\frac{\sqrt{2}q}{2\pi^2\varepsilon_0 R^2}$$

方向如图 6.5(b)所示，$\boldsymbol{E}_+$ 矢量方向与 x 轴间的夹角为

$$\alpha=-45^\circ$$

同理可求出带负电荷的下半段圆弧在 O 点处产生的电场强度的大小

$$E_-=\frac{\sqrt{2}q}{2\pi^2\varepsilon_0 R^2}$$

方向如图 6.5(b)所示，$\boldsymbol{E}_-$ 矢量方向与 x 轴间的夹角为

$$\alpha'=225^\circ$$

因此可得，带电半圆棒在 O 点处的总场强的大小

$$E=\sqrt{E_+^2+E_-^2}=\frac{q}{\pi^2\varepsilon_0 R^2}$$

方向沿 y 轴负向，如图 6.5(b)所示。

【讨论与拓展】 在已知带电系统的电荷分布时，利用点电荷电场强度公式和电场强度叠加原理来计算电场强度的具体方法和步骤如下：

(1) 根据电荷分布恰当地选择坐标系和电荷元。若电荷沿直线或曲线分布，则取一小段线元 dl 为电荷元；若电荷沿二维平面或曲面分布，则取一小片面元 dS 作为电荷元；若电荷在三维空间分布，则取一小块体积元 dV 作为电荷元。电荷元需足够小，可视为点电荷。

(2) 应用点电荷电场强度的计算式，在选定坐标系中描述所选取电荷元的电场强度 $d\boldsymbol{E}$。需注意，不同的坐标系中，电荷元与场点的位置描述不同，其电场强度的表达式也会随之不同。因此，在描述电荷元的电场强度之前，需提前建好坐标系，并在此坐标系中描述清楚电荷元和场点的位置。

(3) 应用叠加原理把每个电荷元产生的电场强度矢量相加或矢量积分。若各电荷元的电场方向各不相同，则需要将 $d\boldsymbol{E}$ 沿各坐标轴投影，化矢量积分为标量积分进行计算。

需注意，以点电荷为电荷元模型的电场叠加原理理论上适用于任意形状或结构的带电

体，对于电荷分布不均匀的带电体也同样适用。

在已知电荷分布计算电场强度的问题中，还应重视对称性分析。例题 6-1 中正电荷和负电荷的分布正好关于 x 轴对称，待求场强 O 点的位置刚好在对称轴上，充分合理地利用电荷分布的对称信息，可以适当简化运算。具体求解过程如下：

在关于 x 轴对称的位置各取一小段弧长为 dl 的电荷元，带电量分别为 $+dq$ 和 $-dq$，它们在 O 点处产生的电场强度大小均为

$$dE_+ = dE_- = \frac{1}{4\pi\varepsilon_0}\frac{dq}{R^2} = \frac{1}{4\pi\varepsilon_0}\frac{2q dl}{\pi R^3} = \frac{q dl}{2\pi^2\varepsilon_0 R^3}$$

方向关于 y 轴对称，如图 6.6 所示。

因此这一对等量异号电荷元在 O 点产生的场强叠加后可得

$$dE = 2dE_+\cos\theta = \frac{q dl}{\pi^2\varepsilon_0 R^3}\cos\theta$$

方向沿 y 轴负向。

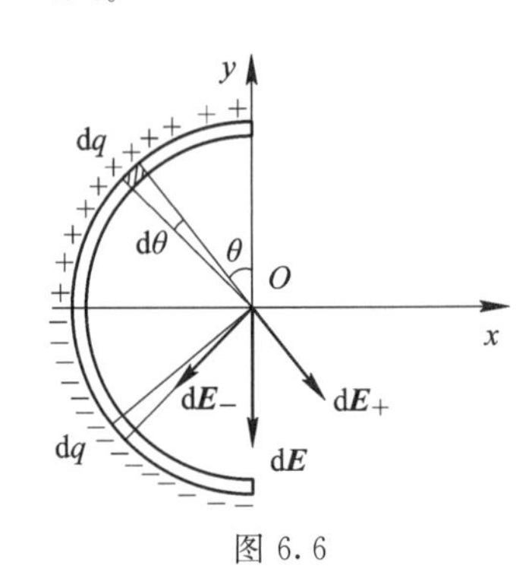

图 6.6

经判断，每一对关于 x 轴对称的正、负电荷元在 O 点产生的电场强度方向均相同，因此直接对上式积分可得整个带电半圆环在 O 点的总场强为

$$E = \int dE = \int_0^{\frac{\pi}{2}} \frac{q}{\pi^2\varepsilon_0 R^2}\cos\theta d\theta = \frac{q}{\pi^2\varepsilon_0 R^2}$$

方向沿 y 轴负向。

当电荷呈二维或三维空间分布时，应用点电荷电场强度计算式和电场叠加原理需进行二重或三重积分运算。此时还可根据电荷分布特点，选取某些典型带电体为电荷元，在典型带电体的电场强度计算式的基础上应用电场叠加原理。

【例题 6-2】 一个半径为 R 的半球面上均匀带电，电荷面密度为 σ，求球心 O 点处的电场强度。

【思路解析】 本题是已知电荷分布计算电场强度的问题。可以将半球面分割成许多小面元，应用点电荷电场计算式和电场叠加原理进行二维曲面上的二重积分运算。考虑到均匀带电半球面也可以分割成许多同轴细圆环，而均匀带电圆环属于典型带电体，因此可以直接应用均匀带电圆环在其对称轴线上的电场强度计算式，再根据电场叠加原理计算整个半球面的电场强度。

【计算详解】 以球心 O 为坐标原点，建立如图 6.7 所示的坐标系。将半球面分割成一系列以 x 轴为轴线的细圆环，任取其中一细圆环，设圆环宽度为 dl，半径为 r，圆环中心到 O 点的距离为 x，由图中可知：

$$dl = R d\theta,\ r = R\sin\theta,\ x = R\cos\theta$$

细圆环所带电量为

$$dq = \sigma dS = \sigma 2\pi r dl$$

利用均匀带电圆环在其对称轴线上的电场强度关系式，可得此细圆环在 O 点的电场强度的大小，即

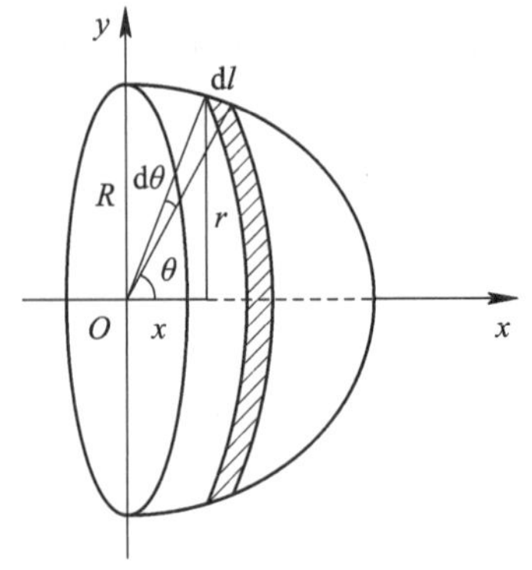

图 6.7

$$dE=\frac{1}{4\pi\varepsilon_0}\frac{x\mathrm{d}q}{(x^2+r^2)^{3/2}}=\frac{1}{4\pi\varepsilon_0}\frac{x\sigma 2\pi rR\mathrm{d}\theta}{(x^2+r^2)^{3/2}}=\frac{\sigma}{2\varepsilon_0}\sin\theta\cos\theta\mathrm{d}\theta$$

方向沿 x 轴的负方向。

由于组成半球面的各个细圆环在 O 点产生的电场强度方向相同，因此上式直接积分可得整个带电半球面在 O 点的电场强度的大小，即

$$E=\int \mathrm{d}E=\int_0^{\frac{\pi}{2}}\frac{\sigma}{2\varepsilon_0}\sin\theta\cos\theta\mathrm{d}\theta=\frac{\sigma}{4\varepsilon_0}$$

方向沿 x 轴的负方向。

【讨论与拓展】 理论上讲，任何带电体的电场强度都可以应用点电荷电场计算式和电场叠加原理进行计算。但是对于电荷二维或三维分布的带电体，即便带电体的形状或结构是很规则的，也往往要通过冗长的二重或三重积分进行计算。对于电荷分布比较特殊的带电体，可在已知的某种典型带电体的场强计算式的基础上应用叠加原理计算电场强度。例如：

(1) 均匀带电球面可视为半径不等的均匀带电同轴圆环的集合；

(2) 均匀带电球体可视为半径不等的均匀带电圆盘或球面的集合；

(3) 均匀带电薄圆柱面可视为均匀带电直线的集合，也可视为均匀带电圆环的集合；

(4) 均匀带电圆柱体可视为许多截面半径不等的均匀带电圆柱面的集合，或均匀带电直线的集合，或均匀带电圆盘的集合。

(5) 均匀带电矩形平面可视为均匀带电直线的集合。

常用的典型带电体的电场强度分布详见本模块内容精讲部分。

【例题 6-3】 设在半径为 R 的球体内，电荷对称分布，其电荷体密度为

$$\begin{cases}\rho=kr & 0\leqslant r\leqslant R\\ \rho=0 & r>R\end{cases}$$

式中，k 为一常量。试求该带电球体的电场强度分布。

【思路解析】 本题中带电体的电荷呈球对称分布，因此其电场强度分布也是球对称的，满足高斯定理应用条件。可以选择与带电球体同心的球面作为高斯面，应用高斯定理求解电场强度分布。也可以将带电球体分割成许多半径不同的同心的薄球层，由于带电球体的电荷体密度仅沿 r 方向变化，因此每一个薄球层内电荷密度近似处处相等，又因为每个薄球层的厚度无限小，可视为球面，即为均匀带电球面。这样就可以应用均匀带电球面的电场强度计算式和电场叠加原理求解带电球体的电场强度分布。

【计算详解】 (1) 解法 1：应用典型电场强度公式+电场强度叠加原理。

将带电球体分割成无数个同心带电薄球层，任取其中一个薄球层，如图 6.8 所示，设其半径为 r'，厚度为 $\mathrm{d}r'$，薄球层上电荷近似均匀分布，其所带电量为

$$\mathrm{d}q=\rho\mathrm{d}V=kr'4\pi r'^2\mathrm{d}r'$$

设空间任意一点 P 到球心 O 点的距离为 r，均匀带电球面在 P 点产生的电场强度可表示为

当 $r<r'$ 时，P 点在球面里面，有

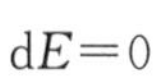

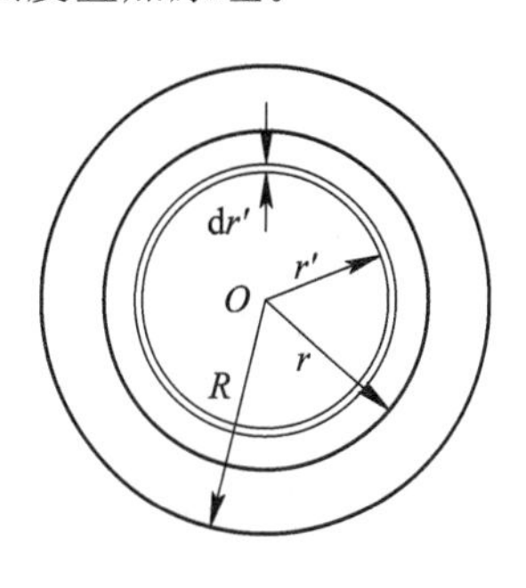

图 6.8

当 $r>r'$ 时，P 点在球面外面，有

$$dE=\frac{dq}{4\pi\varepsilon_0 r^2}$$

方向为由 O 点指向 P 点的径向。

根据电场叠加原理，对于球体内任一点($0\leqslant r\leqslant R$)，带电球体的电场强度为

$$E(r)=\int dE=\int_0^r \frac{dq}{4\pi\varepsilon_0 r^2}=\int_0^r \frac{kr'4\pi r'^2 dr'}{4\pi\varepsilon_0 r^2}=\frac{kr^2}{4\varepsilon_0}$$

方向为由 O 点指向 P 点的径向。

对于球体外任一点($r>R$)，带电球体的电场强度为

$$E(r)=\int dE=\int_0^R \frac{dq}{4\pi\varepsilon_0 r^2}=\int_0^R \frac{kr'4\pi r'^2 dr'}{4\pi\varepsilon_0 r^2}=\frac{kR^4}{4\varepsilon_0 r^2}$$

方向为由 O 点指向 P 点的径向。

(2) 解法 2：应用高斯定理。

由题意可知，带电体的电荷分布及其电场分布均满足球对称性，即以 O 点为球心的任一同心球面上各点电场强度的大小均相等，电场方向沿与球面垂直的径向向外。

对于场中任意一点 P，设 P 点到球心 O 点的距离为 r。取经过 P 点且以 O 点为球心，半径为 r 的球面作为高斯面，如图 6.9 所示，设垂直球面向外的法线方向为高斯面各面元矢量的方向，因此各面元上电场强度大小相等，电场方向与面元矢量方向相同。

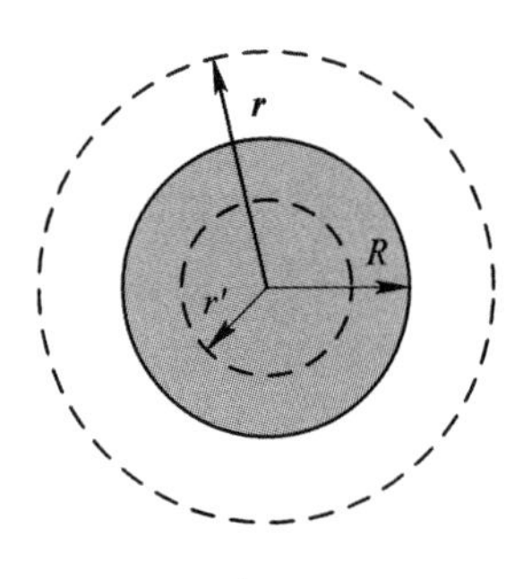

图 6.9

此时穿过高斯面的电通量可表示为

$$\oint_S \boldsymbol{E}(r)\cdot d\boldsymbol{S}=\oint_S E(r)dS=E(r)\oint_S dS=E(r)\cdot 4\pi r^2$$

根据高斯定理：

$$\oint_S \boldsymbol{E}\cdot d\boldsymbol{S}=\frac{1}{\varepsilon_0}\int_V \rho dV$$

因此可得

$$E(r)\cdot 4\pi r^2=\frac{1}{\varepsilon_0}\int_V \rho dV$$

对于球体内任一点($0\leqslant r\leqslant R$)，有

$$E(r)\cdot 4\pi r^2=\frac{1}{\varepsilon_0}\int_0^r kr\cdot 4\pi r^2 dr=\frac{k\pi r^4}{\varepsilon_0}$$

进而可得球内任一点电场强度为

$$E(r)=\frac{kr^2}{4\varepsilon_0}$$

对于球体外任一点($r>R$)，有

$$E(r)\cdot 4\pi r^2=\frac{1}{\varepsilon_0}\int_0^R kr\cdot 4\pi r^2 dr=\frac{k\pi R^4}{\varepsilon_0}$$

进而可得球外任一点的电场强度为

$$E(r)=\frac{kR^4}{4\varepsilon_0 r^2}$$

电场方向沿由 O 点指向 P 点的径向向外。

【讨论与拓展】 本题中应用球面电场进行叠加时需特别注意区分 r 和 r' 的不同意义，r 是用以描述场点的，即场点 P 的位置，r' 是用以描述源电荷的，即带电球面的位置或半径。当 $r'>r$ 时，表示 P 点在此带电球面的里面，此时带电球面在 P 点的电场为零；而当 $r'<r$ 时，表示 P 点在此带电球面的外面，此时带电球面在 P 点的电场不为零。因此应用叠加原理积分运算时，只需对 $r'<r$ 的各个球面的场进行累加，即当 P 点在球体内部时，积分上下限是 $0\sim r$；当 P 点在球体外部时，积分上下限为 $0\sim R$。

应用高斯定理求解电场强度分布的一般思路如下：

(1) 由电荷分布的对称性，分析电场强度分布的对称性；

(2) 根据电场分布的对称性，选择合适的高斯面；

(3) 计算穿过闭合高斯面的电通量和高斯面所包围的电荷代数和，由高斯定理求出电场强度 $\boldsymbol{E}$ 的大小，并标明其方向。

应用高斯定理求解电场强度时，高斯面的选择必须使得穿过高斯面的电通量易于计算。比如在例题 6-3 中以同心球面作为高斯面，高斯面上场强大小处处相等，场强方向与高斯面法线方向处处相同，这样便可以简化穿过高斯面的电通量的积分运算。因此借助高斯定理求解电场强度分布的关键在于高斯面的选择。

通常当带电体的电荷分布或电场分布具有某种对称性时，容易找到合适的高斯面以满足利用高斯定理求解电场强度的应用需求，常见的对称带电体及高斯面的选择如下：

(1) 球对称分布的带电体，比如点电荷、均匀带电球面、球体、球层以及它们的同心组合，或者如例题 6-3 中非均匀但满足球对称性的带电球体或球层，可选择与之同心的球面作为高斯面。此时高斯面上电场强度大小处处相等，电场方向平行于高斯面法线方向。

(2) 轴对称分布的带电体，比如可视为“无限长”的均匀带电直线、圆柱面、圆柱体、圆柱层以及它们的同轴组合，或者非均匀但满足轴对称的无限长带电柱体或柱层，可选择与之同轴的圆柱面作为高斯面。需注意，高斯面必须是闭合曲面，所以选作高斯面的同轴柱面包括一个侧面和两个底面。此时高斯面的侧面上场强大小处处相等，电场方向平行于侧面法线方向，底面上电场方向与底面法线方向处处垂直。

(3) 面对称分布的带电体，比如可以视为“无限大”的均匀带电平面、平板以及它们的平行组合，可选择轴线与带电面或板垂直的柱面作为高斯面。此时高斯面底面上电场强度大小处处相等，电场方向平行于底面法线方向，侧面上电场方向与侧面法线方向处处垂直。

还应注意，若带电体不满足以上对称性，或者对称性的电场中不选择以上所描述的对应的高斯面，可能不便于利用高斯定理来计算电场强度的空间分布，但高斯定理依然有效成立。

【例题 6-4】 两块平行平板，两板间距离为 d，板面积均为 S，分别均匀带电 $+q$ 和 $-q$，若两板的线度远大于 d，求它们的相互作用力的大小。

【思路解析】 本题是计算带电体之间的静电作用力的问题。库仑定律以及电场强度定义式都只适用于点电荷的情况，而本题中的带电体并非点电荷，因此不能直接应用库仑定律或电场强度定义式进行计算。对于不能视为点电荷的带电体之间的静电作用力，可以将带电体分割成很多足够小的电荷元，再利用库仑定律或电场强度定义式以及力的叠加原理来计算。

【计算详解】 两个平行平板之间的作用力是通过电场来实现的，可以理解为其中一个带电平板(设为 A 板)的电场对另一个平板(设为 B 板)上的电荷施加电场力，如图 6.10 所示。反之亦可，结论相同。

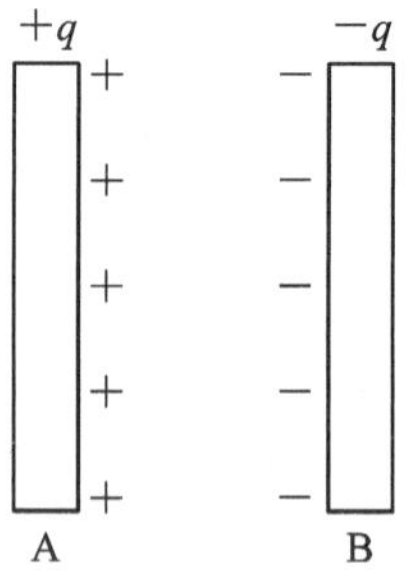

在平板 B 上任取一电荷元 dq，电荷元足够小，可视为点电荷，其受到的带电平板 A 的电场力为

$$d\boldsymbol{F}_{BA}=\boldsymbol{E}_A dq$$

根据力的叠加原理，整个带电平板 B 受到带电平板 A 的电场力为

图 6.10

$$\boldsymbol{F}_{BA}=\int_B d\boldsymbol{F}_{BA}=\int_B \boldsymbol{E}_A dq$$

考虑到两板的线度远大于板间距离，可将平板视为无限大的均匀带电平板。因此平板 A 产生的电场强度大小为

$$E_A=\frac{\sigma}{2\varepsilon_0}=\frac{q}{2\varepsilon_0 S}$$

电场的方向垂直板面向外。可见这是一均匀电场，电场强度大小处处相同。因此带电平板 B 受到的带电平板 A 的电场力为

$$\boldsymbol{F}_{BA}=\boldsymbol{E}_A\int_B dq=-q\boldsymbol{E}_A$$

因此，可得两平行平板之间的相互作用力的大小为

$$F_{BA}=F_{AB}=\frac{q^2}{2\varepsilon_0 S}$$

【讨论与拓展】 应用电场强度定义式 $\boldsymbol{F}=q_0\boldsymbol{E}$ 计算电场力时需注意以下几个问题：

(1) 此式表明试验电荷在某电场中受的电场力等于试验电荷的电量乘以其所在位置处的电场强度。式中 $\boldsymbol{E}$ 可以是任意带电体产生的静电场，但 q_0 必须是点电荷。

(2) 不能视为点电荷的带电体在某电场中受力，需将带电体分割成无数多个电荷元 dq，先计算其中一个电荷元在电场中的受力 $d\boldsymbol{F}=\boldsymbol{E}dq$，再根据力的叠加原理矢量积分，求解整个带电体在电场中的受力。

(3) 在电场对电荷施加电场力或者带电体与带电体之间的相互作用力的关系中，产生电场的一方是施力的一方，而受电场力的带电体是受力的一方。因此，$d\boldsymbol{F}=\boldsymbol{E}dq$ 中的 $\boldsymbol{E}$ 一定不是空间某处的总的电场强度，它应该是除受力方带电体之外的其他所有带电体产生的电场。例如例题 6-4 中 A 板作为施力方，B 板作为受力方，两者之间的相互作用力是 A 板产生的电场 $\boldsymbol{E}_A$ 对 B 板上各个电荷的力的叠加。

【例题 6-5】 如图 6.11 所示，长为 $2a$ 的直线段上均匀分布着电量为 q 的电荷。

(1) P 点在线段的垂直平分面上，离线段的中点 O 的距离为 r，求 P 点的电势。

(2) P 点在线段的延长线上，离 O 点的距离为 z，求 P 点的电势。

(3) P 点在通过线段端点 A 的垂直面上，离该端点的距离为 r，求 P 点的电势。

【思路解析】 已知电荷分布计算电势的方法通常有两种：一是利用点电荷电势或典型带电体电势和电势叠加原理，二是利用电场强度与电势的积分关系。但后者适用于电场强度分布已知或者电场强度易于计算的情况。本题并未给出电场强度分布，可考虑利用点电

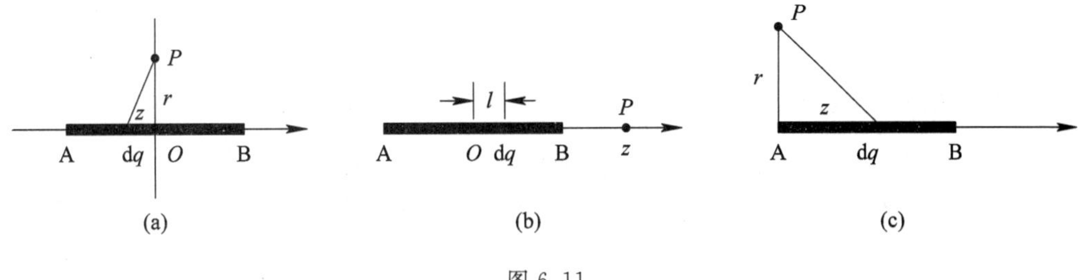

图 6.11

荷电势及电势叠加原理来计算电势。对于电荷连续分布的带电体，可将其分割成许多电荷元，每个电荷元可视为点电荷，然后应用点电荷电势表达式进行积分运算。

【计算详解】 取如图 6.11 所示坐标系，并以无穷远处为电势零参考点。

(1) 在带电直线上 z 处任取一小段线元作为电荷元，如图 6.11(a)所示。

电荷元所带电量为

$$dq=\frac{q}{2a}dz$$

电荷元在 P 点产生的电势为

$$du=\frac{1}{4\pi\varepsilon_0}\ \frac{dq}{(z^2+r^2)^{1/2}}=\frac{q}{8\pi\varepsilon_0 a}\frac{dz}{(z^2+r^2)^{1/2}}$$

根据电势叠加原理，整个带电直线在 P 点产生的电势为

$$u=\int\frac{q}{8\pi\varepsilon_0 a}\ \frac{dz}{(z^2+r^2)^{1/2}}=\frac{q}{8\pi e_0 a}\int_{-a}^{a}\frac{dz}{(z^2+r^2)^{1/2}}$$

$$=\frac{q}{4\pi\varepsilon_0 a}\ln\left(\frac{a+\sqrt{a^2+r^2}}{r}\right)$$

(2) 在带电直线上 l 处任取一小段线元作为电荷元，如图 6.11(b)所示。

电荷元所带电量为

$$dq=\frac{q}{2a}dl$$

电荷元在 P 点产生的电势为

$$du=\frac{1}{4\pi\varepsilon_0}\ \frac{dq}{z-l}=\frac{q}{8\pi\varepsilon_0 a}\cdot\frac{dl}{z-l}$$

根据电势叠加原理，整个带电直线在 P 点产生的电势为

$$u=\int\frac{q}{8\pi\varepsilon_0 a}\cdot\frac{dl}{z-l}=\frac{q}{8\pi\varepsilon_0 a}\int_{-a}^{a}\frac{dl}{z-l}=\frac{q}{8\pi\varepsilon_0 a}\ln\frac{z+a}{z-a}$$

(3) 在带电直线上 z 处任取一小段线元作为电荷元，如图 6.11(c)所示。

电荷元所带电量为

$$dq=\frac{q}{2a}dz$$

电荷元在 P 点产生的电势为

$$du=\frac{q}{8\pi\varepsilon_0 a}\ \frac{dz}{(z^2+r^2)^{1/2}}$$

根据电势叠加原理，整个带电直线在 P 点产生的电势为

$$u=\frac{q}{8\pi\varepsilon_0 a}\int_0^{2a}\frac{\mathrm{d}z}{(z^2+r^2)^{1/2}}=\frac{q}{8\pi\varepsilon_0 a}\ln\frac{2a+\sqrt{r^2+4a^2}}{r}$$

【讨论与拓展】 从计算结果可以看出，当 P 点距离带电直线较远时($r\gg a$)，$u\approx\frac{q}{4\pi\varepsilon_0 r}$，相当于将所有电荷集中于中心 O 点的点电荷在 P 点产生的电势。

从例题 6-5 还可以看出，电势是标量，应用叠加原理计算电势比电场强度的计算更加简便。理论上，点电荷电势的叠加原理可用于求解任意带电体的电势分布。但需注意，例题 6-5 中所选取的电荷元的电势是以点电荷电势分布 $u=\frac{q}{4\pi\varepsilon_0 r}$ 为基础的，因此其电势零参考点必须是选择在无穷远处的。

若选择其他位置为电势零参考点，则点电荷电势 $u=\frac{q}{4\pi\varepsilon_0 r}$ 不成立，但电势叠加原理 $u=\int\mathrm{d}u$ 依然成立。此时需先根据电势定义计算点电荷相对于所选参考点的电势分布，再应用叠加原理积分求解总的电势。

【例题 6-6】 如图 6.12 所示，一个底面半径为 R，高为 h 的圆锥体，锥体侧面上均匀带电，电荷面密度为 σ，求锥顶 O 点的电势。

【思路解析】 本题是已知电荷分布计算电势的问题，可以应用电势叠加原理。若选取点电荷为电荷元模型，则需要将点电荷电势在锥面上进行二重积分，计算过程相对复杂。考虑到带电锥面可分割为一系列半径不同的同轴带电细圆环，根据电势叠加原理，可利用均匀带电细圆环在其轴线上的电势分布，对这些不同半径的带电圆环在其轴线上 O 点的电势进行积分叠加，即可求得整个带电锥面在 O 点的电势。

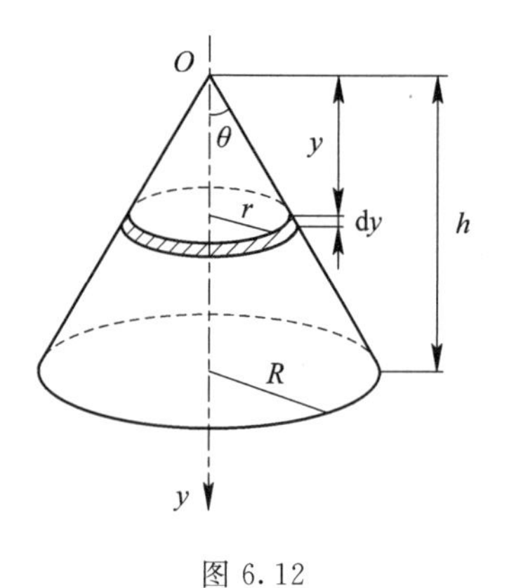

图 6.12

【计算详解】 以顶点 O 为坐标原点，取 y 轴向下为正，如图 6.12 所示。

在任意位置 y 处取宽度 $\mathrm{d}y$ 所对应的小圆环，由几何关系可知，小圆环面积为

$$\mathrm{d}S=2\pi r\frac{\mathrm{d}y}{\cos\theta}=2\pi y\tan\theta\frac{\mathrm{d}y}{\cos\theta}$$

小圆环所带电量为

$$\mathrm{d}q=\sigma\mathrm{d}S=2\pi\sigma\frac{\tan\theta}{\cos\theta}y\,\mathrm{d}y$$

小圆环在 O 点的电势为

$$\mathrm{d}u=\frac{1}{4\pi\varepsilon_0}\frac{\mathrm{d}q}{y/\cos\theta}=\frac{\sigma}{2\varepsilon_0}\tan\theta\mathrm{d}y$$

根据电势叠加原理，可得整个锥面在 O 点的电势为

$$u=\int\mathrm{d}u=\frac{\sigma}{2\varepsilon_0}\tan\theta\int_0^h\mathrm{d}y=\frac{\sigma}{2\varepsilon_0}h\tan\theta=\frac{\sigma R}{2\varepsilon_0}$$

【讨论与拓展】 理论上，利用点电荷电势和电势叠加原理可以求解任意带电体的电势

分布。但是对于电荷分布比较特殊的带电体，可在已知的某种典型带电体的电势计算式的基础上应用叠加原理计算电势分布。例如：

(1) 均匀带电圆盘或环状圆盘可视为无数多个半径不等的均匀带电同轴圆环的集合，如图 6.13 所示。

(2) 均匀带电或不均匀但满足球对称的球体或球层可视为无数多个半径不等的均匀带电同心球面的集合，如图 6.14 所示。

(3) 特别是带电导体球或球层以及它们的各种同心组合，根据静电平衡条件，其电荷总是分布在各个同心球面上，如图 6.15 所示，应用球面电势分布和电势叠加原理计算其电势分布，比应用其他电势计算方法更为简便。

常用的典型带电体的电势分布详见本模块内容精讲部分。

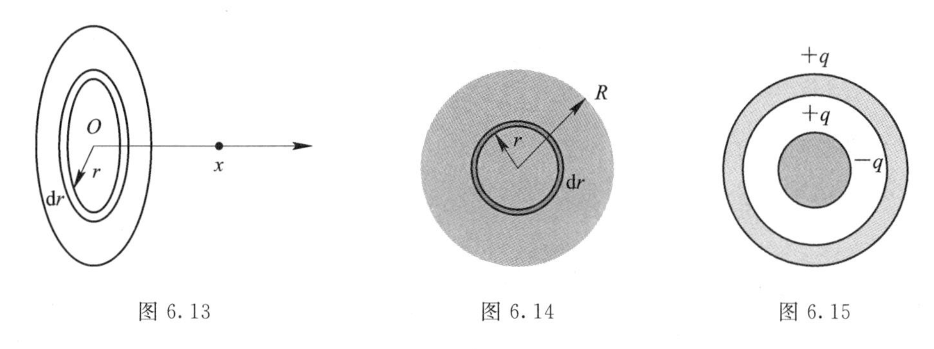

图 6.13　　　图 6.14　　　图 6.15

【例题 6-7】 有一半径为 R、带电量为 Q 的均匀带电的球体，设其电荷体密度为 ρ，试求该带电球体在其球内和球外任一点产生的电势。

【思路解析】 如前例题所述，均匀带电球体可视为无数多个半径不等的均匀带电的同心球面的集合。本题可选用均匀带电球面为基本模型，在其电势分布的基础上应用电势叠加原理，进而可求解整个带电球体的电势分布。另外，考虑到本题中电荷分布具有典型的球对称性，可应用高斯定理很容易求解其电场强度分布，或者可直接应用均匀带电球体的电场强度分布，然后根据电势的定义计算电场强度沿某路径的积分，即可求得电势分布。

【计算详解】 (1) 解法 1：典型带电体电势分布＋电势叠加原理。

将带电球体分割成无数个同心带电薄球层，任取其中一个薄球层，如图 6.16 所示，设其半径为 r'，厚度为 dr'，薄球层上电荷近似均匀分布，其所带电量为

$$dq=\rho dV=\rho\cdot 4\pi r'^2 dr'$$

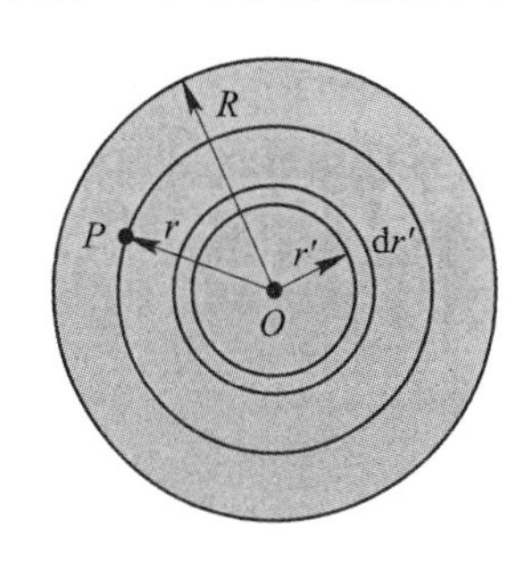

图 6.16

设空间任意一点 P 到球心 O 点的距离为 r，均匀带电球面在 P 点产生的电势可表示为：

当 $r<r'$，P 点在球面里面时，有

$$du=\frac{dq}{4\pi\varepsilon_0 r'}$$

当 $r>r'$，P 点在球面外面时，有

$$du=\frac{dq}{4\pi\varepsilon_0 r}$$

根据电势叠加原理，对于球体内任一点($0\leqslant r\leqslant R$)，带电球体的电势为

$$u(r)=\int \mathrm{d}u=\int_0^r \frac{\rho\cdot 4\pi r'^2\mathrm{d}r'}{4\pi\varepsilon_0 r}+\int_r^R \frac{\rho\cdot 4\pi r'^2\mathrm{d}r'}{4\pi\varepsilon_0 r'}$$

$$=\frac{\rho r^2}{3\varepsilon_0}+\frac{\rho}{2\varepsilon_0}(R^2-r^2)=\frac{\rho}{6\varepsilon_0}(3R^2-r^2)$$

对于球体外任一点($r>R$)，带电球体的电势为

$$u(r)=\int \mathrm{d}u=\int_0^R \frac{\rho\cdot 4\pi r'^2\mathrm{d}r'}{4\pi\varepsilon_0 r}=\frac{\rho R^3}{3\varepsilon_0 r}=\frac{Q}{4\pi\varepsilon_0 r}$$

(2) 解法2：应用电势与电场强度的积分关系。

对于均匀带电球体，应用高斯定理易得其电场强度分布为

$$\boldsymbol{E}=\begin{cases}\dfrac{\rho}{3\varepsilon_0}\boldsymbol{r}, & r\leqslant R\\[2ex] \dfrac{Q}{4\pi\varepsilon_0 r^2}\boldsymbol{r}^0, & r>R\end{cases}$$

方向由球心沿径向辐射向外。

设无穷远处为电势零参考点，根据电势的定义可得

$$u=\int_P^{\infty}\boldsymbol{E}\cdot\mathrm{d}\boldsymbol{l}$$

式中，积分路径可任取，由于均匀带电球体的电场强度方向沿径向向外，为便于计算，这里取由球心辐射向外的径向方向为积分路径，即

$$\mathrm{d}\boldsymbol{l}=\mathrm{d}r\boldsymbol{r}^0$$

对于球体内任一点($0\leqslant r\leqslant R$)，从该点沿径向到无穷远处的路径上，电场强度 $\boldsymbol{E}$ 不连续，因此求解电势时电场强度沿路径的积分要分段计算，即

$$u=\int_P^{\infty}\boldsymbol{E}\cdot\mathrm{d}\boldsymbol{l}=\int_P^{R}\boldsymbol{E}\cdot\mathrm{d}\boldsymbol{l}+\int_R^{\infty}\boldsymbol{E}\cdot\mathrm{d}\boldsymbol{l}$$

$$=\int_r^R \frac{\rho}{3\varepsilon_0}r\mathrm{d}r+\int_R^{\infty}\frac{Q}{4\pi\varepsilon_0 r^2}\mathrm{d}r$$

$$=\frac{\rho}{6\varepsilon_0}(R^2-r^2)+\frac{Q}{4\pi\varepsilon_0 R}=\frac{\rho}{6\varepsilon_0}(3R^2-r^2)$$

对于球体外任一点($r>R$)，从该点沿径向到无穷远处的路径上，电场强度始终为球外电场，因此有

$$u=\int_P^{\infty}\boldsymbol{E}\cdot\mathrm{d}\boldsymbol{l}=\int_r^{\infty}\frac{Q}{4\pi\varepsilon_0 r^2}\mathrm{d}r=\frac{Q}{4\pi\varepsilon_0 r}$$

【讨论与拓展】 由本题结论可以看出，均匀带电球体外面任一点的电势可以等效于所有电荷都集中在球心处的点电荷产生的电势。需注意，无论应用球面电势叠加的方法，还是应用电势与电场强度的积分关系的方法，在计算球体内部某点电势时都需要分段进行积分。

应用电势与电场强度的积分关系来计算电势分布的一般思路和方法如下：

(1) 根据电荷分布求解电场强度的分布。特别是当电场呈对称性分布时，应用高斯定理求解电场强度尤为简便。本模块内容精讲部分列出的一些典型带电体的电场分布，也可以直接应用其电场强度计算式计算场强。

(2) 选取适当的电势零参考点。利用电场强度沿路径积分计算电势分布时，对电势零

参考点的选取并无特殊要求。一般问题中常选无穷远处为零参考点，但对于电荷分布延伸到无穷远的带电体，比如无限长带电直线、柱面、柱体以及无限大带电平面等，一般选取有限远处的某点作为电势零参考点。

(3) 选取适当的积分路径。由于静电场中，$u=\int_P^{\infty}\boldsymbol{E}\cdot \mathrm{d}\boldsymbol{l}$ 的积分与路径无关，因此应用时尽量选取便于计算的路径，比如本题中选择与电场强度方向相同的径向为积分路径。

(4) 如果从 P 点到电势零参考点的积分路径上各区域内电场强度的分布规律不同，则需分段积分。

已知带电体电荷分布计算电势的两类方法，电势叠加原理和电势与场强的积分关系，各有不同的适用范围，通常来讲应遵循以下原则：

(1) 看电场强度分布情况。应用电势与电场强度积分关系求解电势分布时，需已知电场强度分布，或电场强度分布求解较为简便。若电荷分布比较复杂，不满足某些典型带电体的电场强度分布，则不能用高斯定理快速求解电场强度分布，也不宜应用电势与电场强度的积分关系求解电势。

(2) 看电荷分布情况。对于某些典型带电体及其组合，应用电势叠加原理更为简便。

【拓展例题 6-7-1】 设三个均匀带电的同心球面，半径分别为 R_1、R_2 和 R_3，带电量分别为 Q_1、Q_2 和 Q_3，如图 6.17 所示，以无穷远处为电势零参考点，分别计算 A、B 点的电势。

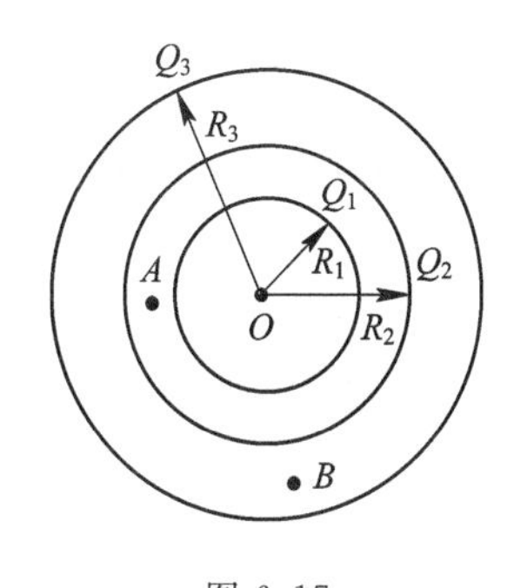

图 6.17

【解析】 均匀带电球面为典型带电体，其电势分布可表示为

$$u=\begin{cases}\dfrac{q}{4\pi\varepsilon_0 R}, & r\leqslant R\\[2ex] \dfrac{q}{4\pi\varepsilon_0 r}, & r>R\end{cases}$$

式中，q 为球面所带电量，R 为球面半径，r 为空间某点到球心的距离。

根据电势叠加原理，A、B 点的电势为三个带电球面电势分别在 A、B 点的电势的代数和。因此可得

$$u_A=u_{A1}+u_{A2}+u_{A3}=\frac{Q_1}{4\pi\varepsilon_0 r_A}+\frac{Q_2}{4\pi\varepsilon_0 R_2}+\frac{Q_3}{4\pi\varepsilon_0 R_3}$$

$$u_B=u_{B1}+u_{B2}+u_{B3}=\frac{Q_1}{4\pi\varepsilon_0 r_B}+\frac{Q_2}{4\pi\varepsilon_0 r_B}+\frac{Q_3}{4\pi\varepsilon_0 R_3}$$

(3) 看参考点的选取。应用电势叠加原理求解电势分布时，所用的点电荷电势或典型带电体电势模型大都是以无穷远处为电势零参考点的。若以非无穷远处的其他位置为参考点，则不能直接应用这些带电体的电势计算式，因此不宜应用电势叠加原理求解电势分布，而应利用电势与场强的积分关系来求解电势分布，后者适用于以任何位置为参考点的情况。

【拓展例题 6-7-2】 半径为 R 的“无限长”圆柱体内均匀带电，电荷体密度为 ρ，若以距圆柱轴线为 $r_0(r_0>R)$ 的 P_0 点为电势零参考点，如图 6.18 所示，求带电圆柱体的电势分布。

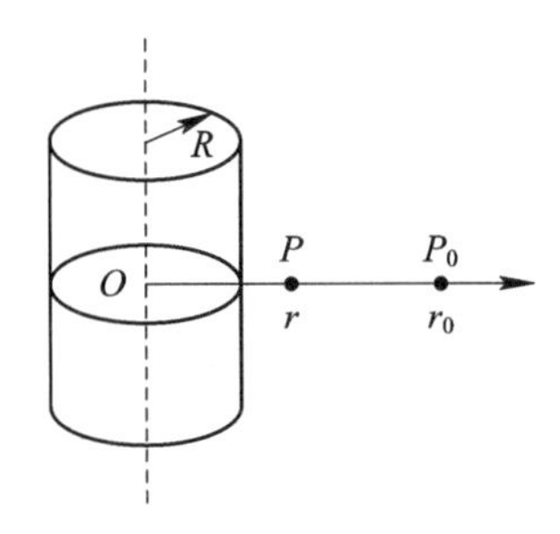

图 6.18

【解析】 由题意可知，电荷分布延伸至无穷远处，因此不能选无穷远处为电势零参考点。若选 P_0 为零参考点，则点电荷的电势不再满足 $u=\frac{q}{4\pi\varepsilon_0 r}$的分布规律。

考虑到均匀带电圆柱体的电荷分布具有典型的轴对称性，由高斯定理易求得带电柱体的电场分布为

$$\boldsymbol{E}=\begin{cases}\dfrac{\rho}{2\varepsilon_0}\boldsymbol{r}, & r\leqslant R\\[2ex] \dfrac{\rho R^2}{2\varepsilon_0 r}\boldsymbol{r}^0, & r>R\end{cases}$$

方向沿垂直于圆柱体轴线的径向向外。因此本例题宜选用电势与场强的积分关系求解电势分布。

根据电场分布的方向特性，可选择与电场方向相同的垂直于圆柱体轴线的径向向外为积分路径方向，即

$$\mathrm{d}\boldsymbol{l}=\mathrm{d}r\boldsymbol{r}^0$$

因此，对于距圆柱体轴线为 r 的 P 点，当 $r\leqslant R$ 时，P 点在圆柱体内部，其电势为

$$\begin{aligned}u&=\int_P^{\text{“0”}}\boldsymbol{E}\cdot\mathrm{d}\boldsymbol{l}=\int_r^R\boldsymbol{E}\cdot\mathrm{d}\boldsymbol{l}+\int_R^{r_0}\boldsymbol{E}\cdot\mathrm{d}\boldsymbol{l}\\&=\int_r^R\frac{\rho}{2\varepsilon_0}r\mathrm{d}r+\int_R^{r_0}\frac{\rho R^2}{2\varepsilon_0 r}\mathrm{d}r\\&=\frac{\rho}{4\varepsilon_0}(R^2-r^2)+\frac{\rho R^2}{2\varepsilon_0}\ln\frac{r_0}{R}\end{aligned}$$

当 $r>R$ 时，P 点位于圆柱体外部，其电势为

$$u=\int_P^{\text{“0”}}\boldsymbol{E}\cdot\mathrm{d}\boldsymbol{l}=\int_r^{r_0}\frac{\rho R^2}{2\varepsilon_0 r}\mathrm{d}r=\frac{\rho R^2}{2\varepsilon_0}\ln\frac{r_0}{r}$$

【例题 6-8】 如图 6.19 所示，在放置于 O 点处的点电荷 $+q$ 的电场中，O、A、B、D 同在 Or 轴线上，$\overset{\frown}{ACD}$是以 B 点为中心、a 为半径的半圆。

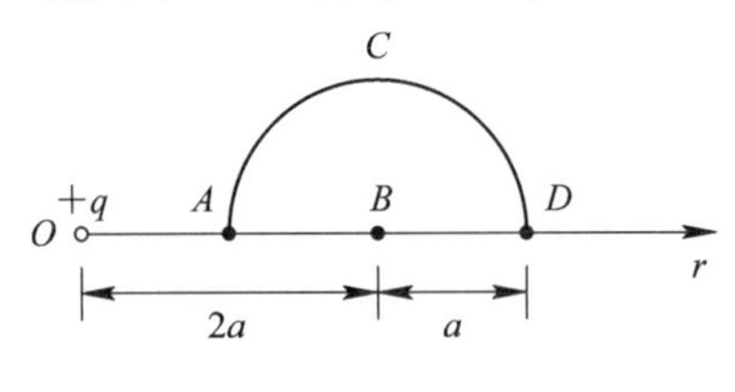

图 6.19

（1）若取图中 B 点处为电势零参考点，试求图中 D 点的电势。

（2）若将电量为 $+q_0$ 的试验电荷从 D 点沿 $\overset{\frown}{DCA}$ 路径移动到 A 点，求电场力做的功。

【思路解析】 本题是以非无穷远处为参考点的点电荷电势的计算和电场力做功的问题。电势是相对的，电场中某点的电势是与参考点的选取有关的。本题可根据电势定义，选择适当的路径，应用点电荷电场强度沿某路径的积分来计算电势。另外，电场中某点的电势也可以理解为该点与电势零参考点的电势差，而电场中任意两点的电势差是绝对的，电势差与参考点的选取无关。因此本题也可以将电势求解问题转化为两点间的电势差求解问题。

根据静电场中电势能之差的定义式，可将静电力对点电荷的做功问题转化为计算系统电势能之差或电势差的问题。

【计算详解】 （1）解法 1：应用电势定义。

建立如图 6.19 所示的坐标系，由于点电荷电场强度的方向沿以点电荷为中心的径向辐射向外，而图中 D 点和电势零参考点 B 点刚好都在同一径线方向上，因此取 $\boldsymbol{r}$ 方向为积分路径的方向，即

$$\mathrm{d}\boldsymbol{l}=\mathrm{d}r\boldsymbol{r}^0$$

根据电势定义，D 点的电势为

$$u=\int_D^B \boldsymbol{E}\cdot\mathrm{d}\boldsymbol{l}=\int_{3a}^{2a}\frac{q}{4\pi\varepsilon_0 r^2}\mathrm{d}r=\frac{-q}{24\pi\varepsilon_0 a}$$

解法 2：应用电势与电势差的关系。

以 B 点为电势零参考点时，D 点的电势是 D 点相对于 B 点的电势，也就是 D 点电势与 B 点电势之差。由于电场中任意两点之间的电势差与零参考点的选取无关。因此可选择无穷远处为参考点来计算 D 点与 B 点之间电势差，进而可得 D 点相对于 B 点的电势。因此有

$$u_{DB}=u_D-u_B=u_{D\infty}-u_{B\infty}=\frac{q}{12\pi\varepsilon_0 a}-\frac{q}{8\pi\varepsilon_0 a}=\frac{-q}{24\pi\varepsilon_0 a}$$

（2）由电场力做功定义式可得

$$A_{DA}=\int_D^A q_0\boldsymbol{E}\cdot\mathrm{d}\boldsymbol{l}=q_0\int_D^A\boldsymbol{E}\cdot\mathrm{d}\boldsymbol{l}=q_0(u_D-u_A)$$

即由于电势差与参考点的选取无关，因此上式中电势差 u_D-u_A 可以无穷远处为电势零参考点进行计算，即

$$A_{DA}=q_0(u_D-u_A)=q_0\left(\frac{q}{12\pi\varepsilon_0 a}-\frac{q}{4\pi\varepsilon_0 a}\right)=\frac{-qq_0}{6\pi\varepsilon_0 a}$$

【讨论与拓展】 在应用电势定义求解电势分布时，尽量选取与电场强度方向平行并同向的方向为积分路径，或者部分路径与电场强度平行、部分路径与电场强度垂直，又或者路径方向始终与电场强度方向保持某个固定夹角，这样才能最大限度地简化电场强度沿路径的积分运算。

但需注意，路径选取方向并不一定就是场点直接指向零参考点的方向。本题较容易误选 $D\to B$ 的方向为积分路径方向。若选 $D\to B$ 的方向为积分路径方向，则有

$$\mathrm{d}\boldsymbol{l}=-|\mathrm{d}r|\boldsymbol{r}^0$$

如图 6.19 所示，沿 $D\to B$ 的方向 r 是逐渐减小的，因此 $\mathrm{d}r<0$，即 $|\mathrm{d}r|=-\mathrm{d}r$，代入上

式可得

$$\mathrm{d}\boldsymbol{l}=\mathrm{d}r\boldsymbol{r}^0$$

可见，选择 $D\to B$ 的方向与选择 $\boldsymbol{r}$ 方向为积分路径的结果是相同的，但相比之下，选择 $\boldsymbol{r}$ 方向为积分路径的方向的思路更加清晰。

当电势零参考点不是无穷远处时，一些典型带电体的电势分布计算式不能直接应用。这时候不妨将电场中某点的电势转换为该点与电势零参考点的电势差，而电势差与参考点的选取无关。因此在计算两点间电势差时，便可以应用以无穷远处为电势零参考点的典型带电体的电势分布计算式进行求解。

需注意本题中电势 u 的两个下标的物理含义，通常第一个下标表示场点，第二个下标表示电势零参考点，如本例题中 $u_{DB}=u_D-u_B$，其中电势 u_{DB} 表示电场中以 B 点为电势零参考点时 D 点的电势，即 D 点相对于 B 点的电势，它等于 D 点与 B 点的电势之差(无论以哪个点为零参考点)。应用双下标表示电势有助于明确电势中场点与参考点之间的关系，更有助于在电势与电势差之间进行转换。

例如，半径为 R 的均匀带电球面，带电量为 Q，若规定该球面上的电势值为零，则无穷远处的电势为

$$u_{\infty R}=u_\infty-u_R=-(u_R-u_\infty)=-u_{R\infty}=-\frac{Q}{4\pi\varepsilon_0 R}$$

【例题 6-9】 在半径为 R、电荷体密度为 ρ 的均匀带正电的球体内，存在一个半径为 r 的球形空腔，两球心 O_1 和 O_2 间的距离为 a(如图 6.20 所示)，求空腔内任一点的电场强度。

【思路解析】 本题的带电体的电荷分布不满足球对称性，其电场分布也不满足球对称性，因此无法直接利用高斯定理求解电场的分布，但可以用补偿法求解。

假如在空腔处补上同样电荷体密度的正电荷，这样带有空腔的球体的电场强度就等于完整的球体的电场强度减去空腔处补上电荷的球体的电场强度。也可以假设在空腔处补上同样电荷体密度的负电荷，这样带有空腔的球体的电场强度就等于带正电荷的完整球体的电场强度与空腔处带负电的球体的电场强度叠加的结果。这种方法称为补偿法。

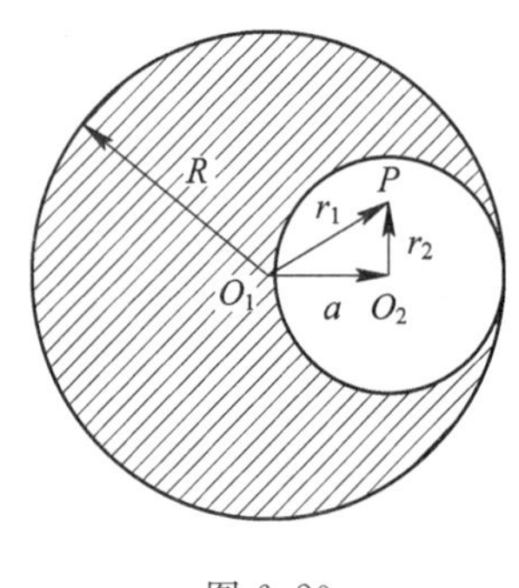

图 6.20

【计算详解】 先将空腔内填满体密度为 ρ 的正电荷。在空腔内任取一点 P，设其距大球中心 O_1 的位矢为 $\boldsymbol{r}_1$，距空腔中心 O_2 的位矢为 $\boldsymbol{r}_2$，应用高斯定理可得均匀带电球体内任一点电场强度为

$$\boldsymbol{E}=\frac{\rho}{3\varepsilon_0}\boldsymbol{r}$$

因此可得带正电的完整的大球体在 P 点产生的电场强度为

$$\boldsymbol{E}_1=\frac{\rho}{3\varepsilon_0}\boldsymbol{r}_1$$

空腔处填满正电荷的球体在 P 点的电场强度为

$$\boldsymbol{E}_2=\frac{\rho}{3\varepsilon_0}\boldsymbol{r}_2$$

根据电场强度叠加原理，带有空腔的带电球体在空腔内 P 点的电场强度为

$$\boldsymbol{E}=\boldsymbol{E}_1-\boldsymbol{E}_2=\frac{\rho}{3\varepsilon_0}(\boldsymbol{r}_1-\boldsymbol{r}_2)=\frac{\rho}{3\varepsilon_0}\boldsymbol{a}$$

式中，$\boldsymbol{a}$ 为 O_1 指向 O_2 的矢量。上式说明在空腔内电场强度处处相同，大小为$\frac{\rho a}{3\varepsilon_0}$，方向相同，沿矢量 $\boldsymbol{a}$ 的方向，因此空腔内是均匀电场。

如果在空腔处填以电荷体密度为 ρ 的负电荷，那么空腔处带负电的球体在 P 点产生的电场强度为

$$\boldsymbol{E}_2=-\frac{\rho}{3\varepsilon_0}\boldsymbol{r}_2$$

根据电场叠加原理，带有空腔的带电球体在 P 点的电场强度为

$$\boldsymbol{E}=\boldsymbol{E}_1+\boldsymbol{E}_2=\frac{\rho}{3\varepsilon_0}\boldsymbol{r}_1+\left(-\frac{\rho}{3\varepsilon_0}\boldsymbol{r}_2\right)=\frac{\rho}{3\varepsilon_0}\boldsymbol{a}$$

即得到与前面相同的结果。

【讨论与拓展】 补偿法可以理解为一种特殊形式的叠加，不但可以用以求解电场强度的分布，也可以用来求解电势分布或者穿过某些曲面的电通量。

例如，如图 6.21 所示，计算均匀电场中穿过半径为 R 的半球面 S 的电通量。

应用补偿法，先将半球面的左侧底面补上，构成一个闭合的半球面，设曲面法线方向向外为正，根据高斯定理可得，穿过闭合半球面的电通量为零，即

$$\Phi_e=\Phi_{eS'}+\Phi_{eS}=0$$

因此有

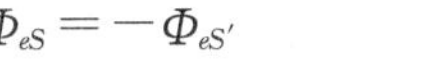

$$\Phi_{eS}=-\Phi_{eS'}$$

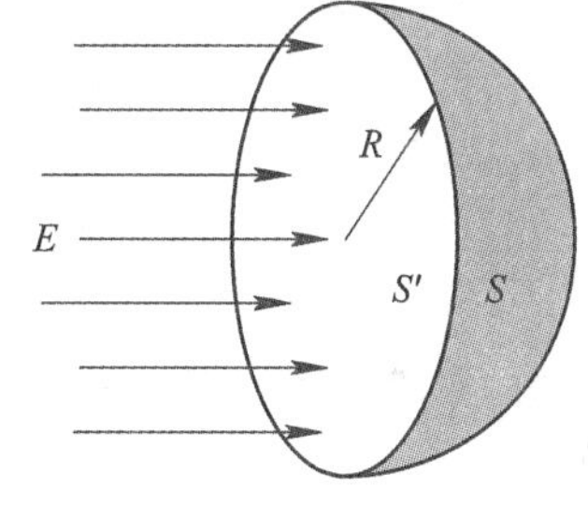

图 6.21

即穿过半球面 S 的电通量与穿过平面 S' 的电通量的大小相同。这样就可以将计算穿过曲面的电通量问题简化成计算穿过某平面的电通量问题。

再例如，如图 6.22 所示，在 Oxy 平面上倒扣着半径为 R 的半球面，半球面上电荷均匀分布，电荷面密度为 σ。点 A 坐标为(0, $R/2$)，点 B 坐标为($3R/2$, 0)，求电势差 u_{AB}。

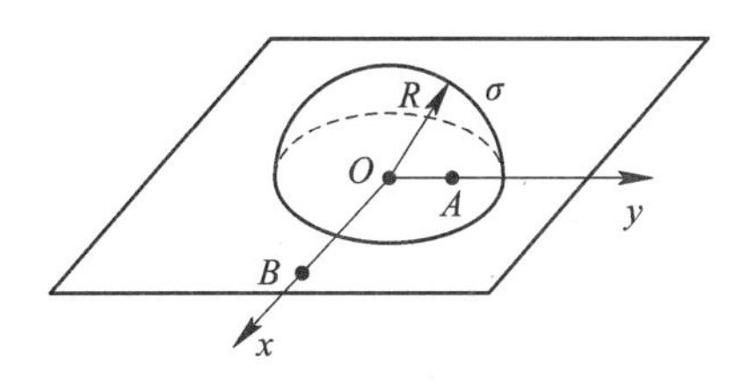

图 6.22

应用补偿法，先将半球面扩展成带有相同电荷密度 σ 的完整的球面。由于电势的叠加是标量叠加，根据对称性，带电半球面在 Oxy 平面上各点产生的电势就等于整个带电球面在该点产生的电势的一半。据此，可先分别求出一个完整球面在 A、B 处的电势为

$$u_A'=\frac{Q}{4\pi\varepsilon_0 R}=\frac{\sigma R}{\varepsilon_0}$$

$$u_B'=\frac{Q}{4\pi\varepsilon_0 r}=\frac{\sigma R^2}{\varepsilon_0 r}=\frac{2\sigma R}{3\varepsilon_0}$$

因此可得半球面在 A、B 两点的电势差为

$$u_{AB}=\frac{1}{2}(u_A'-u_B')=\frac{\sigma R^2}{\varepsilon_0 r}=\frac{\sigma R}{6\varepsilon_0}$$

【例题 6-10】 如图 6.23 所示，一半径为 R 的金属球原来不带电，将它放在点电荷 $+q$ 的电场中，球心与点电荷间的距离为 r，求金属球上感应电荷在球心处的电场强度以及金属球的电势。若将金属球接地，求其上的感应电荷。

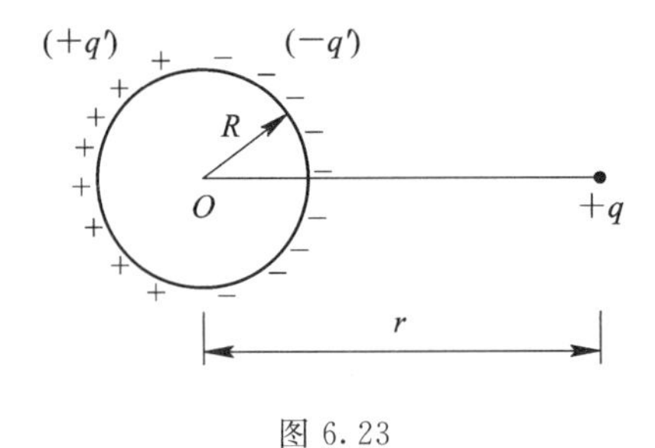

图 6.23

【思路解析】 本题是导体在静电场中的静电感应和静电平衡问题。导体中有大量可以自由移动的电荷，但无外电场时，导体不显电性。将导体引入某电荷的静电场中，导体内电荷在电场力作用下发生移动，致使导体表面出现正、负电荷，这是静电感应现象。当导体内的所有电荷都不再有宏观移动时，导体则处于静电平衡状态，导体上的电荷形成稳定的电荷分布，这些电荷所激发的电场为静电场。

本题中，要计算静电感应电荷所激发的电场强度和电势，首先需要确定静电平衡后导体上的电荷分布，而判断导体上电荷分布的依据则是静电平衡条件。

【计算详解】 将金属球引入到点电荷电场中，金属球上感应出等量异号电荷，设其电量为 q'，如图 6.23 所示。

根据导体的静电平衡条件，感应电荷分布在金属球的表面上，设金属球表面所有感应电荷在 O 点所产生的电场强度为 $\boldsymbol{E}'$，根据电场叠加原理，球心 O 点的总的电场强度为感应电荷的电场强度 $\boldsymbol{E}'$ 与点电荷 q 的电场强度 $\boldsymbol{E}$ 的矢量叠加，即

$$\boldsymbol{E}_O=\boldsymbol{E}'+\boldsymbol{E}$$

由导体的静电平衡条件可知，导体内部电场强度处处为零，即 $\boldsymbol{E}_O=\boldsymbol{0}$。因此可得感应电荷在球心 O 点产生的电场强度为

$$\boldsymbol{E}'=-\boldsymbol{E}=-\frac{q}{4\pi\varepsilon_0 r^2}(-\boldsymbol{r}^0)=\frac{q}{4\pi\varepsilon_0 r^2}\boldsymbol{r}^0$$

式中，$\boldsymbol{r}^0$ 为由球心 O 点指向点电荷的单位方向矢量。

根据导体的静电平衡条件，导体是等势体，即金属球各点电势均相等。不妨通过球心 O 点来计算金属球的电势。由于正、负感应电荷都分布于金属球表面，因此每个感应电荷在 O 点的电势均可表示为

$$\mathrm{d}u=\frac{\mathrm{d}q'}{4\pi\varepsilon_0 R}$$

根据电势叠加原理，球心 O 点的总的电势是球面上所有感应电荷的电势和点电荷电势的叠加。所有的正、负感应电荷在球心 O 点的电势为

$$u=\int du=\frac{1}{4\pi\varepsilon_0 R}\int dq'=0$$

因此 O 点的总电势等于点电荷在该处的电势，即

$$u_O=\frac{q}{4\pi\varepsilon_0 r}$$

此即为金属球的电势。

将金属球接地后，金属球上各点电势为零，并且金属球上的电荷不守恒，即金属球上的感应电荷的总和不为零，因此感应电荷在球心 O 点的电势也不为零。设金属球接地后球面感应电荷的电量为 Q，则感应电荷和点电荷在球心 O 点的总的电势为

$$u_O=\frac{Q}{4\pi\varepsilon_0 R}+\frac{q}{4\pi\varepsilon_0 r}=0$$

因此可得金属球接地后其表面上感应电荷的电量为

$$Q=-\frac{R}{r}q$$

由此可见，金属球接地后的净剩电荷与点电荷异号，其电量值与金属球半径及点电荷到金属球的距离有关。由于 $r>R$，因此感应电荷的电量值少于点电荷电量值。

【讨论与拓展】 静电平衡条件是分析导体上电荷分布及导体中电场强度和电势的重要依据。通常可根据导体的静电平衡条件获取以下信息：

(1) 导体上电荷只分布在导体表面，导体内部无净剩电荷。

(2) 导体内部各点电场强度均为零。但需注意，导体内部某点电场强度是空间所有电荷(包括自由电荷、导体表面的感应电荷、介质中的极化电荷等)在该处产生的电场强度的矢量叠加。通常可利用电场强度叠加原理和静电平衡条件列出关于电场强度或电荷分布的方程式。

例如：一个带电量为 $-q$ 的点电荷，位于原本不带电的金属球外，与金属球球心距离为 d，如图 6.24 所示，则在金属球内，与球心相距为 l 的 P 点处，由感应电荷产生的电场强度 $\boldsymbol{E}$ 该如何求解呢？

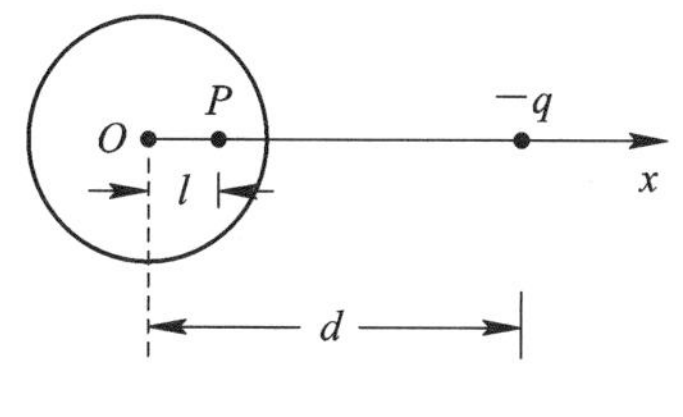

图 6.24

点电荷 $-q$ 的存在，使得原本不带电的金属球上分布着等量异号的感应电荷，此时空间任何一点的电场强度都是所有感应电荷及点电荷 $-q$ 共同激发产生的。

由静电平衡条件易知，位于导体内部的 P 点电场强度为零。因此有

$$\boldsymbol{E}_P=\boldsymbol{E}_q+\boldsymbol{E}'=0$$

进而可得感应电荷在 P 点产生的电场强度 $\boldsymbol{E}'$ 为

$$\boldsymbol{E}'=-\boldsymbol{E}_q=\frac{-q}{4\pi\varepsilon_0\ (d-l)^2}\boldsymbol{i}$$

(3) 导体是个等势体，即导体内部及导体表面各点电势相等。同样需注意，导体内部或导体表面某点的电势是空间所有电荷在该处产生的电势的叠加。通常可以根据电势叠加原理求解导体上某个特殊点的电势，并根据静电平衡条件列出方程。特别地，当导体接地时，导体电势与大地电势相等，即导体上各点电势为零。

例如：如图 6.25 所示，将一个带负电的导体球 A 靠近一个不带电的孤立导体球 B，结果导体球 B 的电势降低。

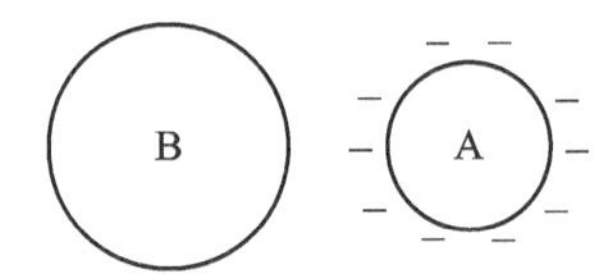

图 6.25

因为导体球 B 是等势体，不妨以其球心处电势来表示整个导体的电势。带电球 A 靠近导体球 B 时，在导体球 B 的表面感应出等量异号的电荷，而无论感应电荷的电量是多少，这些等量异号的感应电荷在导体 B 的球心产生的电势总是为零，因此导体球 B 的球心处总的电势等于带电导体球 A 上电荷在该处的电势。若以无穷远处为电势零参考点，则导体球 B 的电势始终为负值。随着导体 A 逐渐靠近导体 B，两者的距离慢慢缩短，因此导体 B 的电势值随之逐渐降低。

再例如：如图 6.26 所示，金属导体球外面有一同心的金属球壳，它们离地球很远，用细导线穿过金属球外球壳上的绝缘小孔并与大地相连接，已知外球壳带有正电 Q，则金属球是否带电？正电荷还是负电荷？

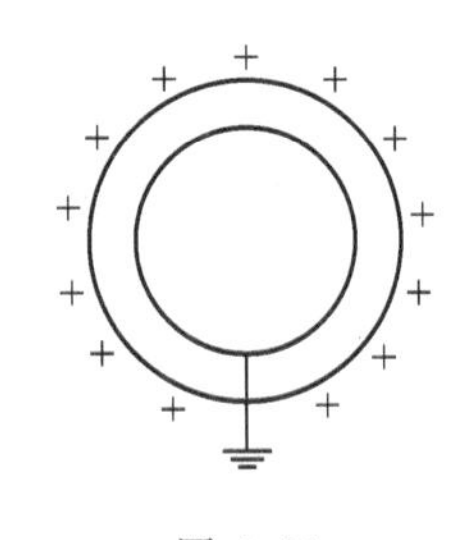

图 6.26

假设金属球接地后不带电，则整个金属球与外球壳之间的各点电场强度均为零，所以金属球与外球壳电势相等。但金属球接地后电势为零，而外球壳电势为正。因此假设不成立，即金属球接地后仍带有电荷。

设金属球电量为 q，根据静电平衡条件，电荷分布于金属球表面。设金属球半径为 r，外球壳半径为 R，根据球面电势及电势叠加原理可得球心处电势为

$$u_O=\frac{Q}{4\pi\varepsilon_0 R}+\frac{q}{4\pi\varepsilon_0 r}=0$$

因此可得金属球所带电量为

$$q=-\frac{r}{R}Q$$

即金属球接地后带有负电荷，且其电量值与金属球和外球壳的半径有关。由于 $r<R$，因此金属球所带电量值少于外球壳的电量值。

这里应强调，导体接地后电荷不守恒，但这并不意味着导体上电荷全部消失，当周围有其他带电体或导体时，接地导体上的电荷通常只是部分消失。确定导体接地后净剩电荷的种类及电量的依据是：导体接地后其电势为零。即导体上任取一点，所有电荷在该处的

电势之和为零。为便于计算电势，通常取球心等特殊位置。

【例题6-11】 如图6.27(a)所示，金属球内有两个空腔，此金属球原来不带电，在两空腔中心分别放置点电荷 q_1 和 q_2，在金属球外远处放一点电荷 $q(r\gg R)$，则 q_1、q_2 和 q 所受电场力大小 F_1、F_2 和 F 分别是多少？

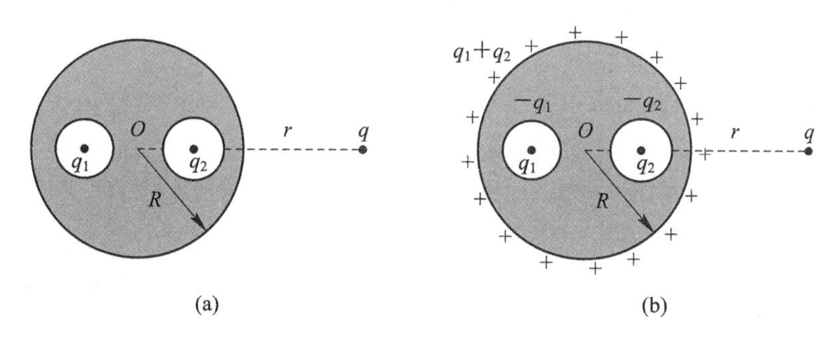

图6.27

【思路解析】 本题是静电场中导体的静电屏蔽问题。对于带空腔的导体，空腔内的电场强度只取决于空腔内的电荷、电介质以及空腔内表面的几何特征，不受空腔以外的电场及电荷分布的影响。因此空腔内的点电荷所受电场力只取决于空腔内表面电荷所产生的电场，而不受其他电荷的影响。

【计算详解】 首先确定导体上的电荷分布。由静电平衡条件及带空腔导体的电荷分布特征可得，每个空腔的内表面感应出与空腔内电荷等量且异号的电荷，由于空腔内点电荷分布在球形空腔中心，因此空腔内表面上的感应电荷分布均匀。由导体上的电荷守恒可知导体球外表面所带电量为 q_1+q_2，如图6.27(b)所示。由于点电荷 q 离金属球较远($r\gg R$)，点电荷对导体球上电荷分布的影响可忽略不计，因此导体球外表面上电荷分布均匀。

由电场强度定义，点电荷所受电场力可表示为

$$\boldsymbol{F}=q\boldsymbol{E}$$

式中，q 为点电荷电量，$\boldsymbol{E}$ 为除点电荷 q 以外的空间存在的其他电荷在点电荷 q 处产生的总的电场强度。

由导体的静电屏蔽效应，空腔内任一点的电场强度只取决于腔内电荷，即空腔以外所有电荷在空腔内产生的总电场强度恒为零。因此空腔内点电荷所受电场力只取决于空腔内表面上的感应电荷在该处的电场强度。空腔内表面是均匀带电球面，其在空腔中心的电场强度为零。因此空腔内点电荷受电场力为零，即

$$F_1=0,\ F_2=0$$

由于静电屏蔽效应，每个空腔内的点电荷与其内表面上感应电荷在导体外任意一点的电场强度矢量之和总是为零，因此导体外的点电荷 q 所受电场力只取决于导体外表面上的电荷在点电荷 q 处的电场强度，即

$$F=q\frac{q_1+q_2}{4\pi\varepsilon_0 r^2}$$

【讨论与拓展】 对于带空腔的导体，当空腔内有电荷时，空腔内表面将感应出等量异号电荷，同时在导体外表面感应出等量同号电荷。静电屏蔽效应使得空腔内电场及电荷分布不受空腔以外其他电荷或电场的影响，并且空腔内电荷与空腔内表面上电荷在空腔以外

任意一点的电场强度矢量和总是为零。也就是说，讨论空腔内电场分布或电荷受力等问题时，完全可以忽略空腔以外其他电荷或电场的存在。而讨论导体外部电场分布或电荷受力等问题时，可以忽略整个空腔内及空腔内表面电荷的存在，空腔内电荷对腔外的影响体现在导体外表面所感应的等量同号电荷。若导体接地，则导体电荷不守恒，导体外表面也不会感应出与空腔内等量同号电荷了。这时整个空腔对导体外部电场完全无影响。因此接地后的带空腔导体，其空腔内外是互不影响的。

例题 6-11 中导体空腔内点电荷正好位于球形空腔中心，所以空腔内表面上的电荷均匀分布。若点电荷不在空腔中心，则空腔内表面上电荷分布不均匀，但内表面上各感应电荷在点电荷处的电场强度依然为零，点电荷与空腔内表面上感应电荷在空腔外任意一点的电场强度的矢量和也依然为零。

【例题 6-12】 如图 6.28(a)所示，半径为 R_0 的导体球 B 带电量为 q，球外套以内、外半径分别为 R_1 和 R_2 的同心导体球壳 A，球壳上带电量为 Q。试求：

(1) 电荷和电势分布；

(2) A、B 间的电势差；

(3) 将球壳 A 接地后再断开，求电荷和电势分布；

(4) 再将导体 B 接地，求电荷和电势分布。

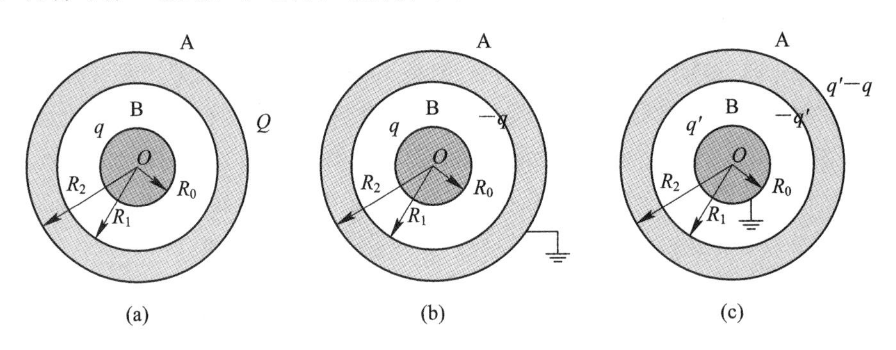

图 6.28

【思路解析】 本题是静电场中导体的电荷分布及电势的计算问题。对于静电场中的导体，首先由静电平衡条件确定导体各表面上的电荷分布，再根据电荷分布求解电场强度或电势。考虑到本题中的导体为同心放置的球及球壳，因此导体表面上电荷均匀分布，利用均匀带电球面的电势及电势叠加原理计算电势分布较为简便。

【计算详解】 (1) 由静电平衡条件及导体上电荷分布特征可知：

半径为 R_0 的球面上均匀带电，带电量为

$$Q_0=q$$

半径为 R_1 的球面上均匀带电，带电量为

$$Q_1=-q$$

半径为 R_2 的球面上均匀带电，带电量为

$$Q_2=Q+q$$

空间任取一点 P，设 P 点到球心距离为 r。由电势叠加原理可知，P 点电势是以上三个均匀带电球面电势的叠加。以无穷远处为电势零参考点，则

$r\leqslant R_0$ 时，有

$$u=\frac{q}{4\pi\varepsilon_0 R_0}-\frac{q}{4\pi\varepsilon_0 R_1}+\frac{Q+q}{4\pi\varepsilon_0 R_2}=u_B$$

$R_0<r\leqslant R_1$ 时，有

$$u=\frac{q}{4\pi\varepsilon_0 r}-\frac{q}{4\pi\varepsilon_0 R_1}+\frac{Q+q}{4\pi\varepsilon_0 R_2}$$

$R_1<r\leqslant R_2$ 时，有

$$u=\frac{q}{4\pi\varepsilon_0 r}-\frac{q}{4\pi\varepsilon_0 r}+\frac{Q+q}{4\pi\varepsilon_0 R_2}=\frac{Q+q}{4\pi\varepsilon_0 R_2}=u_A$$

$r>R_2$ 时，有

$$u=\frac{q}{4\pi\varepsilon_0 r}-\frac{q}{4\pi\varepsilon_0 r}+\frac{Q+q}{4\pi\varepsilon_0 r}=\frac{Q+q}{4\pi\varepsilon_0 r}$$

(2) 根据以上电势分布，可得导体球壳 A 与导体球 B 的电势差为

$$u_{AB}=u_A-u_B=\frac{q}{4\pi\varepsilon_0 R_1}-\frac{q}{4\pi\varepsilon_0 R_0}$$

(3) 导体球壳 A 接地时，$u_A=0$，且 A 的外表面带电为零，即 $Q_2=0$，其他电荷分布不变，如图 6.28(b)所示。此时 A 的总带电量为

$$Q_A=Q_1+Q_2=-q$$

当导体球壳 A 接地再断开后，其电荷量保持不变。

由球面电势叠加可得电势分布如下：

$r\leqslant R_0$ 时，有

$$u=\frac{q}{4\pi\varepsilon_0 R_0}-\frac{q}{4\pi\varepsilon_0 R_1}$$

$R_0<r\leqslant R_1$ 时，有

$$u=\frac{q}{4\pi\varepsilon_0 r}-\frac{q}{4\pi\varepsilon_0 R_1}$$

$r>R_1$ 时，有

$$u=0$$

(4) 再将导体球 B 接地，则 $u_B=0$，且 B 上电荷不守恒。

设此时导体球 B 带电量为 q'，即 $Q_0=q'$，如图 6.28(c)所示，根据导体的静电平衡条件可得 A 的内表面带电量为

$$Q_1=-q'$$

由导体球壳 A 的电荷守恒条件：

$$Q_A=Q_1+Q_2=-q$$

可得 A 的外表面带电量为

$$Q_2=-q-Q_1=q'-q$$

利用球面电势叠加原理可得球心处电势为

$$u_B=\frac{q'}{4\pi\varepsilon_0 R_0}-\frac{q'}{4\pi\varepsilon_0 R_1}+\frac{q'-q}{4\pi\varepsilon_0 R_2}=0$$

求解此方程可得

$$q'=\frac{qR_0R_1}{R_1R_0-R_2R_0+R_1R_2}$$

球面电势叠加可得电势分布如下：

$r \leqslant R_0$ 时，有

$$u = 0 = u_B$$

$R_0 < r \leqslant R_1$ 时，有

$$u = \frac{q'}{4\pi\varepsilon_0 r} - \frac{q'}{4\pi\varepsilon_0 R_0}$$

$R_1 < r \leqslant R_2$ 时，有

$$u = \frac{q' - q}{4\pi\varepsilon_0 R_2} = u_A$$

$r > R_2$ 时，有

$$u = \frac{q' - q}{4\pi\varepsilon_0 r}$$

【讨论与拓展】 对于具有球对称性的导体或导体组合，也可以应用高斯定理求解电场强度分布，然后再用电势定义求解电势分布。例如，本题第(1)问中，应用高斯定理可求得电场强度分布如下：

$$E = \begin{cases} 0, & r < R_0 \\ \dfrac{q}{4\pi\varepsilon_0 r^2}, & R_0 < r < R_1 \\ 0, & R_1 < r < R_2 \\ \dfrac{Q+q}{4\pi\varepsilon_0 r^2}, & r > R_2 \end{cases}$$

根据电势定义可得，电势分布为

$r \leqslant R_0$ 时，有

$$\begin{aligned} u &= \int_{R_0}^{R_1} \frac{q}{4\pi\varepsilon_0 r^2} \mathrm{d}r + \int_{R_2}^{\infty} \frac{Q+q}{4\pi\varepsilon_0 r^2} \mathrm{d}r \\ &= \frac{q}{4\pi\varepsilon_0 R_0} - \frac{q}{4\pi\varepsilon_0 R_1} + \frac{Q+q}{4\pi\varepsilon_0 R_2} \\ &= u_B \end{aligned}$$

$R_0 < r \leqslant R_1$ 时，有

$$\begin{aligned} u &= \int_{r}^{R_1} \frac{q}{4\pi\varepsilon_0 r^2} \mathrm{d}r + \int_{R_2}^{\infty} \frac{Q+q}{4\pi\varepsilon_0 r^2} \mathrm{d}r \\ &= \frac{q}{4\pi\varepsilon_0 r} - \frac{q}{4\pi\varepsilon_0 R_1} + \frac{Q+q}{4\pi\varepsilon_0 R_2} \end{aligned}$$

$R_1 < r \leqslant R_2$ 时，有

$$u = \int_{R_2}^{\infty} \frac{Q+q}{4\pi\varepsilon_0 r^2} \mathrm{d}r = \frac{Q+q}{4\pi\varepsilon_0 R_2} = u_B$$

$r > R_2$ 时，有

$$u = \int_{r}^{\infty} \frac{Q+q}{4\pi\varepsilon_0 r^2} \mathrm{d}r = \frac{Q+q}{4\pi\varepsilon_0 r}$$

将求解电势分布的两种方法进行对比，不难发现，利用球面电势叠加来计算电势分布的方法更为简便。

导体或导体组合处于静电平衡状态时，计算其电场强度或电势分布的一般思路和方法为：

(1) 确定导体上的电荷分布。确定导体上电荷分布的依据主要包括导体的静电平衡条件、电荷守恒、高斯定理、电场叠加原理、导体接地或导体间相连接等。

(2) 根据电荷分布求解电场强度或电势分布。通常对于球对称导体或导体组合，电荷往往分布在一组同心球面上，可直接应用球面电场强度或球面电势进行叠加运算。对于面对称的“无限大”平板或平板组合，电荷往往分布在一组平行平面上，可直接应用均匀带电平面的电场强度进行叠加运算。

关于导体接地，需注意以下几点：

(1) 导体接地后电荷不守恒，即接地的导体不满足电荷守恒定律。

(2) 导体接地后，导体电势为零。通常无穷远处电势也为零，二者并不矛盾，可同时成立。

(3) 导体接地后，并不意味着导体上电荷全部消失。通常孤立导体接地后，电荷全部消失，而对于非孤立导体，在周围其他导体或电荷的影响下，只是部分电荷消失。

(4) 接地后的导体球壳和无限大导体板可将导体两侧空间电场屏蔽，电场线不能穿过导体。

【例题 6-13】 两平行且面积相等的导体板，其面积比两板间的距离的平方大得多，即 $S \gg d^2$，两板带电量分别为 Q_1 和 Q_2，如图 6.29 所示，试求：

(1) 忽略边缘效应，求两导体板之间的电势差；

(2) 若将 B 板接地，求两导体板之间的电势差。

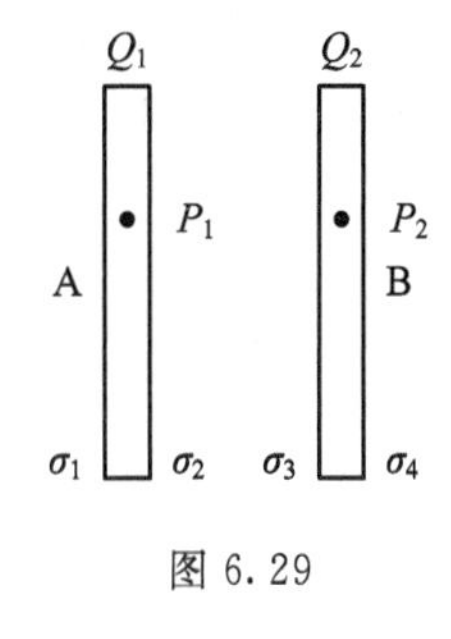

图 6.29

【思路解析】 本题是计算处于静电平衡状态的导体板组合的电势差问题。导体板面积远大于平板间距的平方($S \gg d^2$)，且忽略边缘效应，因此导体板可以近似当作无限大带电平板处理。根据处于静电平衡状态的导体带电特征，导体上电荷分布于导体板的四个表面，而确定导体表面所带电量的依据主要包括静电平衡条件、电荷守恒、高斯定理、电场或电势叠加原理等。根据电荷分布可计算电场强度分布及极板间电势差。

【计算详解】 (1) 设两块导体平板表面的电荷面密度分别为 σ_1、σ_2、σ_3、σ_4，在两导体板内分别取一点 P_1 和 P_2，如图 6.29 所示。

根据静电平衡条件：

$$\boldsymbol{E}_{P_1} = \boldsymbol{E}_{P_2} = \boldsymbol{0}$$

设图 6.29 中各带电平面的电场强度均以水平向右为正，由电场叠加原理可得

$$E_{P_1} = \frac{1}{2\varepsilon_0}(\sigma_1 - \sigma_2 - \sigma_3 - \sigma_4) = 0 \tag{6-1}$$

$$E_{P_2} = \frac{1}{2\varepsilon_0}(\sigma_1 + \sigma_2 + \sigma_3 - \sigma_4) = 0 \tag{6-2}$$

两式联立可得

$$\begin{cases} \sigma_1 = \sigma_4 \\ \sigma_2 = -\sigma_3 \end{cases} \tag{6-3}$$

由此可见，处于静电平衡状态的两平行平板，其相向的两个平面的电荷面密度大小相等符号相反，而相背的两个平面上的电荷面密度大小相等符号相同。

根据导体 A、B 板的电荷守恒易知：

$$\sigma_1 S+\sigma_2 S=Q_1 \tag{6-4}$$

$$\sigma_3 S+\sigma_4 S=Q_2 \tag{6-5}$$

以上方程联立求解可得

$$\sigma_1=\sigma_4=\frac{Q_1+Q_2}{2S} \tag{6-6}$$

$$\sigma_2=-\sigma_3=\frac{Q_1-Q_2}{2S} \tag{6-7}$$

根据电场强度叠加原理，易知两导体板间电场强度为

$$E=\frac{\sigma_2}{\varepsilon_0}=\frac{Q_1-Q_2}{2\varepsilon_0 S}$$

方向为垂直于板面且由 A 板指向 B 板。由此可得两导体板间的电势差为

$$u_{AB}=Ed=\frac{(Q_1-Q_2)d}{2\varepsilon_0 S}$$

(2) 若导体板 B 接地，则导体板 B 电势为零，且电荷不守恒。

设两块导体平板表面的电荷面密度分别为 σ_1'、σ_2'、σ_3'、σ_4'，式(6－1)～式(6－5)中只有描述 B 板电荷守恒的公式(6－5)不满足，其他依然成立。因此有

$$E_{P_1}=\frac{1}{2\varepsilon_0}(\sigma_1'-\sigma_2'-\sigma_3'-\sigma_4')=0$$

$$E_{P_2}=\frac{1}{2\varepsilon_0}(\sigma_1'+\sigma_2'+\sigma_3'-\sigma_4')=0$$

$$\sigma_1' S+\sigma_2' S=Q_1$$

由于带电平板可视为无限大，因此 B 板接地后其外侧面不带电，即

$$\sigma_4'=0$$

联立方程求解可得

$$\sigma_1'=\sigma_4'=0$$

$$\sigma_2'=-\sigma_3'=\frac{Q_1}{S}$$

由此可见，当导体板 B 接地后，两平板外侧平面带电量均为零，导体板 A 上的所有电荷都只分布在内侧平面上，并且导体板 B 的内侧平面感应出与 A 的内侧表面等量异号的电荷，如图 6.30 所示。

根据电场强度叠加原理，易知两导体板间电场强度为

$$E'=\frac{\sigma_2'}{\varepsilon_0}=\frac{Q_1}{\varepsilon_0 S}$$

方向为垂直于板面且由 A 板指向 B 板。由此可得两导体板间的电势差为

$$u_{AB}'=E'd=\frac{Q_1 d}{\varepsilon_0 S}$$

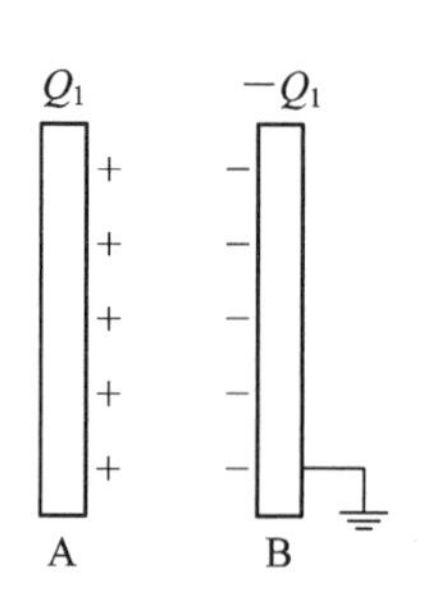

图 6.30

【讨论与拓展】 对于处于静电平衡状态的两平行平板，无论

其是否接地，相向(内侧)的两个平面上总是带有等量异号电荷，即 $\sigma_2=-\sigma_3$，而相背(外侧)的两个平面上总是带有等量同号电荷，即 $\sigma_1=\sigma_4$。板间电场强度及电势差只取决于相向(内侧)的平面上的电荷分布，即 $E=\dfrac{\sigma_2}{\varepsilon_0}$，$\Delta u=\dfrac{\sigma_2 d}{\varepsilon_0}$。

利用高斯定理也可以获得 $\sigma_2=-\sigma_3$ 的结论。考虑到带电导体板呈面对称性，因此取如图 6.31 所示的圆柱形高斯面，高斯面侧面与电场强度方向平行，因此穿过高斯面侧面的电通量为零；高斯面两个底面在导体内部，因静电平衡使导体内部电场强度为零，因而穿过高斯面两个底面的电通量同样为零，由高斯定理有

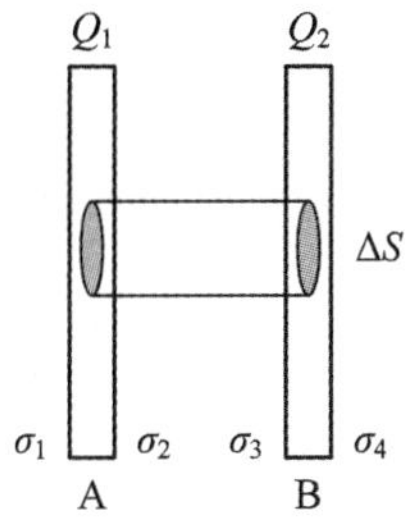

$$\oint \boldsymbol{E}\cdot \mathrm{d}\boldsymbol{S}=\frac{\sum q}{\varepsilon_0}=0$$

图 6.31

进而可得

$$\sum q=\sigma_2\Delta S+\sigma_3\Delta S=0$$

$$\sigma_2+\sigma_3=0$$

特别地，若两导体板带电量相同，$Q_1=Q_2=Q$，则电荷只分布在导体板外侧平面上，内侧平面带电量为零，板间电场强度也为零，如图 6.32 所示。

当导体板 B 接地后，接地导体的外侧平面上带电为零，即 $\sigma_4=0$。这是由于无限大导体板将其左右两侧空间完全隔开，静电屏蔽效应使得接地导体板右(外)侧平面是否带电与其左(内)侧无关。又因为接地导体板右(外)侧再无其他带电体，若其右侧表面带有电荷，电荷发出的电场线只能在接地导体板右侧空间向右延伸直至无穷远处。而沿电场线的方向电势是逐渐降低的。因此无论接地导体板右(外)侧表面是带正电荷或是带负电荷，均与“导体接地后电势为零”相矛盾。因此导体板 B 接地后，其外侧平面上带电为零。导体 B 板的左(内)侧平面上带电是受到左侧的导体板 A 静电感应的结果，左(内)侧平面上的带电量也由 A 板电量决定。

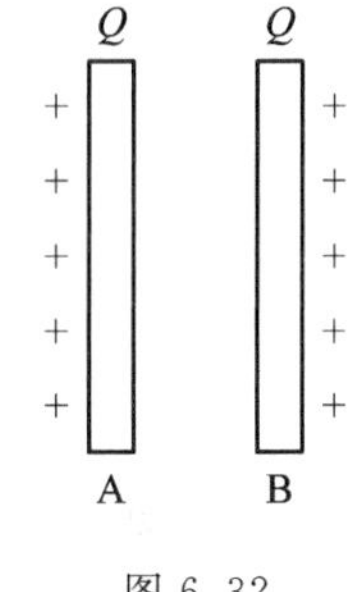

图 6.32

与此类似的还有带空腔的导体及其组合，如例题 6 - 12 中图 6.28(b)所示，当导体球壳接地后球壳外表面带电为零，内表面所带电荷与腔内电荷等量异号。又比如无限长的圆柱形空腔导体组合，如图 6.33 所示，当外面的柱形导体壳接地时，其外表面带电为零，内表面所带电荷与腔内柱形导体所带电荷等量异号。

对于导体组合，比如同心导体球与球壳组合、同轴导体柱与柱层组合、平行平板组合等，还可以根据导体间电势差或电压来确定导体表面电荷分布。具体思路和方法如下：

① 假设带电量或带电密度，根据导体静电平衡条件、电荷守恒、静电屏蔽、高斯定理等确定导体各表面的电荷分布；

② 根据电荷分布求解板间电场强度分布；

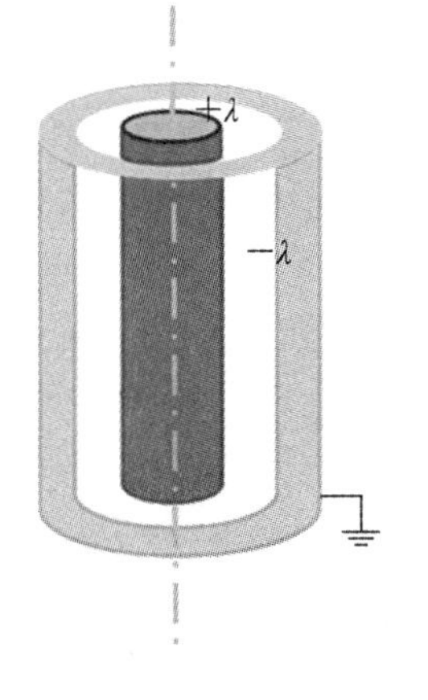

图 6.33

③ 根据电场强度分布计算板间电势差；

④ 根据题目给出的电势或电势差条件列方程，根据方程可求解各表面具体的电荷分布。

【拓展例题 6-13-1】 三块互相平行的导体板，相互之间的距离 d_1 和 d_2 比板面积线度小得多，外面二板 B 和 C 用导线连接，中间板 A 上带有电荷，设中间导体板 A 的左右两侧平面上电荷面密度分别为 σ_1 和 σ_2，如图 6.34 所示，试求比值 σ_1/σ_2。

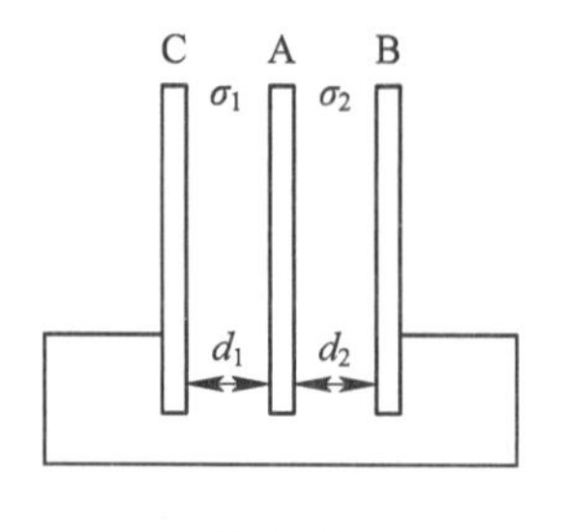

图 6.34

【解析】 考虑到板间距离远小于平板线度，故导体板可视为无限大带电平板。由高斯定理不难证明，导体板 C 的右侧平面上电荷面密度为 $-\sigma_1$，同时导体板 B 的左侧平面上电荷面密度为 $-\sigma_2$，因此导体板 A、C 间以及 A、B 间的电场强度大小和电势差分别为

$$E_{AC}=\frac{\sigma_1}{\varepsilon_0},\ u_{AC}=\frac{\sigma_1 d_1}{\varepsilon_0}$$

$$E_{AB}=\frac{\sigma_2}{\varepsilon_0},\ u_{AB}=\frac{\sigma_2 d_2}{\varepsilon_0}$$

电场强度方向垂直于导体板面分别由 A→C 和 A→B。

由题意，导体 B 和 C 用导线连接，故两导体板电势相等，因此

$$u_{AC}=u_{AB}$$

$$\frac{\sigma_1 d_1}{\varepsilon_0}=\frac{\sigma_2 d_2}{\varepsilon_0}$$

于是可得

$$\frac{\sigma_1}{\sigma_2}=\frac{d_2}{d_1}$$

【拓展例题 6-13-2】 有三个“无限长”的同轴导体柱面 A、B 和 C，半径分别为 R_A、R_B 和 R_C，圆柱面 B 上带有电荷，A 和 C 都接地。如图 6.35 所示，求 B 的内表面上电荷线密度 λ_1 和外表面上电荷线密度 λ_2 之比 λ_1/λ_2。

【解析】 设 B 的内、外表面电荷线密度分别为 λ_1 和 λ_2，利用高斯定理不难证明，导体 A 的外表面感应电荷线密度为 $-\lambda_1$，且导体 C 的内表面感应电荷线密度为 $-\lambda_2$。因此 A、B 之间的电场强度为

$$\boldsymbol{E}_{AB}=\frac{-\lambda_1}{2\pi\varepsilon_0 r}\boldsymbol{r}^0$$

式中，$\boldsymbol{r}^0$ 表示垂直于柱面方向且由轴心辐射向外的单位方向矢量。B、C 间的电场强度为

$$\boldsymbol{E}_{BC}=\frac{\lambda_2}{2\pi\varepsilon_0 r}\boldsymbol{r}^0$$

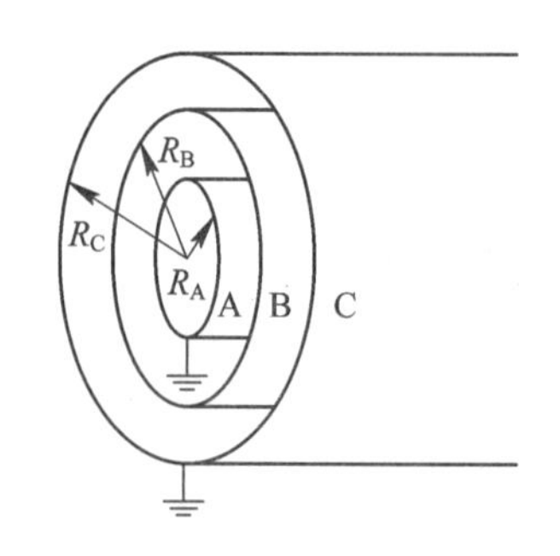

图 6.35

选取 $\boldsymbol{r}^0$ 方向为电场强度积分路径，由电势差定义可得相邻两导体之间的电势差分别为

$$u_{AB}=\int_A^B \boldsymbol{E}_{AB}\cdot d\boldsymbol{r}^0=\int_{R_A}^{R_B}\frac{-\lambda_1}{2\pi\varepsilon_0 r}dr=\frac{-\lambda_1}{2\pi\varepsilon_0}\ln\frac{R_B}{R_A}$$

$$u_{BC}=\int_{B}^{C}\boldsymbol{E}_{BC}\cdot \mathrm{d}r\boldsymbol{r}^{0}=\int_{R_B}^{R_C}\frac{\lambda_2}{2\pi\varepsilon_0 r}\mathrm{d}r=\frac{\lambda_2}{2\pi\varepsilon_0}\ln\frac{R_C}{R_B}$$

由题意可知，A、C 都接地，即 A 与 C 电势相等，因此有

$$u_{BA}=u_{BC}$$

$$\frac{\lambda_1}{2\pi\varepsilon_0}\ln\frac{R_B}{R_A}=\frac{\lambda_2}{2\pi\varepsilon_0}\ln\frac{R_C}{R_B}$$

于是可得

$$\frac{\lambda_1}{\lambda_2}=\frac{\ln\frac{R_C}{R_B}}{\ln\frac{R_B}{R_A}}$$

需注意，当带电导体层的厚度比较薄时，可将其内外表面合并为一个面来处理，反之亦然。本例题求解过程中将图中的柱面 A、B、C 都扩展成了非常薄的导体柱层，这样有助于通过各柱层的内、外表面电荷分布来理解导体间的静电感应及静电屏蔽效应。

【例题 6-14】 一个半径为 R_1 的长直导线的外面，套有内半径为 R_2 的同轴薄圆筒，它们之间充以相对电容率为 ε_r 的均匀电介质。设导线和圆筒都均匀带电，且沿轴线单位长度带电量分别为 $+\lambda$ 和 $-\lambda$，试求：

（1）电场强度的空间分布；

（2）导线和圆筒间的电势差。

【思路解析】 本题为电介质中的电场强度的计算问题。高斯定理可用以求解某些对称性的电场强度分布。但当空间存在电介质时，需引入电位移矢量 $\boldsymbol{D}$，用介质中的高斯定理来求解。

【计算详解】 （1）由题意可知，带电体上的电荷及其周围的电介质均呈轴对称分布，因此其电场分布也是轴对称的，电场强度的方向沿垂直于柱面的矢径方向。作一与带电导线同轴的圆柱形高斯面，高斯面上下两底面与轴线垂直，设其半径为 r，长为 l，如图 6.36 所示。

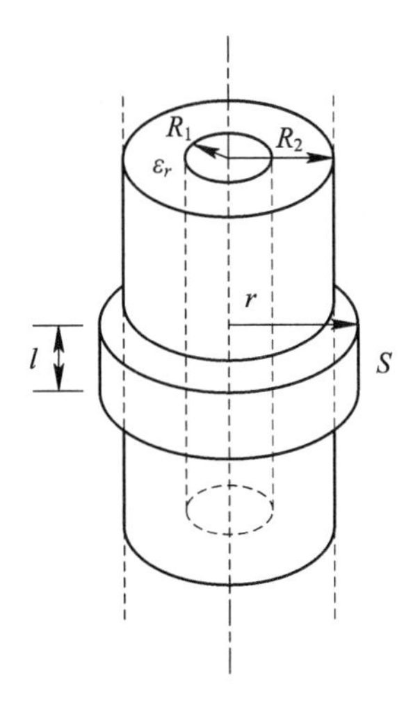

图 6.36

根据电场分布的轴对称性可知，空间各点电位移矢量的方向与轴线方向垂直，因此穿过高斯面两个底面的电位移通量始终为零。根据介质中的高斯定理：

$$\oint_S \boldsymbol{D} \cdot \mathrm{d}\boldsymbol{S} = \sum_i q_{0i内}$$

因此当 $r \leqslant R_1$ 时，有

$$\oint_S \boldsymbol{D} \cdot \mathrm{d}\boldsymbol{S} = D \cdot 2\pi r l = 0$$

$$D=0$$

$R_1 < r \leqslant R_2$ 时，有

$$\oint_S \boldsymbol{D} \cdot \mathrm{d}\boldsymbol{S} = D \cdot 2\pi r l = \lambda l$$

$$D = \frac{\lambda}{2\pi r}$$

$r > R_2$ 时，有

$$\oint_S \boldsymbol{D} \cdot \mathrm{d}\boldsymbol{S} = D \cdot 2\pi r l = 0$$

$$D = 0$$

由 $E=\dfrac{D}{\varepsilon_0 \varepsilon_r}$ 可得电场强度的空间分布为

$$\begin{cases} E=0, & r \leqslant R_1 \\ E=\dfrac{\lambda}{2\pi\varepsilon_0\varepsilon_r r}, & R_1 < r \leqslant R_2 \\ E=0, & r > R_2 \end{cases}$$

电场方向沿垂直于轴线的径向辐射向外。

(2) 由电势差定义可得：

$$\Delta u = \int \boldsymbol{E} \cdot \mathrm{d}\boldsymbol{l} = \int_{R_1}^{R_2} \frac{\lambda}{2\pi\varepsilon_0\varepsilon_r r}\mathrm{d}r = \frac{\lambda}{2\pi\varepsilon_0\varepsilon_r}\ln\frac{R_2}{R_1}$$

【讨论与拓展】 本题是典型的轴对称分布电场，因此引入电位移矢量 $\boldsymbol{D}$，应用介质中的高斯定理求解电场强度分布。应用介质中的高斯定理求解电场强度时只需关注自由电荷分布，具体方法与真空中高斯定理的应用比较相似，只是需要先计算电位移矢量 $\boldsymbol{D}$ 的分布，再根据电介质中 $\boldsymbol{D}$ 和 $\boldsymbol{E}$ 的关系求解电场强度的分布，具体思路和方法如下：

(1) 根据自由电荷的分布，分析对称性(是球对称、轴对称，还是面对称)。

(2) 取合适的高斯面，高斯面的选取原则和方法与真空中高斯定理的应用完全相同，通常球对称场中取同心球面为高斯面，轴对称场中取同轴柱面，面对称场中取轴线与带电面垂直的柱面。

(3) 根据场的对称性，化简穿过高斯面的电位移通量。

(4) 计算高斯面所包围的自由电荷代数和，并根据高斯定理求解电位移矢量 $\boldsymbol{D}$ 的分布。

(5) 根据 $\boldsymbol{D}$ 和 $\boldsymbol{E}$ 的关系计算电场强度分布。在各向同性介质中，$\boldsymbol{D}$ 和 $\boldsymbol{E}$ 的方向相同，大小关系为 $D=\varepsilon_0\varepsilon_r E$。

由本题计算结果可以看出，介质中的电场强度 E 与真空中电场强度 E_0 的关系为 $E=$

E_0/ε_r，即电场强度被削弱了。要强调的是，此结论并非普遍成立，只有当各向同性均匀电介质充满整个电场存在的空间，或虽未充满但介质表面刚好是等势面时，介质中电场强度才等于真空中电场强度的 $1/\varepsilon_r$ 倍，例如图 6.37 所示的几种情况。其中图 6.37(a)～(c)的整个电场空间充满了各向同性均匀电介质，图 6.37(d)～(f)中未充满电介质，但介质表面是等势面。

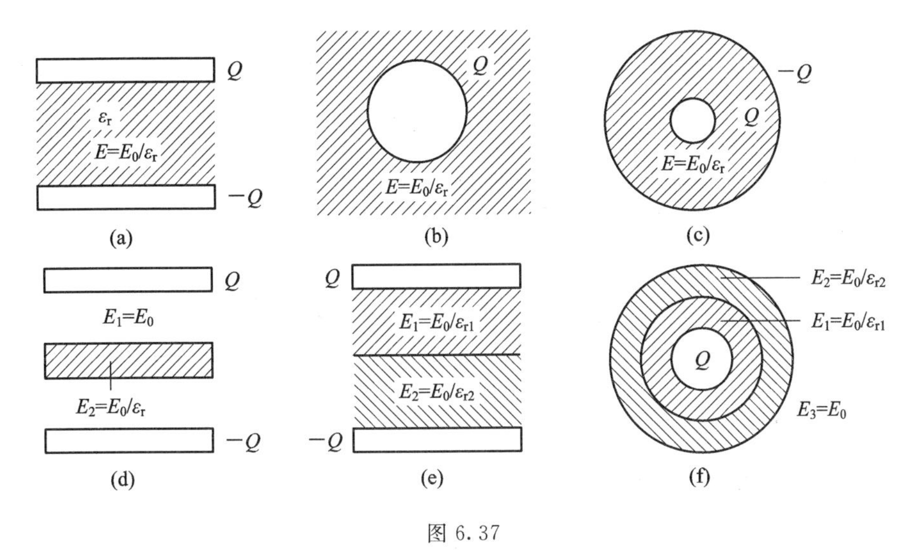

图 6.37

若不满足以上两个条件，则 $E=E_0/\varepsilon_r$ 的结论不成立，例如图 6.38 所示的几种情况。

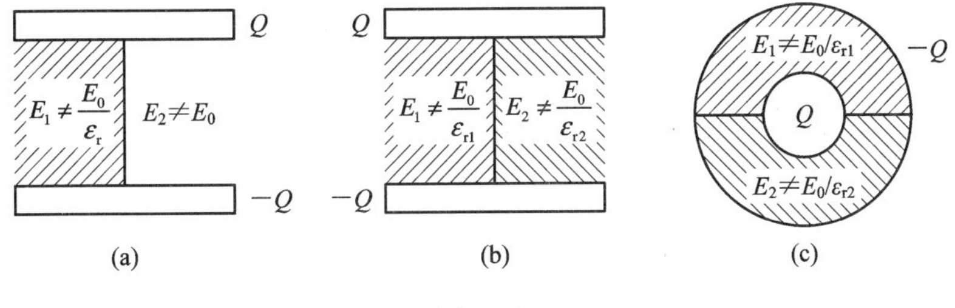

图 6.38

以上各种情况所对应的结论均可应用介质中的高斯定理获得。

【拓展例题 6-14-1】 如图 6.39 所示，平行平板电容器中间充有两层电介质，其相对电容率分别为 ε_{r1} 和 ε_{r2}，介质厚度分别为 d_1 和 d_2，已知两极板上电荷面密度分别为 $+\sigma_0$ 和 $-\sigma_0$，求极板间各介质区域的电场强度大小。

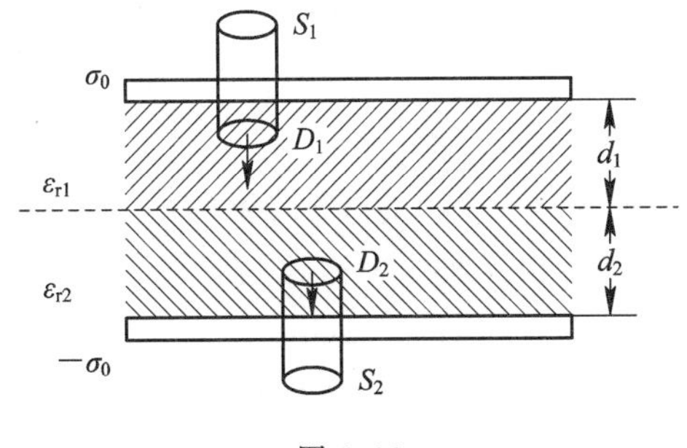

图 6.39

【解析】 平行平板电容器的极板可视为无限大均匀带电平板，电荷分布呈面对称性，因此满足应用高斯定理求解电场的适用条件。

作如图 6.39 所示的圆柱形高斯面 S_1，其轴线垂直于极板平面，两底面与平板表面平行，其中一底面在极板外面，另一底面在极板之间且在介质 ε_{r1} 区域内。由介质中的高斯定理可得

$$\Phi_{D_1}=D_1\cdot\Delta S=\sigma_0\cdot\Delta S$$

因此可得

$$D_1=\sigma_0,\ E_1=\frac{\sigma_0}{\varepsilon_0\varepsilon_{r1}}=\frac{E_0}{\varepsilon_{r1}}$$

同理，作如图 6.39 所示的圆柱形高斯面 S_2，其轴线垂直于极板平面，两底面与平板表面平行，其中一底面在极板外面，另一底面在极板之间且在介质 ε_{r2} 区域内。由介质中的高斯定理可得

$$\Phi_{D_2}=-D_2\cdot\Delta S=-\sigma_0\cdot\Delta S$$

因此可得

$$D_2=\sigma_0,\ E_2=\frac{\sigma_0}{\varepsilon_0\varepsilon_{r2}}=\frac{E_0}{\varepsilon_{r2}}$$

由此可见，当平行平板电容器极板间所填充的均匀电介质界面为等势面时，各介质区间的电位移矢量 $\boldsymbol{D}$ 相同，即 $D_1=D_2=\sigma_0$，但 $E_1\neq E_2$。介质中的电场强度 E 减小为真空中电场强度 E_0 的 $1/\varepsilon_r$。

【拓展例题 6-14-2】 一平行平板电容器，两板间距 d，板间充以相对电容率分别为 ε_{r1} 和 ε_{r2} 的两种各向同性均匀电介质，其各自占有面积分别为 S_1 和 S_2，如图 6.40 所示，已知两极板上带有电荷量分别为 $+Q$ 和 $-Q$，求极板上的电荷面密度及各介质区域的电场强度大小。

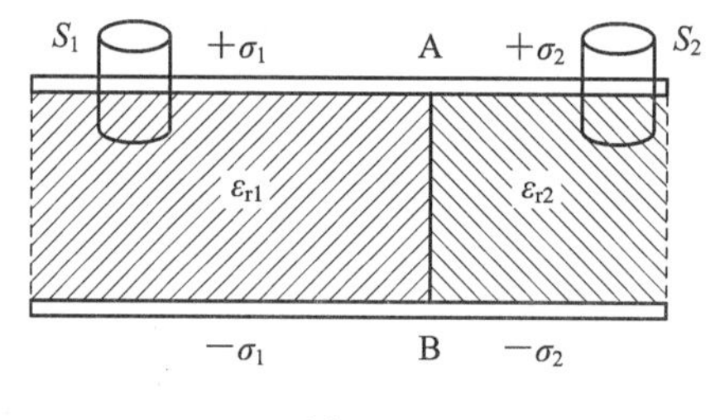

图 6.40

【解析】 忽略边缘效应，平行平板电容器的极板可视为无限大均匀带电平板，并且在各个介质区域上均满足无限大平板的条件，因此极板 S_1 和 S_2 两部分上自由电荷均匀分布，设电荷面密度分别为 $\pm\sigma_1$ 和 $\pm\sigma_2$。由于自由电荷分布呈面对称性，因此满足应用高斯定理求解电场的适用条件。

分别在两介质区间上作如图 6.40 所示的圆柱形高斯面，其轴线垂直于极板平面，两底面与平板表面平行，其中一底面在极板外面，另一底面在极板之间。由介质中的高斯定理可得

$$\Phi_{D_1}=D_1\cdot\Delta S=\sigma_1\cdot\Delta S$$
$$\Phi_{D_2}=D_2\cdot\Delta S=\sigma_2\cdot\Delta S$$

因此可得

$$D_1=\sigma_1,\ E_1=\frac{\sigma_1}{\varepsilon_0\varepsilon_{r2}}$$

$$D_2=\sigma_2,\ E_2=\frac{\sigma_2}{\varepsilon_0\varepsilon_{r1}}$$

各介质区间的电场强度与电位移矢量的方向都与极板平面垂直。由于导体板是等势体，因此正负极板在两介质区间上的电势差应相等，即

$$u_{AB}=E_1d=E_2d$$

因此可得

$$E_1=E_2=\frac{\sigma_1}{\varepsilon_0\varepsilon_{r1}}=\frac{\sigma_2}{\varepsilon_0\varepsilon_{r2}}$$

由极板上的电荷守恒可得

$$Q=\sigma_1S_1+\sigma_2S_2$$

两式联立可得

$$\sigma_1=\frac{\varepsilon_{r1}Q}{\varepsilon_{r1}S_1+\varepsilon_{r2}S_2}$$

$$\sigma_2=\frac{\varepsilon_{r2}Q}{\varepsilon_{r1}S_1+\varepsilon_{r2}S_2}$$

因此可得

$$E_1=E_2=\frac{Q}{\varepsilon_0\varepsilon_{r1}S_1+\varepsilon_0\varepsilon_{r2}S_2}$$

由此可见，当平行平板电容器极板间如图6.40所示填充电介质时，各介质区间的电场强度相同，即 $E_1=E_2$，但电位移矢量 $\boldsymbol{D}$ 不同，即 $\boldsymbol{D}_1\neq\boldsymbol{D}_2$。此时电容器可看成是由两个电容器并联而成的。

【例题6-15】 两个靠得很近的平行金属板组成平行平板电容器，已知二金属板相距为 d，面积为 S，板间为真空，电容器与电压为 U 的电源相连接，试求：

(1) 电容器的电容 C_0 和极板电荷 Q_0。

(2) 保持电源连接，在两极板间平行插入一块面积相同、厚度为 d、相对电容率为 ε_r 的电介质板，求电容器的电容 C。

(3) 若上述插入极板间的电介质板厚度为 $t(t<d)$，求电容器的电容 C。

(4) 若将上述插入极板间的电介质板换为厚度为 $t(t<d)$ 的导体板，求电容器的电容 C。

【思路解析】 本题是典型的计算电容器电容的问题。通常计算电容器电容的一般思路和方法为：① 假设电容器两个极板A和B分别带电 $+Q$ 和 $-Q$；② 根据电荷分布计算两极板间电场强度 E 和电势差 u_{AB}；③ 由定义式 $C=Q/u_{AB}$ 计算电容 C。

【计算详解】 (1) 假设电容器两极板分别带电 $+Q$ 和 $-Q$，忽略边缘效应，极板可视为无限大均匀带电平板，由高斯定理易得板间电场强度为

$$E=\frac{Q}{\varepsilon_0S}$$

于是可得极板间电势差为

$$u_{AB}=Ed=\frac{Q}{\varepsilon_0S}d$$

根据电容器定义可得

$$C_0=\frac{Q}{u_{AB}}=\frac{\varepsilon_0 S}{d}$$

由题意 $u_{AB}=U$，因此极板上电量为

$$Q_0=C_0U=\frac{\varepsilon_0 S}{d}U$$

(2) 插入电介质板，极板间充满介质，设极板上电荷为 $\pm Q$，由介质中的高斯定理易得极板间电场强度为

$$E=\frac{Q}{\varepsilon_0\varepsilon_r S}$$

于是可得极板间电势差

$$u_{AB}=Ed=\frac{Q}{\varepsilon_0\varepsilon_r S}d$$

根据电容器定义可得

$$C=\frac{Q}{u_{AB}}=\frac{\varepsilon_0\varepsilon_r S}{d}=\varepsilon_r C_0$$

由题意 $u_{AB}=U$，因此极板上电量为

$$Q'=CU=\frac{\varepsilon_0\varepsilon_r S}{d}U=\varepsilon_r Q_0$$

由此可见，在极板间充满电介质后，电容器电容 C 增大为原来的 ε_r 倍。若在保持电源连接的情况下插入介质板，则极板间电势差保持不变，极板上电量 Q 增大为原来的 ε_r 倍。

(3) 若介质板的厚度 t 小于极板间距离 d，如图 6.41 所示，介质板将两极板之间分成三个区域。设极板上电荷为 $\pm Q$，由介质中的高斯定理易得极板间电场强度为

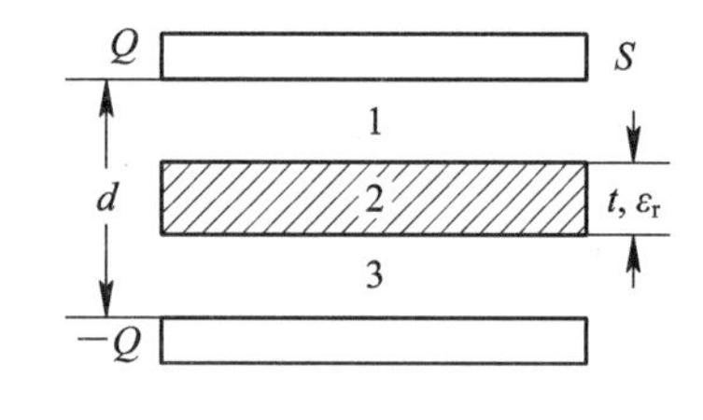

图 6.41

$$E_1=E_3=\frac{Q}{\varepsilon_0 S},\quad E_2=\frac{Q}{\varepsilon_0\varepsilon_r S}$$

于是可得极板间电势差为

$$u_{AB}=E_1(d-t)+E_2t=\frac{Q}{\varepsilon_0\varepsilon_r S}[(d-t)\varepsilon_r+t]$$

根据电容器定义可得

$$C=\frac{Q}{u_{AB}}=\frac{\varepsilon_0\varepsilon_r S}{(d-t)\varepsilon_r+t}$$

(4) 若将图 6.41 中的介质板换成金属板，则金属板内部电场强度为零。设极板上电荷为 $\pm Q$，由高斯定理易得极板间电场强度为

$$E_1=E_3=\frac{Q}{\varepsilon_0 S},\quad E_2=0$$

于是可得极板间电势差为

$$u_{AB}=E_1(d-t)=\frac{Q}{\varepsilon_0 S}(d-t)$$

根据电容器定义可得

$$C=\frac{Q}{u_{AB}}=\frac{\varepsilon_0 S}{d-t}$$

由此可见，电容器极板间插入金属板，相当于缩短了电容器两极板间的距离，致使电容器的电容 C 增大。

【讨论与拓展】 由本题解题过程不难看出，求解电容器电容的基本思路和方法不但适用于真空电容器，对于电容器极板间充满或部分充满电介质的情况同样适用。求解电容器的电容时，应注意以下事项。

(1) 关于极板带电量 Q。计算电容器的电容时，第一步就是假设极板带电，为便于计算，通常是假设两极板带等量异号电荷。但需注意，电容 C 是导体或导体组合的固有属性，与其是否带电及带电量的多少无关。

【拓展例题 6-15-1】 由金属球A和金属球壳B组成的同心的电容器，A和B带电量分别为 q_A 和 q_B，如图6.42所示，若测得A、B间的电势差为 u_{AB}，则系统的电容器的电容可表示为(A)。

A. $\dfrac{q_A}{u_{AB}}$　　B. $\dfrac{q_B}{u_{AB}}$　　C. $\dfrac{q_A+q_B}{u_{AB}}$　　D. $\dfrac{q_A+q_B}{2u_{AB}}$

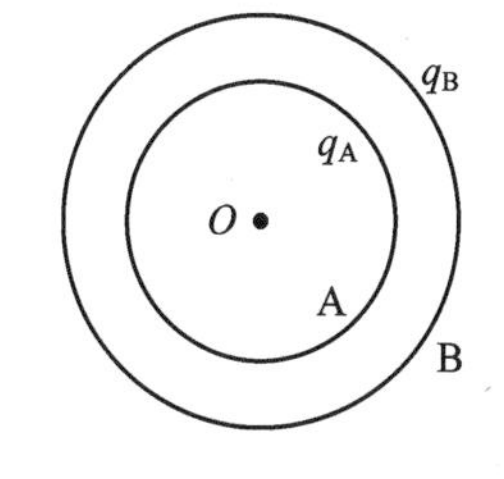

图 6.42

【解析】 电容器的电容与导体上所带电量无关，即应用 $C=\dfrac{Q}{u_{AB}}$ 计算的结果应与任何电量无关。

已知电荷均匀分布于球面，由球面电场叠加原理易得A、B间的电场强度为

$$\boldsymbol{E}=\frac{q_A}{4\pi\varepsilon_0 r^2}\boldsymbol{r}^0$$

进而可得A、B间电势差为

$$u_{AB}=\int_{R_A}^{R_B}\frac{q_A}{4\pi\varepsilon_0 r^2}\mathrm{d}r=\frac{q_A}{4\pi\varepsilon_0}\left(\frac{1}{R_A}-\frac{1}{R_B}\right)$$

由此可见，A、B间的电势差正比于金属球A所带电量 q_A。因此计算电容器电容时的电量 Q 也应取 q_A。若 Q 取 q_B 或 q_A+q_B 都无法使得 $C=\dfrac{Q}{u_{AB}}$ 计算的结果与导体所带电量无关。

(2) 不同形状的电容器的电容。以上关于电容器的电容的计算方法适用于任意形状的导体或导体组合。常见的电容器除了平行平板电容器之外，还主要包括球形电容器、柱形电容器、两平行直导线组成的电容器等，如图6.43所示。表6.1中列出了几种典型电容器的电容 C 的计算式。

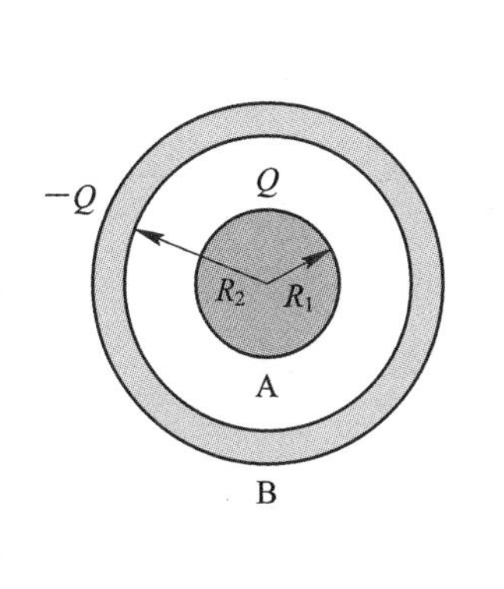

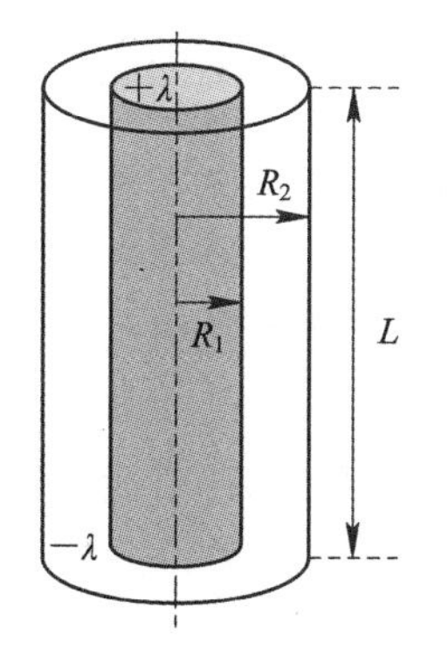

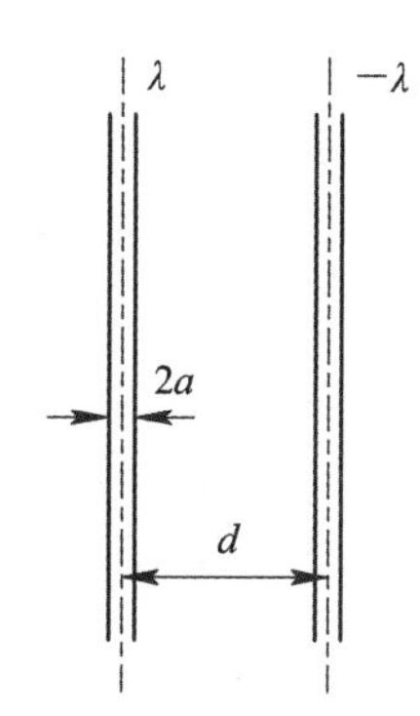

图 6.43

表 6.1　几种典型电容器电容 C 的计算式

电容器类型	电容计算式
平行平板电容器	$C=\dfrac{\varepsilon_0 S}{d}$
球形电容器	$C=\dfrac{4\pi\varepsilon_0 R_1 R_2}{R_2-R_1}$
柱形电容器	$C=\dfrac{2\pi\varepsilon_0 l}{\ln(R_2/R_1)}$
两平行直导线组成的电容器(单位长度，$a\ll d$)	$C=\dfrac{\pi\varepsilon_0}{\ln\dfrac{d}{a}}$

(3) 在极板间充入电介质。由以上例题所得结果可知，如果电容器极板间充满电介质，则电容器电容 C 增大为原来的 ε_r 倍，即 $C=\varepsilon_r C_0$。此结论适用于任何形状电容器，但要求电容器的两极板之间必须充满各向同性均匀的电介质。

电容器极板间充满电介质后，其极板电量 Q、板间电场强度 E、电位移矢量 $\boldsymbol{D}$、极板间电势差 Δu、电容器所存储的能量 W 等也随之变化。但充入电介质时极板两端与电源保持连接或者断开，结果会完全不同。

比如若保持电源连接，则充入电介质前后，极板间电势差 Δu 保持不变，充入电介质使 C 增大至 ε_r 倍，$Q=C\Delta u$ 也随之增大至 ε_r 倍。而若电容器与电源断开连接，则由于极板上电荷守恒，充入电介质前后，极板上所带电量 Q 保持不变，充入电介质使 C 增大至 ε_r 倍，$\Delta u=Q/C$ 则减小至 $1/\varepsilon_r$。以平行平板电容器为例，表 6.2 中列出电容器分别在保持电源连接和与电源断开连接的两种不同情况下充入电介质时，各相关参量的变化情况。其中 C_0、Q_0、Δu_0、D_0、E_0、W_0 分别表示两极板间为真空或空气时的电容器电容、极板带电量、二极板间电势差、极板间电位移矢量、极板间电场强度、电容器所存储的电场能量，ε_r 为所充入介质的相对电容率。

表 6.2　电容器充入电介质时各参量的变化

真　空		C_0	Q_0	Δu_0	D_0	E_0	W_0
介质	保持电源连接	$\varepsilon_r C_0$	$\varepsilon_r Q_0$	Δu_0	$\varepsilon_r D_0$	E_0	$\varepsilon_r W_0$
	与电源断开	$\varepsilon_r C_0$	Q_0	$\dfrac{\Delta u_0}{\varepsilon_r}$	D_0	$\dfrac{E_0}{\varepsilon_r}$	$\dfrac{W_0}{\varepsilon_r}$

表 6.2 还表明，以不同方式在极板间充入电介质，电容器中所存储的电场能量也不同。这是因为保持电源断开充入电介质时，电介质被极板间的电场极化，而这个过程中静电力做功，即介质被极化的过程是消耗静电场能量的，因此电场能量减少。而保持电源连接充入电介质时，尽管电介质被极化消耗了静电场能量，但由于极板电量增多，电源为电容器输入了更多能量，致使电容器中所存储的静电能总体增多了。

(4) 关于电容器串并联。特别地，当平行平板电容器的极板间充以不同种类电介质时，若两种电介质界面与电容器极板平行，如图 6.44(a)所示，则相当于上下两个介质电容器串联；若两种电介质界面垂直于电容器极板，如图 6.44(b)所示，则相当于左右两个介质电容器并联。

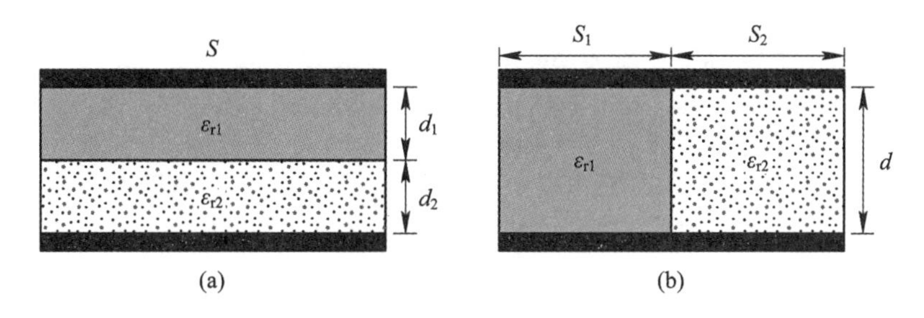

图 6.44

【例题 6-16】 如图 6.45 所示，两电容器并联，将其充电后与电源断开，然后将一块各向同性均匀电介质板插入电容器 1 的两极板间，则电容器 2 的电势差 Δu_2、电场能量 W_2 如何变化？

【思路解析】 本题涉及电容器串并联关系、电容器中插入电介质、电容器存储的能量等多个知识点。需根据题目描述的内容中提取有效信息，建立各物理量之间的数值关系并进行综合分析。

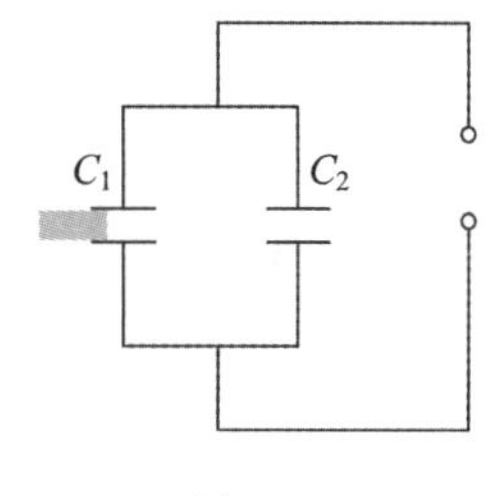

图 6.45

【计算详解】 设插入电介质前两个电容器的极板带电量和板间电势差分别为 Q_1、Q_2 和 Δu_1、Δu_2，系统总电势差为 Δu，总带电量为 Q。由题意可知，两电容器并联，因此有

$$\Delta u_1=\Delta u_2=\Delta u,\ Q_1+Q_2=Q$$

由电容器电容的定义可得

$$Q_1=C_1\Delta u_1=C_1\Delta u,\ Q_2=C_2\Delta u_2=C_2\Delta u$$

因此有

$$C_1\Delta u+C_2\Delta u=Q \tag{6-8}$$

电容器 1 的极板间插入电介质后，其电容增大为原来的 ε_r 倍。由于系统与电源断开，故电荷守恒，即 Q 不变。

解法一：定性分析。

对于等式(6-8)，当 C_1 增大，C_2 不变，Q 也不变时，只有 Δu 减小，等式(1)才可能成立。因此，Δu_1 减小，Δu_2 也减小。

于是有，$Q_2=C_2\Delta u_2=C_2\Delta u$ 因 Δu 的减小而减小，$Q_1=Q-Q_2$ 因 Q_2 的减小而增大，电容器 2 存储的电场能量 $W_2=\frac{1}{2}C_2(\Delta u_2)^2=\frac{1}{2}C_2(\Delta u^2)$ 因 Δu 的减小而减小。

解法二：定量计算。

由等式(1)可得插入电介质前系统电势差为

$$\Delta u=\frac{Q}{C_1+C_2}$$

因此

$$Q_1=C_1\Delta u_1=\frac{C_1 Q}{C_1+C_2},\ Q_2=C_2\Delta u_2=\frac{C_2 Q}{C_1+C_2}$$

$$W_1=\frac{1}{2}C_1(\Delta u_1)^2=\frac{C_1Q^2}{2(C_1+C_2)^2},\ W_2=\frac{1}{2}C_2(\Delta u_2)^2=\frac{C_2Q^2}{2(C_1+C_2)^2}$$

设插入电介质后系统总电势差为 $\Delta u'$，则等式(1)变为

$$(\varepsilon_r C_1+C_2)\Delta u'=Q$$

于是可得

$$\Delta u'=\Delta u_1'=\Delta u_2'=\frac{Q}{(\varepsilon_r C_1+C_2)}<\Delta u$$

$$Q_1'=\varepsilon_r C_1\Delta u_1'=\frac{\varepsilon_r C_1 Q}{(\varepsilon_r C_1+C_2)}=\frac{C_1Q}{\left(C_1+\frac{C_2}{\varepsilon_r}\right)}>Q_1$$

$$Q_2'=C_2\Delta u_2'=\frac{C_2Q}{(\varepsilon_r C_1+C_2)}<Q_2$$

$$W_2'=\frac{1}{2}C_2(\Delta u_2')^2=\frac{C_2Q^2}{2(\varepsilon_r C_1+C_2)^2}<W_2$$

$$W_1'=\frac{1}{2}\varepsilon_r C_1(\Delta u_2')^2=\frac{\varepsilon_r C_1Q^2}{2(\varepsilon_r C_1+C_2)^2}$$

电容器 1 存储的电场能量变化与 C_1 和 C_2 的取值有关，当 $C_1=C_2$ 时，$W_1'<W_1$，即电场能量减少。

【讨论与拓展】 电容器串联或并联情况下，插入电介质后引起的相关参量的变化，分析此类问题的主要依据包括：① 电容器串联或并联条件；② 插入介质时的电源连接状态；③ 电容器电容的定义；④ 电容器所存储的电场能量的定义。

若本例题中电容器 1 插入电介质时系统与电源是保持连接的，那么电容器极板间的电势差 Δu 保持不变，根据等式(1)可得，C_1 增大，C_2 和 Δu 不变的情况下，Q 必然增大，于是有 $Q_2=C_2\Delta u_2=C_2\Delta u$ 不变，$Q_1=C_1\Delta u_1=C_1\Delta u$ 因 C_1 的增大而增大，$W_2=\frac{1}{2}C_2(\Delta u_2)^2=\frac{1}{2}C_2(\Delta u)^2$ 不变，$W_1=\frac{1}{2}C_1(\Delta u_1)^2=\frac{1}{2}C_1(\Delta u)^2$ 因 C_1 的增大而增大。

电容器并联电路中，在系统与电源保持连接或断开的情况下，在 C_1 中插入电介质所引起的相关物理量的变化如表 6.3 所示。

表 6.3　插入电介质时各参量的变化情况

并联电路		C_1	Δu_1	Q_1	W_1	C_2	Δu_2	Q_2	W_2
C_1 中插入电介质	电源连接	增大	不变	增大	增大	不变	不变	不变	不变
	电源断开	增大	减小	增大	不确定	不变	减小	减小	减小

对于电容器串联电路的情况，如图 6.46 所示，电容器串联电路中，在系统与电源保持连接的情况下，电容器 C_1 中插入电介质，可以应用同样的解题思路分析各电容器相关参量的变化。

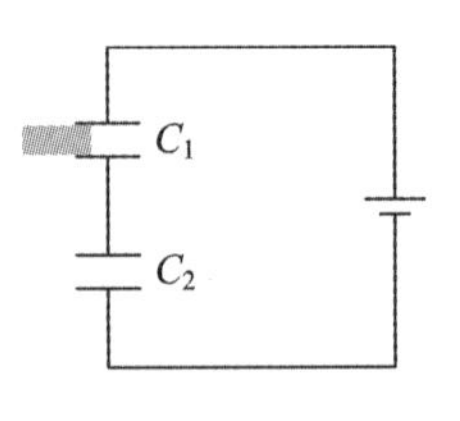

图 6.46

【例题 6-17】 一半径为 R 的金属球均匀带电，带电量为 Q，球外空间充满相对电容率为 ε_r 的均匀电介质。求电场总能量。

【思路解析】 本题是已知电荷分布计算电场能量的问题。

计算电场能量的方法通常有两种：① 利用电场能量密度在空间积分；② 应用电容器存储电场能量的计算式。

【计算详解】 解法一：应用电场能量密度在空间积分。

由题意知，带电体的电荷分布具有球对称性，由高斯定理易得其电场强度的空间分布为

$$E_1=0 \quad (r<R)$$

$$E_2=\frac{Q}{4\pi\varepsilon_0\varepsilon_r r^2} \quad (r>R)$$

由于电场强度和电介质的分布都具有球对称性，因此电场能量密度也具有球对称性。任取一半径为 r、厚度为 $\mathrm{d}r$ 的同心薄球层，由球对称性可知，该球层内电场强度大小处处相等，因此电场能量密度均匀，以此为积分体积元 $\mathrm{d}V$，且有

$$\mathrm{d}V=4\pi r^2\mathrm{d}r$$

于是可得体积元 $\mathrm{d}V$ 中的电场能量为

$$\mathrm{d}W=\frac{1}{2}\varepsilon_0\varepsilon_r E^2\mathrm{d}V$$

电场的总能量为上式对 r 从 R 到无穷远处的积分，即

$$W=\int\mathrm{d}W=\int_R^\infty\frac{1}{2}\varepsilon_0\varepsilon_r E_2^2\cdot 4\pi r^2\mathrm{d}r=\frac{Q^2}{8\pi\varepsilon_0\varepsilon_r R}$$

解法二：应用电容器存储电场能量的计算式。

由电容的定义易得孤立导体球的电容 C 为

$$C=4\pi\varepsilon_0\varepsilon_r R$$

因此可得此带电系统所存储的电场能量为

$$W=\frac{Q^2}{2C}=\frac{Q^2}{8\pi\varepsilon_0\varepsilon_r R}$$

【讨论与拓展】 应用电场能量密度在空间积分来计算电场能量的一般思路和方法如下：

（1）根据电荷分布求解电场强度分布。通常对于典型带电体电荷分布，可直接应用其电场分布计算式。或者对于电荷分布具有球对称、轴对称及面对称时，可应用高斯定理求解电场强度分布。需注意，若空间存在电介质，需用介质中的高斯定理求解电场强度。

（2）由电场强度分布以及电介质分布，计算电场能量密度的空间分布。

（3）选取合适的体积元，并计算体积元内的电场能量。体积元的选取原则应使得电场能量密度在体积元空间内均匀分布或近似均匀分布。当电场能量分布满足球对称时，通常取与球形带电体同心的薄球层作为体积元；当电场能量分布满足轴对称时，通常取与柱形带电体同轴的薄柱层作为体积元。

（4）基于体积元内的电场能量对空间进行积分运算。需注意，当不同区域内电场强度分布规律不同或介质特性不同时，必须分段积分。

【例题 6－18】 一平行平板电容器，极板面积为 S，极板间距为 d，接在电源上维持两极板间电势差为 Δu，现将一块厚度为 d、相对电容率为 ε_r 的各向同性均匀电介质板平行地插入两极板之间，如图 6.47 所示。试求：

（1）电场能量的变化；

(2) 电场力对电介质板做的功。

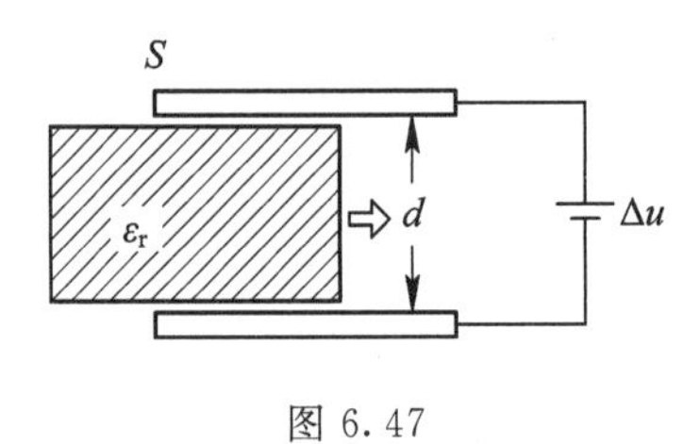

图 6.47

【思路解析】 本题是电场能量的计算以及做功与能量之间的转化关系问题。在平行平板电容器中插入介质，增大了电容器的电容，进而引起电容器所存储的电场能量的变化。但需注意，在保持电源连接或电源断开的不同条件下插入电介质板，所引起的电场能量的变化是不同的。

电容器极板间电场对电介质的极化过程即是电场力对电介质板做功的过程，电场力做功的多少也与电容器极板间插入电介质时是否与电源连接有关，可利用带电系统的功能转化关系来分析。

【计算详解】 (1) 插入电介质板之前，平行平板电容器的电容为

$$C_0=\frac{\varepsilon_0 S}{d}$$

电场能量为

$$W_0=\frac{1}{2}C_0(\Delta u)^2=\frac{\varepsilon_0 S(\Delta u)^2}{2d}$$

插入电介质以后，电容器的电容为

$$C=\frac{\varepsilon_0\varepsilon_r S}{d}$$

电场能量为

$$W=\frac{1}{2}C(\Delta u)^2=\frac{\varepsilon_0\varepsilon_r S(\Delta u)^2}{2d}$$

电场能量的增量为

$$\Delta W=W-W_0=\frac{1}{2}(C-C_0)(\Delta u)^2=\frac{\varepsilon_0 S(\Delta u)^2(\varepsilon_r-1)}{2d}$$

由此可见，$\Delta W>0$，说明插入电介质板后电场能量增加了。

(2) 当电容器与电源保持连接时，极板间电势差不变，插入电介质后极板电荷增量为

$$\Delta Q=\Delta(C\Delta u)=\Delta u\Delta C=\frac{\varepsilon_0 S\Delta u(\varepsilon_r-1)}{d}>0$$

可见，插入电介质板后，电容器极板电荷增多了，说明在插入电介质板的过程中，电源以搬运电荷的形式对电容器做功，即

$$A_{电源}=\Delta u\Delta Q=\frac{\varepsilon_0 S(\Delta u)^2(\varepsilon_r-1)}{d}$$

由于外接电源做功等同于电源向电容器提供能量，而电场力是系统内力，电场力做功是消耗电场能量的，因此，插入电介质板的过程中，整个带电系统的功能关系为

$$A_{电源}-A_{电场}=\Delta W$$

于是可得电场力做的功为

$$A_{电场}=A_{电源}-\Delta W=\frac{\varepsilon_0 S\Delta u^2(\varepsilon_r-1)}{2d}$$

由此可见，$A_{电场}>0$，说明电场力做功为正。

【讨论与拓展】 描述电容器所存储的电场能量可以用 $W=\frac{1}{2}C(\Delta u)^2$，也可以用 $W=\frac{Q^2}{2C}$，当某些因素导致电场能量变化时，若极板间电势差保持不变(与电源保持连接)，用 $W=\frac{1}{2}C(\Delta u)^2$ 更为简便，而当极板电量不变(与电源断开)时，用 $W=\frac{Q^2}{2C}$ 更为简便。因此当极板间插入电介质板时，若电源连接则电场能量增加，若电源断开则电场能量减少。

当电容器极板与电源连接，极板间电势差保持不变时，插入电介质板的物理过程是：电介质被极化所消耗的电场能量和电容器所存储的电场能量的增加量都由外接电源提供。若与电源断开，则插入电介质的过程中电介质被极化所消耗的电场能量就等于电容器所存储的电场能量的减少量。这是能量守恒的体现。

若在保持电源连接或断开的情况下，将电容器两极板间距拉开一定距离，如图 6.48 所示，可应用类似方法分析电场能量的变化、电场力或外力做功以及此过程中的功能转化关系。

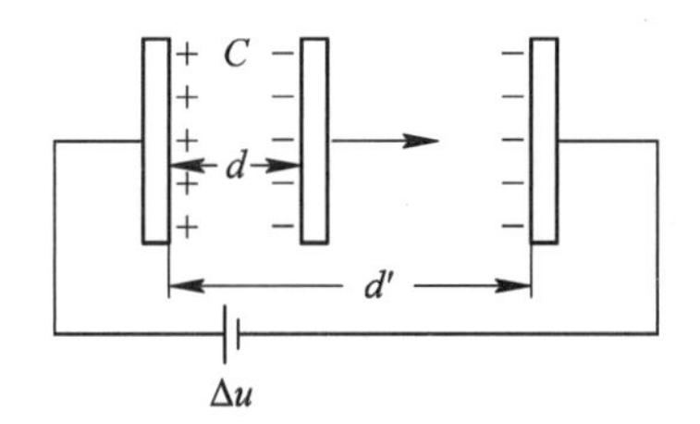

图 6.48

模块 7 稳恒电流的磁场

7.1 教 学 要 求

(1) 理解描述稳恒电流磁场的磁感应强度的概念。

(2) 掌握计算磁感应强度的毕奥-萨伐尔定律和磁感应强度的叠加原理。

(3) 理解表征稳恒磁场特性的高斯定理和安培环路定理，熟练掌握用安培环路定理计算磁感应强度的条件和方法。

(4) 掌握磁场对电流作用的安培定律和磁场对运动电荷作用的洛伦兹力。

(5) 理解并掌握磁矩、磁力矩的概念，了解磁力的功。

(6) 了解霍尔效应。

(7) 了解物质的磁性，磁介质的磁化现象、种类及磁化过程的微观解释。

(8) 理解有磁介质存在时的磁场和安培环路定理。掌握各向同性介质中磁场强度 $\boldsymbol{H}$ 和磁感应强度 $\boldsymbol{B}$ 之间的关系。

7.2 内 容 精 讲

本章将研究稳恒电流产生的稳恒磁场的性质和规律。所谓的稳恒磁场是指在空间的分布不随时间变化的磁场。

虽然从场的基本性质和遵从的规律而言，稳恒电流的磁场不同于前面我们已研究的静电场，磁场力也不同于电场力，但是在研究稳恒磁场的方法上，稳恒磁场与静电场却有许多相似之处。有磁介质时的磁场的研究和处理方法也和电介质中的电场的求解有许多可类比之处。因此，在本章的学习中，注意学会采用与静电场类比的方法，对理解和掌握相关的物理过程和概念都是非常重要的。

本章的主要内容大体可以分为已知稳恒电流求解磁场和已知磁场求解处于磁场中的电流的作用。

本模块的主要内容包括：基本磁现象；磁场；磁感应强度；磁通量；磁场中的高斯定律；毕奥-萨伐尔定律；安培环路定律；运动电荷的磁场；磁场对载流导线的作用(安培定律)；磁场对载流线圈的作用；磁力的功；运动电荷在磁场中所受的力(洛伦兹力)；带电粒子在电场和磁场中的运动；霍尔效应；磁介质；磁场强度；磁介质中的安培环路定律；铁磁质。

7.2.1 稳恒电流的磁场

1. 电流元 $Id\boldsymbol{l}$

定义 $Id\boldsymbol{l}$ 表示稳恒电流的任一电流元。其中 I 为导线回路中的稳恒电流，$d\boldsymbol{l}$ 为导线回路中沿着电流方向所取的矢量线元。为了准确反应场点的性质，要求电流元 $I\mathrm{d}\boldsymbol{l}$ 取的足够小。电流是标量，但电流元是矢量，它的方向与该点电流的方向一致。

2. 磁感应强度 $\boldsymbol{B}$

磁感应强度是用于描述磁场中各处磁场的强弱和方向的物理量。在国际单位制中，磁感应强度 $\boldsymbol{B}$ 的单位为特斯拉(T)，简称特。

磁场中某点处，磁感应强度 $\boldsymbol{B}$ 是一个矢量。磁感应强度 $\boldsymbol{B}$ 的方向规定为沿该点处静止小磁针的 N 极指向。

在不同教材中定义磁感应强度大小的方法主要有以下几种：

(1) 用磁场对运动电荷的作用来描述磁场。

定义：磁感应强度 $\boldsymbol{B}$ 的大小为

$$B=\frac{F_{\max}}{q_0 v}$$

式中，q_0 是试验电荷，v 是运动电荷的速度的大小，$F_{\max}$是在该点处受到的最大磁场力。此时，磁感应强度 $\boldsymbol{B}$ 的方向也可以定义为：当试验电荷 q_0 沿着某个方向运动时不受力，则将这个方向定义为磁感应强度 $\boldsymbol{B}$ 的方向。

(2) 用电流元在磁场中的受力来描述磁场。

定义：磁感应强度 $\boldsymbol{B}$ 的大小为

$$B=\frac{\mathrm{d}F_{\max}}{I\mathrm{d}l}$$

式中，$I\mathrm{d}l$ 是单位电流元的大小，$\mathrm{d}F_{\max}$是在该点处单位电流元受到的最大磁场力。

此时，磁感应强度 $\boldsymbol{B}$ 的方向也可以定义为：电流元 $I\mathrm{d}\boldsymbol{l}$ 在磁场中不受力的方向定义为磁感应强度 $\boldsymbol{B}$ 的方向。

3. 毕奥-萨伐尔定律

(1) 毕奥-萨伐尔定律。

微分形式：$\mathrm{d}\boldsymbol{B}=\frac{\mu_0}{4\pi}\frac{I\mathrm{d}\boldsymbol{l}\times\boldsymbol{r}}{r^3}=\frac{\mu_0}{4\pi}\frac{I\mathrm{d}\boldsymbol{l}\times\boldsymbol{r}^0}{r^2}$

积分形式：$\boldsymbol{B}=\int\mathrm{d}\boldsymbol{B}=\int\frac{\mu_0}{4\pi}\frac{I\mathrm{d}\boldsymbol{l}\times\boldsymbol{r}}{r^3}=\int\frac{\mu_0}{4\pi}\frac{I\mathrm{d}\boldsymbol{l}\times\boldsymbol{r}^0}{r^2}$

式中，$I\mathrm{d}\boldsymbol{l}$ 是在电流上任取的电流元，$\boldsymbol{r}$ 是由 $I\mathrm{d}\boldsymbol{l}$ 指向所研究的场点的位矢，$\boldsymbol{r}^0$ 是 $\boldsymbol{r}$ 方向的单位矢量，r 是矢量 $\boldsymbol{r}$ 的大小。注意：这个积分是矢量积分，一般情况投影到各个坐标轴上分别计算各个轴上分量的积分更为方便。

微分形式和积分形式的毕奥-萨伐尔定律在求解磁场问题时都非常重要。例如在计算带电体的电场强度时，常常在带电体上任取一电荷元 $\mathrm{d}q$，然后应用点电荷的电场强度公式求出该电荷元在电场中任意点的电场强度 $\mathrm{d}\boldsymbol{E}$，再根据叠加原理求得任意带电体的电场强度 $\boldsymbol{E}$。对于稳恒电流的磁场求解，类似地，可在载流导线上任取一电流元 $I\mathrm{d}\boldsymbol{l}$，然后应用微分形式的毕奥-萨伐尔定律，求出该电流元在任意场点中产生的磁感应强度 $\mathrm{d}\boldsymbol{B}$，再根据叠加原理，求得整个电流的磁感应强度 $\boldsymbol{B}$。

(2) 运动电荷的磁场：

$$\boldsymbol{B}=\frac{\mu_0}{4\pi}\frac{q\boldsymbol{v}\times\boldsymbol{r}}{r^3}=\frac{\mu_0}{4\pi}\frac{q\boldsymbol{v}\times\boldsymbol{r}^0}{r^2}$$

式中 $\boldsymbol{r}$ 是由电荷 q 指向所研究的场点的位矢，$\boldsymbol{v}$ 是电荷 q 的运动速度。

4. 磁通量和磁场高斯定理

(1) 磁通量：

$$\Phi_{\mathrm{m}}=\int_{S}\boldsymbol{B}\cdot\mathrm{d}\boldsymbol{S}$$

(2) 磁场高斯定理：

$$\oint_{S}\boldsymbol{B}\cdot\mathrm{d}\boldsymbol{S}=0$$

磁场高斯定理说明，在磁场中通过任意闭合曲面的磁通量恒等于零。因为磁感应线总是闭合的，故磁场是无源场。这点与静电场不同，静电场的电场线是起始于正电荷终止于负电荷的，故静电场是有源场。

5. 安培环路定理

在真空的稳恒磁场中，磁感应强度 $\boldsymbol{B}$ 沿任一闭合环路的线积分，等于穿过该环路的所有电流代数和的 μ_0 倍，即

$$\oint_{L}\boldsymbol{B}\cdot\mathrm{d}\boldsymbol{l}=\mu_0\sum_{L}I_i$$

式中 $\sum\limits_{L}I_i$ 是环路 L 包围的所有电流的代数和。电流的正负规定为：若穿过环路的电流 I_i 的方向与环路 L 的绕行方向满足右手螺旋关系时，则电流 I_i 取正值；反之电流 I_i 取负值。

理解安培环路定理应注意以下几点：

(1) 表达式中的 $\boldsymbol{B}$ 是所有电流(包括穿过环路和不穿过环路的电流)在闭合环路上各点产生的磁感应强度。

(2) 安培环路定理对磁场中任何闭合回路都是成立的，但在利用安培环路定理计算磁感应强度时，则需要选取特定的闭合回路。

(3) 安培环路定理表明了磁场是有旋场。因为磁感应线是闭合的，总是环绕着电流呈涡旋状。

综合磁场的高斯定理和安培环路定理，完整地表达了恒定电流的磁场是无源、有旋场。而静电场恰好相反，是有源、无旋场。

6. 磁场对载流导线和运动电荷的作用

(1) 磁场对载流导线的作用力——安培力。

电流元 $I\mathrm{d}\boldsymbol{l}$ 在磁场中所受的力为

$$\mathrm{d}\boldsymbol{F}=I\mathrm{d}\boldsymbol{l}\times\boldsymbol{B}\quad(\text{微分形式})$$

上式称为安培定律，此作用力称为安培力。

有限长载流导线所受的安培力为

$$\boldsymbol{F}=\int_{L}I\mathrm{d}\boldsymbol{l}\times\boldsymbol{B}\quad(\text{积分形式})$$

(2) 在国际单位制中，电流强度的国际单位为安培(A)。安培的定义为：在真空中截面积可忽略的两根相距 1 m 的无限长平行直导线内通以等量恒定电流时，若导线间相互作用力在每米长度上为 2×10^{-7} N，则每根导线中的电流为 1 A。

(3) 均匀磁场对平面载流线圈的作用。

① 均匀磁场中平面载流线圈受到的合力 $\sum \boldsymbol{F}$：

$$\sum \boldsymbol{F} = 0$$

② 均匀磁场中平面载流线圈的磁矩 $\boldsymbol{p}_{\mathrm{m}}$：

$$\boldsymbol{p}_{\mathrm{m}} = IS\boldsymbol{n}$$

式中，I 是线圈中的电流，S 是线圈的面积，$\boldsymbol{n}$ 是线圈所在平面正法线方向上的单位矢量，其正向方向与电流环绕方向之间满足右手螺旋法则。

③ 均匀磁场中平面载流线圈受到的磁力矩 $\boldsymbol{M}$：

$$\boldsymbol{M} = \boldsymbol{p}_{\mathrm{m}} \times \boldsymbol{B}$$

式中，$\boldsymbol{p}_{\mathrm{m}}$ 是载流线圈的磁矩。当线圈的匝数是 N 时，有 $\boldsymbol{p}_{\mathrm{m}} = NIS\boldsymbol{n}$。特别需要指出的是磁矩 $\boldsymbol{p}_{\mathrm{m}} = NIS\boldsymbol{n}$ 不仅适用于载流平面线圈，也适用于带电粒子沿闭合回路运动所产生的磁矩。

载流线圈受力矩作用的结果，要发生转动。当载流线圈旋转到磁矩 $\boldsymbol{p}_{\mathrm{m}}$ 的取向与磁感应强度 $\boldsymbol{B}$ 的方向平行时，力矩为零，这时线圈达到稳定位置。在这个位置时，通过载流线圈的磁通量为最大值。

7. 磁场中的右手螺旋法则

磁场中可以依据右手螺旋法则，方便地判断出电流或磁场力的方向。

（1）如果用于判断电流激发的磁场的方向，具体方法是：让右手的大拇指指向电流的方向，则其余四指环绕的方向就是该电流所激发的磁场的方向，如图 7.1(a)所示。

（2）如果用于判断在磁场中电流所受到的磁场的力的方向，具体方法是：让右手的四指先指向电流的方向，再让右手的四指从电流的方向经小于 π 的角转向磁场 $\boldsymbol{B}$ 的方向，则右手的拇指所指向的方向即为磁场中电流所受的磁场力的方向，如图 7.1(b)所示。其实质就是矢量叉乘 $I\mathrm{d}\boldsymbol{l} \times \boldsymbol{B}$ 时，右手的大拇指指向的就是磁场力的方向。

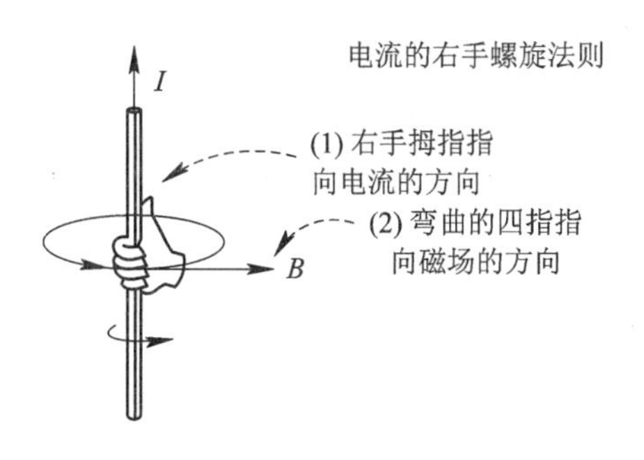

(a) 电流右手螺旋关系

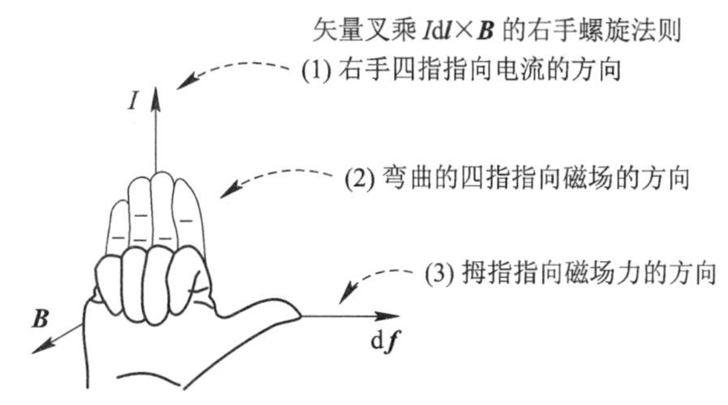

(b) 磁场力右手螺旋关系

图 7.1　右手螺旋法则示意图

汇总以上右手螺旋法则的表格，如表 7.1 所示。

表 7.1　磁场中与电流及磁场力相关的右手螺旋法则

右手螺旋法则	大拇指的方向	右手四指的弯曲方向
电流右手螺旋关系	电流	沿着磁场的方向
磁场力右手螺旋关系	磁场力的方向	从电流的方向经小于 π 的角转向磁场的方向

8. 磁力的功

载流导线和载流线圈在磁力和磁力矩的作用下运动时，磁力和磁力矩都要做功。

功的一般表达式为

$$A=\int_{\Phi_{m1}}^{\Phi_{m2}} I\mathrm{d}\Phi_m$$

当回路中电流不变时，磁力的功等于电流乘以通过回路所包围面积内的磁通量的增量或者等于电流乘以导线所切割的磁场线条数，即

$$A=\int_{\Phi_{m1}}^{\Phi_{m2}} I\mathrm{d}\Phi_m = I(\Phi_{m2}-\Phi_{m1})=I\Delta\Phi_m$$

9. 磁场对运动电荷的作用——洛伦兹力

运动电荷在磁场中所受的磁场力为洛伦兹力，即

$$\boldsymbol{f}=q\boldsymbol{v}\times\boldsymbol{B}$$

洛伦兹力的一个重要的特征是其对运动电荷不做功。由于洛伦兹力的方向始终与电荷的运动速度方向垂直，因而洛伦兹力只能改变电荷速度的方向，而不能改变其大小。由此可见，洛伦兹力对运动电荷不做功。

洛伦兹力的典型应用有：质谱仪、速度选择器、回旋加速器、磁透镜、磁约束等。

10. 霍尔效应

当通有电流的导体或半导体置于与电流垂直的磁场中时，在垂直于电流和磁场方向，导体或半导体两侧面之间产生一横向电场，这一现象称为霍尔效应。

霍尔效应产生的电压称为霍尔电压，其表达式为

$$U_{ab}=K\frac{IB}{d}=\frac{1}{nq}\frac{IB}{d}$$

式中，$K=\frac{1}{nq}$为霍尔系数，I、B 分别为导体中的电流和磁感应强度的大小，d 为磁场方向上导体的厚度，n 为载流子浓度，q 是单个载流子的电量。

n 型半导体的载流子是电子；p 型半导体的载流子是空穴。

7.2.2　磁介质

1. 磁介质

1）磁介质的磁化

磁介质被磁化后，在其表面出现磁化电流。

磁介质的磁化机制：在外磁场中，分子固有磁矩沿外磁场方向排列是产生顺磁效应的原因，而分子在外磁场中产生附加磁矩将导致抗磁效应。分子固有磁矩不为零的磁介质，在外磁场中，既有分子固有磁矩的取向变化，又有分子附加磁矩，但以分子固有磁矩的取向变化为主，从而表现出顺磁性；而分子固有磁矩为零的磁介质，在外磁场中，仅有分子附加磁矩，故表现出抗磁性。

2）磁介质的分类

介质分子内部电子运动可以认为构成微观电流，这种电流称为分子电流。无外场时，分子电流取向无规则，不呈现宏观电流分布。

有磁介质时，磁介质内的磁感应强度为

$$\boldsymbol{B}=\boldsymbol{B}_0+\boldsymbol{B}'$$

式中，$\boldsymbol{B}_0$ 为真空中原来的磁感应强度，$\boldsymbol{B}'$为引入磁介质后，磁介质因磁化而产生的附加磁场。定义相对磁导率为 $\mu_r=\dfrac{B}{B_0}$，则依据磁介质的相对磁导率，可将介质分为：顺磁质($\mu_r>1$)，抗磁质($\mu_r<1$)，铁磁质($\mu_r\gg1$)。

3）铁磁质

铁磁质的主要特征为：高的相对磁导率(μ_r 在$10^2\sim10^3$，甚至10^6)；具有磁滞现象。

2. 有磁介质时的高斯定理和安培环路定理

1）有磁介质时的高斯定理

由于磁化电流的磁场线也是闭合曲线，因此有磁介质时的高斯定理仍可写成：

$$\oint_S \boldsymbol{B}\cdot \mathrm{d}\boldsymbol{S}=0$$

有磁介质时的高斯定理公式中出现的 $\boldsymbol{B}$，应理解为传导电流和磁化电流等共同产生的磁感应强度。

2）有磁介质时的安培环路定理

有磁介质时的安培环路定理可写成：

$$\oint_L \boldsymbol{B}\cdot \mathrm{d}\boldsymbol{l}=\mu_0\left(\sum I_i+I'\right)$$

定理中的 $\boldsymbol{B}$ 也应理解为 $\boldsymbol{B}=\boldsymbol{B}_0+\boldsymbol{B}'$，而穿过闭合回路的电流应是闭合回路 L 所包围的传导电流 $\sum I_i$ 和磁化电流 I'。

通常磁化电流 I'不易计算，为了使 I'不在安培环路定理中出现，引入一个描写磁场的辅助物理量——磁场强度 $\boldsymbol{H}$。

这样，有磁介质时的安培环路定理可以用磁场强度这个物理量表示成：

$$\oint_L \boldsymbol{H}\cdot \mathrm{d}\boldsymbol{l}=\sum I_i$$

即磁场强度 $\boldsymbol{H}$ 沿闭合回路 L 的线积分等于穿过闭合回路的传导电流的代数和。

在各向同性均匀磁介质中，有

$$\boldsymbol{H}=\frac{\boldsymbol{B}}{\mu}=\frac{\boldsymbol{B}}{\mu_0\mu_r}$$

7.2.3　求解磁感应强度 B 的主要方法

1. 根据毕奥-萨伐尔定律计算

原则上，根据毕奥-萨伐尔定律 $\boldsymbol{B}=\displaystyle\int\frac{\mu_0}{4\pi}\frac{I\mathrm{d}\boldsymbol{l}\times\boldsymbol{r}}{r^3}$ 就可求解任意已知形状的稳恒电流所激发的磁场问题，但是，任意形状稳恒电流的磁感应强度的上述积分求解，在数学上往往很困难。

利用毕奥-萨伐尔定律计算磁感应强度 $\boldsymbol{B}$ 通常包括以下步骤：

(1) 在载流导体上，沿着电流的方向，选取任一电流元 $I\mathrm{d}\boldsymbol{l}$；

(2) 按毕奥-萨伐尔定律，写出该电流元在给定场点的 $\mathrm{d}\boldsymbol{B}$ 的大小；

(3) 按照右手螺旋法则或毕奥-萨法尔定律，确定出矢量 d$\boldsymbol{B}$ 的方向；

(4) 如果各个电流元 $I\mathrm{d}\boldsymbol{l}$ 在所求的场点所激发出的矢量 d$\boldsymbol{B}$ 的方向是相同的，则可直接积分求出整个载流导体的磁感应强度 $\boldsymbol{B}$ 的大小，再说明其方向；

(5) 如果各电流元 $I\mathrm{d}\boldsymbol{l}$ 在所求的场点所激发出的矢量 d$\boldsymbol{B}$ 的方向不同，则需要结合题目所给出的电流分布特征，选取合适的坐标系；

(6) 写出 d$\boldsymbol{B}$ 矢量在各个坐标轴上的分量形式；

(7) 再进行各个坐标轴上的标量的数值积分；

(8) 最后计算出总的磁感应强度的大小并给出其方向。

另外，如果在求解的问题中遇到多个变量的情况，还需要注意在积分时统一积分变量。

2. 根据安培环路定理计算

另一种方法是利用安培环路定理$\oint_L \boldsymbol{B}\cdot\mathrm{d}\boldsymbol{l}=\mu_0\sum I_i$，求解磁感应强度 $\boldsymbol{B}$。此方法虽然简单，但可直接用于求解出的磁感应强度 $\boldsymbol{B}$ 的情况有限。只有在稳恒电流的分布具有某种对称性的条件下，并且所选环路满足一定的要求，才能利用安培环路定理计算出磁感应强度。例如：所选择的环路上的 $\boldsymbol{B}$ 与 d$\boldsymbol{l}$ 是平行或垂直关系，且环路上的磁感应强度的大小都相等；或者是环路可以分为若干段，其中某一段上的磁感应强度始终为零，其他段上的磁感应强度 $\boldsymbol{B}$ 的线积分可以方便地求解出来等等。在类似这样的特殊情况下，才可以利用安培环路定理，求解出环路上的磁感应强度 $\boldsymbol{B}$。而当电流的分布不具有一定的对称性，或无法找到合适的积分闭合环路，这种情况下，只能采用毕奥-萨伐尔定律来求解磁场。

利用安培环路定理计算磁感应强度 $\boldsymbol{B}$ 通常包括以下步骤：

(1) 根据题目所给出的条件，进行对称性分析；

(2) 通过给定场点，选取合适的闭合积分回路，并确定积分回路的绕行方向；

(3) 计算 $\boldsymbol{B}$ 的环流$\oint_L \boldsymbol{B}\cdot\mathrm{d}\boldsymbol{l}$；

(4) 计算积分回路所包围的电流的代数和，其中电流的正负依据右手螺旋法则确定；

(5) 按照安培环路定理，求解出给定场点的磁感应强度，并说明其方向；

(6) 如磁场中有介质时，需用有介质的安培环路定理，先求出介质中的磁场强度 $\boldsymbol{H}$，如果介质还是各向同性的均匀线性介质，即可根据磁场强度 $\boldsymbol{H}$ 和磁感应强度 $\boldsymbol{B}$ 之间的关系，求解出相应的磁感应强度 $\boldsymbol{B}$。

3. 根据典型载流导线激发的磁场结合叠加原理计算

从某些典型载流导线激发的磁感应强度的表达式出发，结合叠加原理，就可以计算出待求解的磁感应强度。

有限长的载流直导线、圆环形电流、无限长细直载流导线等都是常用的典型模型。将这些常用的典型模型计算磁感应强度公式中的稳恒电流 I，换作 dI，即将这些典型模型视作新的“电流元”，利用这些典型模型的磁感应强度计算公式，得出新“电流元”激发的磁场 d$\boldsymbol{B}$，再结合叠加原理，即可得到总的磁感应强度。

注意：该方法中通常各段载流导线所激发的磁感应强度 d$\boldsymbol{B}$ 的矢量方向是明确的，只需要先分析出各段载流导线所激发的磁感应强度矢量的方向，然后根据已知条件综合研判，计算出总的磁感应强度 $\boldsymbol{B}$。

以下总结了常用的典型载流导线磁感应强度大小的计算公式。

设导线中载有的稳恒电流为 I，则常用的典型载流导线激发的磁感应强度的大小如下：

(1) 半径为 R 的圆环形电流，中心轴线上距离圆心 x 处：

$$B=\frac{\mu_0}{2}\frac{R^2 I}{(x^2+R^2)^{3/2}}$$

(2) 半径为 R 的圆环形电流的圆心处：

$$B_0=\frac{\mu_0 I}{2R}$$

(3) 半径为 R 的一段载流圆弧线电流在圆心处：

$$B=\frac{\mu_0 I\varphi}{4\pi R}$$

式中，φ 是载流圆弧线所对应的圆心角，单位是弧度。

(4) 一段长为 L 的载流直导线，距离载流直导线为 a 的任意点 P 处：

$$B=\frac{\mu_0 I}{4\pi a}(\cos\theta_1-\cos\theta_2)$$

式中的 θ_1 和 θ_2 分别为沿着载流直导线方向的直导线两端的电流元与其到 P 点的位矢间的夹角。

(5) 无限长载流直导线外距离导线 R 处：

$$B=\frac{\mu_0 I}{2\pi R}$$

(6) 无限长载流密绕直螺线管内部：

$$B=\mu_0 nI$$

式中 n 为单位长度上的匝数。

7.3 例题精析

【例题 7-1】 如图 7.2(a)所示，一无限长半径为 R 的 $\frac{1}{3}$ 圆筒形金属薄片中，自下而上均匀地通有电流 I，求其轴线上任意一点 P 处的磁感应强度。

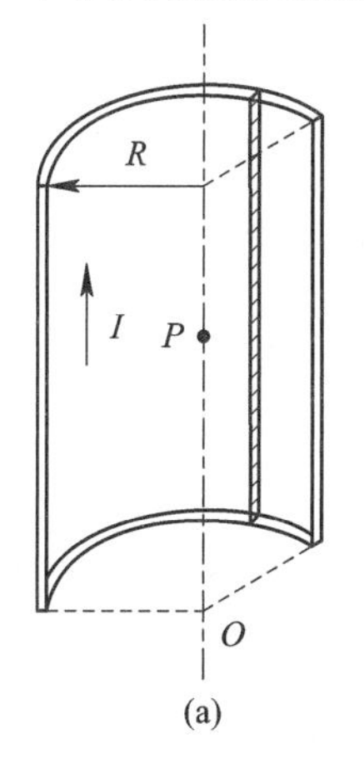

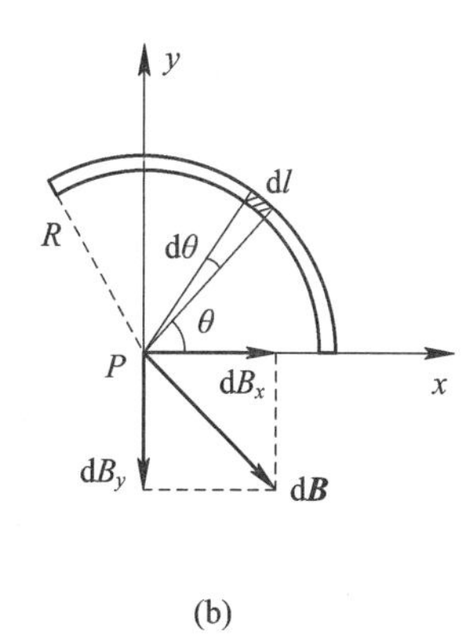

图 7.2

【思路解析】 本题目的目标是求解任意场点 P 处的磁感应强度。磁感应强度的计算主要有三种方法：根据毕奥-萨伐尔定律计算，根据安培环路定理计算，以及根据典型载流导线磁感应强度的计算公式同时结合叠加原理计算等。

根据题目所给条件，可将该载流金属薄片看作是由许多个沿轴线方向的“无限长直载流导线”的新电流元组成。由于磁场满足叠加原理，则整个薄金属片在其轴线上的任意一点 P 处产生的磁感应强度，就是这许多个无限长直载流导线在该点产生的磁感应强度的矢量叠加。采用该方法计算磁感应强度，将比直接采用毕奥-萨伐尔定律计算在数学上要方便一些。

【计算详解】 过轴线上任一点 P 作垂直于轴线的截面。在此截面上，建立如图 7.2(b)所示的坐标系。设沿着薄金属圆筒中心轴，指向纸面外的方向为 z 轴正向，其中 P 点为坐标原点。在无限长金属薄圆筒片上，截取宽度为 $\mathrm{d}l$ 的线元段，将其视为无限长载流直导线，其中通过的电流 $\mathrm{d}I$ 为

$$\mathrm{d}I=I\frac{\mathrm{d}l}{2\pi R\times\frac{1}{3}}=\frac{3I}{2\pi R}\mathrm{d}l \tag{7-1}$$

由于电流为 I 的无限长载流直导线在距离为 R 处，激发的磁感应强度 $\boldsymbol{B}$ 的大小为

$$B=\frac{\mu_0 I}{2\pi R}$$

则电流为 $\mathrm{d}I$ 的无限长载流直导线，在距离其 R 处的 P 点激发的磁感应强度 $\mathrm{d}\boldsymbol{B}$ 的大小为

$$\mathrm{d}B=\frac{\mu_0\mathrm{d}I}{2\pi R}=\frac{3\mu_0 I}{4\pi^2R^2}\mathrm{d}l=\frac{3\mu_0 I}{4\pi^2 R}\mathrm{d}\theta \tag{7-2}$$

式中将线元宽度 $\mathrm{d}l$ 变换为 $\mathrm{d}l=R\mathrm{d}\theta$ 是为了积分计算的方便。

方向判断可以按照右手螺旋法则，如图 7.2(b)所示。让右手的大拇指指向电流的方向，则右手的四指弯曲的方向即为磁感应强度 $\mathrm{d}\boldsymbol{B}$ 的矢量方向。

特别需要注意的是，对于不同位置的 $\mathrm{d}l$，其在 P 点处所激发的磁感应强度 $\mathrm{d}\boldsymbol{B}$ 矢量的方向并不相同。因此，需要将 $\mathrm{d}\boldsymbol{B}$ 矢量分解到如图 7.2(b)中所示的 x 轴和 y 轴方向上。这样不同位置的无限长直载流导线的 $\mathrm{d}I$ 激发的磁感应强度 $\mathrm{d}\boldsymbol{B}$ 投影到相应坐标轴上的各分量都是标量了，而标量可以直接进行累加求和，即

$$\mathrm{d}B_x=\mathrm{d}B\sin\theta=\frac{3\mu_0 I}{4\pi^2 R}\sin\theta\mathrm{d}\theta$$

$$\mathrm{d}B_y=-\mathrm{d}B\cos\theta=-\frac{3\mu_0 I}{4\pi^2 R}\cos\theta\mathrm{d}\theta \tag{7-3}$$

因此

$$B_x=\int\mathrm{d}B_x=\frac{3\mu_0 I}{4\pi^2 R}\int_0^{\frac{2}{3}\pi}\sin\theta\mathrm{d}\theta=\frac{9\mu_0 I}{8\pi^2 R}$$

$$B_y=\int\mathrm{d}B_y=\frac{-3\mu_0 I}{4\pi^2 R}\int_0^{\frac{2}{3}\pi}\cos\theta\mathrm{d}\theta=-\frac{3\sqrt{3}\mu_0 I}{8\pi^2 R} \tag{7-4}$$

综合以上分析，可得 P 点处的磁感应强度 $\boldsymbol{B}$ 为

$$\boldsymbol{B}=B_x\boldsymbol{i}+B_y\boldsymbol{j}=\frac{9\mu_0 I}{8\pi^2 R}\boldsymbol{i}-\frac{3\sqrt{3}\mu_0 I}{8\pi^2 R}\boldsymbol{j} \tag{7-5}$$

【讨论与拓展】 如何求解已知电流分布的磁感应强度问题，需要重点掌握，同时也是

难点。围绕着如何求解出任意形状的电流激发的磁场，需要紧密地结合题目所给的电流分布的特点，并且学会灵活地运用磁场的叠加原理。这样往往可以极大地简化计算。学会了本题，举一反三，可以解决很多类似的问题。

【拓展例题 7-1-1】 如图 7.3(a)所示，一半径为 R 的无限长半圆柱形的金属薄片，其上通有电流 I。求：圆柱轴线上任意一点 O 处的磁感应强度。

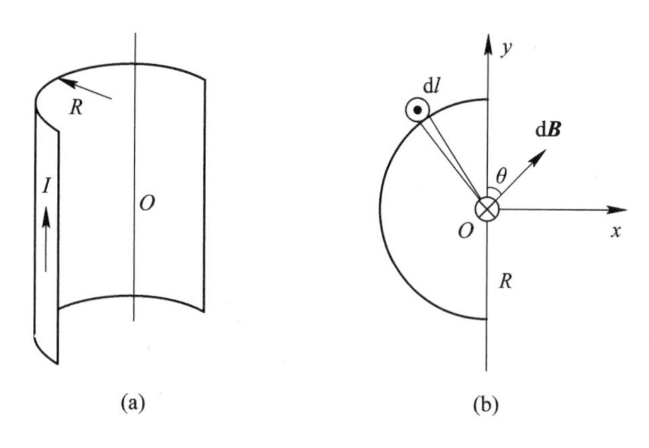

图 7.3

【解析】 这个问题的求解中，除了积分 B_x 和 B_y 的积分上下限不同以外，其他的解题思路与例题 7-1 是完全类似的。建立坐标系如图 7.3(b)所示。先求出半圆柱面上的电流元的 $\mathrm{d}I$，再计算其在轴线 O 点处产生的磁感应强度 $\mathrm{d}\boldsymbol{B}$，最后积分求解出总的磁感应强度。

将载流半圆柱面视为一系列载流长直导线的组合，则相应于例题 7-1 中式(7-1)的无限长载流直导线 $\mathrm{d}I$ 为

$$\mathrm{d}I=I\,\frac{\mathrm{d}l}{2\pi R\times\dfrac{1}{2}}=I\,\frac{\mathrm{d}l}{\pi R}$$

该无限长载流直导线 $\mathrm{d}I$ 在轴线 O 点处产生的磁感应强度 $\mathrm{d}\boldsymbol{B}$ 的大小为

$$\mathrm{d}B=\frac{\mu_0\,\mathrm{d}I}{2\pi R}=\frac{\mu_0\,I\mathrm{d}l}{2\pi^2R^2}=\frac{\mu_0\,I}{2\pi^2R}\mathrm{d}\theta$$

注意到，本题目与例题 7-1 中的电流分布不同，本题目中电流的分布具有一定的对称性。

由对称性分析可知，该半圆柱面电流在中心轴线上激发的磁感应强度的方向沿 y 轴，故有 $\mathrm{d}\boldsymbol{B}$ 磁感应强度在 y 轴方向的分量为

$$\mathrm{d}B_y=\mathrm{d}B\cos\theta$$

总的 y 方向的磁感应强度的大小为上述分量在 0 到 $\pi/2$ 的半圆柱面上的积分，即

$$B=\int\mathrm{d}B_y=2\int_0^{\pi/2}\frac{\mu_0\,I\cos\theta\mathrm{d}\theta}{2\pi^2R}=\frac{\mu_0\,I}{\pi^2R}$$

最后，也是非常重要的一点，一定要注意所求的物理量是 O 点的磁感应强度，该物理量是一个矢量。因此，可将磁感应强度最终整理为

$$\boldsymbol{B}=\boldsymbol{B}_y=\frac{\mu_0\,I}{\pi^2R}\,\boldsymbol{j}$$

【拓展例题 7-1-2】 如图 7.4 所示，将一半径为 R 的无限长导体薄壁管(厚度忽略不计)，沿轴向割去一宽度为 h ($h\ll R$)的无限长狭缝后，再沿轴向方向，通有沿管壁均匀分布

的电流，其面电流密度(垂直于电流的单位长度截线上的电流)为 i。求：管轴线 OO'上任一点的磁感应强度。

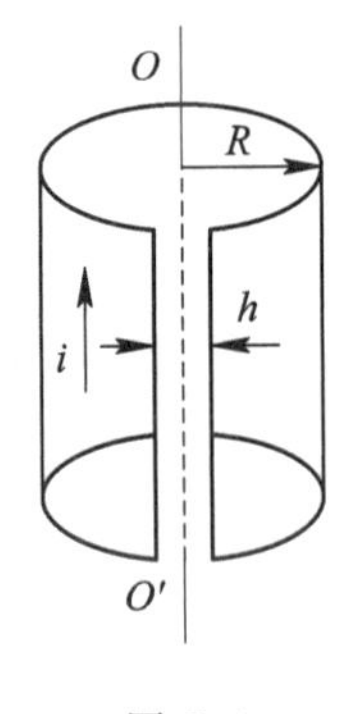

图 7.4

【解析】 本题题目所给条件中由于宽度 h 满足 $h \ll R$，因此参照例题 7-1 的思路，先计算出无限长直导线模型的 $\mathrm{d}I$，再计算出 $\mathrm{d}I$ 激发的磁感应强度 $\mathrm{d}\boldsymbol{B}$，但是显然这样数学计算太复杂，可以换个思路。

本题可以采用广义的叠加原理。比如，将轴线上任意一点的磁场看作是两部分的电流激发的磁场的叠加，即 $\boldsymbol{B}=\boldsymbol{B}_1+\boldsymbol{B}_2$。

其一是一个半径为 R 的整个壁管的无限长薄圆柱面，其电流沿管壁均匀分布，面电流密度为 i，如图 7.4 所示，电流的方向沿壁管面向上，这部分的电流激发的磁感应强度记为 $\boldsymbol{B}_1$。

其二是一个宽度为 h 的无限长载流直导线狭缝，这时设其电流为与整个壁管电流的流向相反，即电流方向向下。面电流密度仍为 i，面电流密度的大小与整个壁管上的电流密度大小相等。这部分的电流激发的磁场记为 $\boldsymbol{B}_2$。因为这两个部分的电流相互叠加之后，形成的电流分布与原题目完全相同，那么轴线上任意一点的磁感应强度的计算就可以利用这两部分电流所激发的磁场的叠加了。

对于 $\boldsymbol{B}_1$ 而言，参照例题 7-1 中的分析，电流的分布特征将导致中心轴线上的任意一点的磁感应强度为零，即 $\boldsymbol{B}_1=0$。

对于 $\boldsymbol{B}_2$，其本质就是一根无限长的直载流导线所激发的磁场，则其磁感应强度的大小为

$$B_2=\frac{\mu_0 ih}{2\pi R}$$

磁感应强度的方向可以根据右手螺旋法则给出。$\boldsymbol{B}_2$ 的方向即为所求的 $\boldsymbol{B}$ 的方向。右手的大拇指指向向下的电流的方向，则右手四指弯曲的方向即为过任一点 O 的磁感应强度 $\boldsymbol{B}$ 矢量的方向。

例题 7-1 及拓展例题 7-1-1 和 7-1-2 都是灵活地应用了无限长的载流直线的磁感应强度计算公式结合了磁场的叠加原理计算的，这样的处理方法可以使得计算过程简单明了。在实际的应用过程中，还会遇到更多的典型载流分布的模型及其组合的情况，计算方法都是类似的。但是需要特别注意磁感应强度是矢量，综合考虑矢量的方向也是非常重要的一个方面。

【例题 7-2】 已知一扇形载流导线构成的回路 $abcd$，如图 7.5 所示。已知圆弧所对应的圆心角为 θ，da 和 bc 两段圆弧的半径分别为 R_1 和 R_2，回路电流为 I。求：圆心 O 处的磁感应强度。

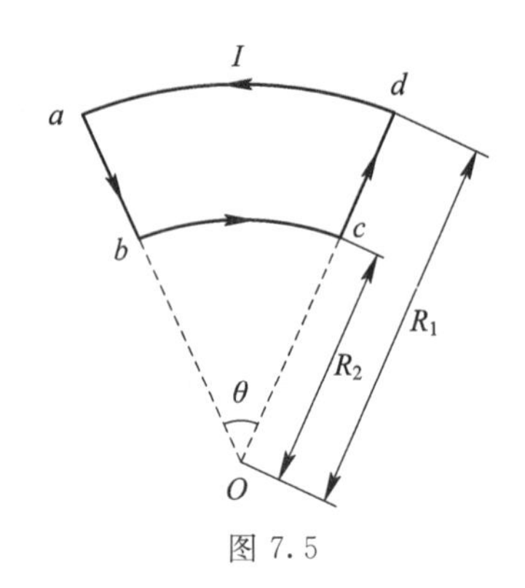

图 7.5

【思路解析】 本题目是已知电流的分布求场点——圆心 O 点处的磁感应强度的问题。

整个的载流导线回路 $abcd$ 可以分割为 ab，bc，cd，da 四个部分。这四个部分又可分为特征相似的两组。

da 和 bc 两段导线是以 O 点为圆心，半径分别为 R_1 和 R_2 的两段圆弧，且圆弧所对应的圆心角都为 θ。

ab 和 cd 段则都是圆半径上的有限长电流。根据毕奥-萨伐尔定律，无论 $I\mathrm{d}\boldsymbol{l}$ 与 $\boldsymbol{r}$ 是平

行还是反平行，在沿着电流的方向上，或电流方向的延长线上，该电流元激发的磁感应强度都为零。因此，这两段载流导线在 O 点处激发的磁场的磁感应强度为零。

因此，本题目需要求解是圆心角已知、半径已知、电流的大小已知的一段圆弧形的载流导线，其在圆心处所激发的磁场的问题。回顾前面的内容精讲中的典型载流导线激发的磁感应强度求解方法，可以很快整理出本题的求解思路。

当然，本题也可以先按照毕奥-萨伐尔定律，求解出一段圆弧形的电流在其圆心处的磁场，后续就可以直接将其结果应用于其他问题的求解了。

【计算详解】 根据毕奥-萨伐尔定律，先计算一下半径为 R_1 的 da 段圆弧形导线，在圆心 O 点处的磁感应强度。

在圆弧电流 da 上任取一电流元 $I\mathrm{d}\boldsymbol{l}$，电流元的矢量方向沿着电流的方向，则根据毕奥-萨伐尔定律，该电流元在 O 点处激发的磁场的磁感应强度为

$$\mathrm{d}\boldsymbol{B}=\frac{\mu_0}{4\pi}\frac{I\mathrm{d}\boldsymbol{l}\times\boldsymbol{r}}{r^3}=\frac{\mu_0}{4\pi}\frac{I\mathrm{d}\boldsymbol{l}\times\boldsymbol{R}_1}{R_1^3} \tag{7-6}$$

式中的 $\boldsymbol{r}$ 在本题中是指从该电流元 $I\mathrm{d}\boldsymbol{l}$ 指向 O 点的位矢 $\boldsymbol{R}_1$。该位矢的大小等于 R_1，而方向指向圆心。该电流元 $I\mathrm{d}\boldsymbol{l}$ 所激发的磁感应强度 $\mathrm{d}\boldsymbol{B}$ 的矢量方向为：电流元 $I\mathrm{d}\boldsymbol{l}$ 的矢量方向叉乘位矢 $\boldsymbol{R}_1$ 的方向，或者说 $\mathrm{d}\boldsymbol{B}$ 矢量的方向垂直于 $I\mathrm{d}\boldsymbol{l}$ 矢量和位矢 $\boldsymbol{R}_1$ 所在的平面，即在 O 点处是垂直于纸面向外的。

当然，也可以根据右手螺旋法则，让电流的方向指向右手四指弯曲的方向，则右手大拇指的方向即该点处的磁场方向。

其实，本题的核心和关键点恰在圆弧段上的任意电流元 $I\mathrm{d}\boldsymbol{l}$ 看似分布的方向各异，各个电流元的位矢也不同，但是，每个电流元 $I\mathrm{d}\boldsymbol{l}$ 叉乘该点的位矢之后所激发的磁感应强度矢量 $\mathrm{d}\boldsymbol{B}$ 却具有完全相同的方向。既然如此，就可以先计算出各个电流元 $I\mathrm{d}\boldsymbol{l}$ 在 O 点处产生的磁感应强度的大小，再积分，有

$$B_{da}=\int\mathrm{d}B=\int_0^l\frac{\mu_0}{4\pi}\frac{I\mathrm{d}l}{R_1^2}=\frac{\mu_0 I}{4\pi R_1^2}\int_0^\theta R_1\,\mathrm{d}\theta=\frac{\mu_0 I\theta}{4\pi R_1} \tag{7-7}$$

类似地，可得到圆弧形的载流导线 bc 段在 O 点处产生的磁感应强度的大小

$$B_{bc}=\int\mathrm{d}B=\frac{\mu_0 I}{4\pi R_2^2}\int_0^\theta R_2\,\mathrm{d}\theta=\frac{\mu_0 I\theta}{4\pi R_2} \tag{7-8}$$

不同的是 bc 段的电流方向与 da 段的相反，因此可以相应地得到，bc 段在 O 点处激发的磁场的方向是垂直于纸面，指向纸面内。

由于半径 R_2 小于 R_1，则 bc 段的电流所激发的磁感应强度数值上将大于 da 段，故若取垂直于纸面向内为正，则整个扇形载流回路在 O 点产生的磁感应强度的大小为

$$B=B_{bc}-B_{da}=\frac{\mu_0 I\theta}{4\pi R_2}-\frac{\mu_0 I\theta}{4\pi R_1}$$

【讨论与拓展】 本题目通过求解毕奥-萨伐尔定律，得到了一段圆心角为 θ 的圆弧形导线在其圆心处所激发的磁感应强度大小的计算式，即 $B=\frac{\mu_0 I\theta}{4\pi R}$。也可以将其改写成

$$B=\left(\frac{\mu_0 I}{2R}\right)\cdot\left(\frac{\theta}{2\pi}\right)$$

这样圆弧段在圆心处激发的磁感应强度的大小，可以理解为 $\frac{\theta}{2\pi}$ 倍的圆形载流导线在其圆心

处的磁场$\frac{\mu_0 I}{2R}$，其中的$\frac{\theta}{2\pi}$相当于是圆弧所对应的圆心角占整个圆形的圆心角的百分数。

类似地，如果已知一段流有电流为 I 的圆弧形载流导线，其弧长为 l，则利用弧长与圆周长的占比，可以得到在圆心处，该载流导线所激发的磁感应强度的大小为

$$B=\left(\frac{\mu_0 I}{2R}\right)\cdot\left(\frac{l}{2\pi R}\right) \tag{7-9}$$

【例题 7-3】 将一无限长直导线弯成如图 7.6 所示的形状，其上载有电流 I，计算圆心 O 点处的磁感应强度。

【思路解析】 本题目是已知电流分布，求解待求场点的磁场的问题。

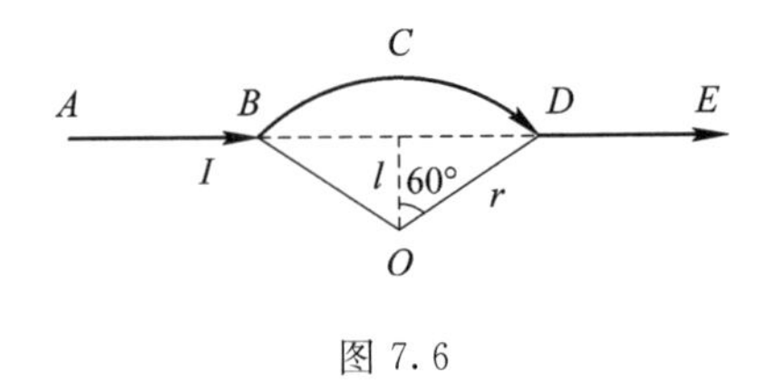

图 7.6

本题与例题 7-2 类似的是电流分布中都存在一段圆弧形的载流导线，不同的是本题目中还存在两段直线段。因此，本题目需要根据题给条件，将整个载流导线 $ABCDE$ 分割为三个部分，即半无限长直导线 AB 和 DE 段以及 BCD 圆弧段来分别进行讨论。

【计算详解】 如图 7.6 所示，圆心 O 处的磁感应强度是由 AB、DE 和一段圆弧形导线 BCD 三部分的电流所激发的磁场叠加而成的。

(1) 圆弧 BCD 段在 O 处激发的磁感应强度的计算：

由于 BCD 段的圆弧对应的弧长为整个圆周长的$\frac{1}{3}$，参考例题 7-2 中的式(7-9)，则该段圆弧形载流导线在 O 处激发的磁感应强度的大小为

$$B_{BCD}=\left(\frac{\mu_0 I}{2r}\right)\cdot\left(\frac{1}{3}\right)=\frac{\mu_0 I}{6r} \tag{7-10}$$

方向垂直于纸面向里。

(2) 半无限长直载流导线段在 O 处激发的磁感应强度的计算：

载流长直导线段 AB 及 DE 段在 O 处产生磁感应强度，可利用毕奥-萨伐尔定律求解。也可以直接利用典型直导线磁感应强度的计算公式，结合叠加原理求解。

已知一段长度为 L 的载流直导线，电流为 I，在距离载流导线直线距离为 l 处的磁感应强度大小的计算公式为

$$B=\frac{\mu_0 I}{4\pi l}(\cos\theta_1-\cos\theta_2) \tag{7-11}$$

式中的 θ_1 和 θ_2 分别为沿着载流直导线方向的直导线两端的电流元与其到 O 点的位矢间的夹角。

结合本题，计算 AB 段载流直线段所激发的磁场，重要的是先确定出式(2)中的 l、θ_1 和 θ_2。其中 l 的计算按照题意，有

$$l=r\cos 60°=\frac{r}{2}$$

AB 段两端的电流元分别位于无限远处以及 B 点处，因此，可得直导线两端的电流元与其到 O 点的位矢之间的夹角分别为

$$\theta_1\approx 0°,\ \theta_2=30°$$

故

$$B_{AB}=\frac{\mu_0 I}{4\pi l}(\cos\theta_1-\cos\theta_2)=\frac{\mu_0 I}{2\pi r}\left(1-\frac{\sqrt{3}}{2}\right) \tag{7-12}$$

AB 段电流产生的磁感应强度的方向垂直于纸面向里。

同理，半无限长载流直导线 DE 段在 O 点处产生磁感应强度的大小为

$$B_{DE}=\frac{\mu_0 I}{4\pi l'}(\cos\theta_1'-\cos\theta_2') \tag{7-13}$$

结合题目所给条件，可确定出式(4)中的 l'、θ_1' 和 θ_2'：

$$l'=l=r\cos60°=\frac{r}{2}$$

$$\theta_1'=150°，\theta_2'\approx180°$$

故

$$B_{DE}=\frac{\mu_0 I}{4\pi l'}(\cos\theta_1'-\cos\theta_2')=\frac{\mu_0 I}{2\pi r}\left(1-\frac{\sqrt{3}}{2}\right) \tag{7-14}$$

DE 段电流产生的磁感应强度的方向垂直于纸面向里。

注意到式(7-10)、式(7-12)、式(7-14)计算出的磁感应强度的方向都是过 O 点垂直纸面指向纸面内的，因此整个载流导线在 O 点所激发的磁感应强度的大小为

$$B=B_{AB}+B_{BCD}+B_{DE}=\frac{\mu_0 I}{2\pi r}\left(1-\frac{\sqrt{3}}{2}\right)+\frac{\mu_0 I}{6r}+\frac{\mu_0 I}{2\pi r}\left(1-\frac{\sqrt{3}}{2}\right)=\frac{\mu_0 I}{6r}+\frac{\mu_0 I}{\pi r}\left(1-\frac{\sqrt{3}}{2}\right)$$

总的磁感应强度的方向为：过 O 点垂直于纸面指向纸面内。

一个有趣的巧合是式(7-14)和式(7-12)计算出的 AB 段和 DE 段载流导线所激发的磁感应强度的大小是相等的，虽然本题目中圆弧段的长度恰为整个圆周长的 $\frac{1}{3}$，但是其他的圆弧段长度的情况，也有类似的结论(具体可参考例题 7-4 中的 ab 及 cd 段)。

【例题 7-4】 若一条细导线被弯成如图 7.7(a)所示的封闭回路 $abcda$ 形状，其中载有电流 I。载流导线回路中 ab、cd 是直线段，其余部分为圆弧形。并且两段圆弧的长度和半径分别为 l_1、R_1 和 l_2、R_2，且两段圆弧共面共心。求：圆心 O 点处的磁感应强度。

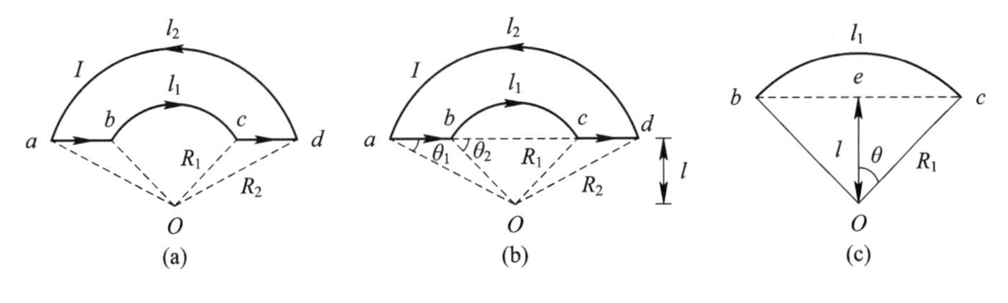

图 7.7

【思路解析】 本题目仍是已知电流分布，求圆心 O 点处由电流激发的磁感应强度的问题。

本题与例题 7-2 类似的是都是带有两段圆弧和两段直线的封闭导线回路，但是不同的是两段直线段导线不再是沿着过圆心的半径方向。因此，本题目仍需要将整个载流导线回路 $abcd$ 分为 ab，bc，cd，da 四段分别进行讨论。

【计算详解】 (1) 圆弧段电流在 O 点处激发的磁场的计算:

如图 7.7(b)所示，参考例题 7-2 中的式(7-9)，已知了圆弧的半径和弧长，则 da、bc 两段圆弧形载流导线，在 O 点处激发的磁感应强度的大小分别为

$$B_{da}=\frac{\mu_0 I}{2R_2}\cdot\frac{l_2}{2\pi R_2}=\frac{\mu_0 I l_2}{4R_2^2\pi} \tag{7-15}$$

$$B_{bc}=\frac{\mu_0 I}{2R_1}\cdot\frac{l_1}{2\pi R_1}=\frac{\mu_0 I l_1}{4R_1^2\pi} \tag{7-16}$$

磁感应强度的方向: da 段在 O 处激发的磁感应强度垂直于纸面向外; bc 段电流激发的磁感应强度的方向垂直于纸面向内。

(2) 直线段电流在 O 点处激发的磁场的计算:

ab 及 cd 两段直载流导线段在 O 点所产生磁感应强度，可以利用毕奥-萨伐尔定律求解。也可以直接利用一段长度为 L 的载流直导线，电流大小为 I，在距离载流导线直线距离为 l 的任意点处的磁感应强度大小的计算式来计算:

$$B=\frac{\mu_0 I}{4\pi l}(\cos\theta_1-\cos\theta_2) \tag{7-17}$$

式中的 θ_1 和 θ_2 分别为沿着载流直导线方向的直导线两端的电流元与其到 O 点的位矢间的夹角。

结合本题，计算 ab 段有限长载流直线段所激发的磁场，需确定出式(7-17)中的 l、θ_1 和 θ_2。

由图 7.7(c)所示，利用题目已知条件，可得

$$l=R_1\cdot\cos\theta=R_1\cdot\cos\frac{\frac{l_1}{2}}{R_1}=R_1\cdot\cos\frac{l_1}{2R_1}$$

本题目的角度及几何关系稍复杂，直接给出了计算的结果，即

$$B_{ab}=B_{cd}=\frac{\mu_0 I}{4\pi\left(R_1\cos\frac{l_1}{2R_1}\right)}\left(-\sin\frac{l_1}{2R_1}+\sin\frac{l_2}{2R_2}\right) \tag{7-18}$$

磁感应强度的方向: ab 段和 cd 段在 O 处激发的磁感应强度的方向都是垂直于纸面向内。

整个载流导线在 O 点处激发的总的磁感应强度是以上各段电流激发的磁感应强度的矢量和。考虑到以上各段电流所激发的磁感应强度的方向。设指向纸面内为正向，则总的磁感应强度的大小为

$$B=B_{ab}+B_{bc}+B_{cd}-B_{da}=\frac{\mu_0 I}{2\pi R_1\cos\frac{l_1}{2R_1}}\left(-\sin\frac{l_1}{2R_1}+\sin\frac{l_2}{2R_2}\right)+\frac{\mu_0 I l_1}{4R_1^2\pi}-\frac{\mu_0 I l_2}{4R_2^2\pi}$$

整段电流在 O 点处产生的磁感应强度的方向垂直于纸面，指向纸面内。

【讨论与拓展】 电流激发的磁场是本章需要讨论的重要问题之一。

分析以上题目的共同特点可以看出: 根据毕奥-萨伐尔定律，先计算出一些典型形状，比如圆形、一段圆弧形、有限长直线等载流导线所激发的磁感应强度，在其他题目的求解计算中，可直接应用这些典型的模型。

需要特别注意的是，磁感应强度是矢量，只有当各个电流元产生的磁场的矢量方向相同时，才能直接进行标量大小的叠加；如果各个电流元产生的磁场的矢量方向不同，则需

要进行矢量叠加。

同时，广泛地应用叠加原理，分段计算，这样可以灵活快速地计算出总的磁感应强度，从而避免复杂的数学计算，使得计算过程相对简便。

以上的例题中，载流导线中的电流的大小都是相同的，如果遇到更复杂的电流分流的情况，求解的方法也是完全类似的。

【例题 7-5】 真空中有一边长为 l 的正三角形导体框架。另有相互平行并与三角形的 bc 边平行的长直导线 1 和 2 分别在 a 点和 b 点与三角形导体框架相连，如图 7.8 所示。已知直导线中的电流为 I。求：正三角形中心点 O 处的磁感应强度。

【思路解析】 本题可以看作是已知电流分布，求解场点的磁感应强度的问题。

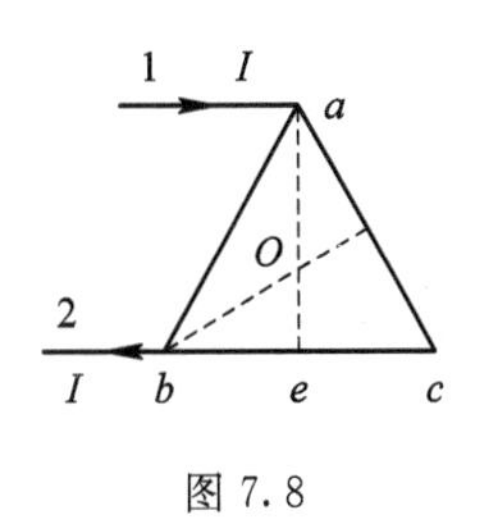

图 7.8

可以分别求解长直导线 1、2 和通电等边三角形框在 O 点的磁感应强度。此题与前面的几个问题唯一不同的点在于，当电流 I 经过三角形导线框中的 $\overline{ab}$ 段和 $\overline{acb}$ 段时，这两段导线可看作分电流的并联状态。

【计算详解】 令 $\boldsymbol{B}_1$、$\boldsymbol{B}_2$、$\boldsymbol{B}_{ab}$ 和 $\boldsymbol{B}_{acb}$ 分别代表长直导线 1、2 以及通电三角形框的 ab 和 acb 边在 O 点产生的磁感应强度。则 O 点处的磁感应强度为

$$\boldsymbol{B}=\boldsymbol{B}_1+\boldsymbol{B}_2+\boldsymbol{B}_{acb}+\boldsymbol{B}_{ab}$$

$\boldsymbol{B}_1$：对 O 点，载流直导线段 1 为半无限长直载流导线，故其产生的磁感应强度的大小为

$$B_1=\frac{\mu_0 I}{4\pi(\overline{Oa})}(\cos 0°-\cos 90°)=\frac{\mu_0 I}{4\pi(\overline{Oa})} \tag{7-19}$$

$\boldsymbol{B}_1$ 的方向垂直于纸面向里。

$\boldsymbol{B}_2$：根据毕奥-萨伐尔定律，有

$$B_2=\frac{\mu_0 I}{4\pi(\overline{Oe})}(\cos 150°-\cos 180°) \tag{7-20}$$

$\boldsymbol{B}_2$ 的方向垂直于纸面向里。

$\boldsymbol{B}_{ab}$ 和 $\boldsymbol{B}_{acb}$：由于 ab 和 acb 并联，有 $I_{ab}\cdot\overline{ab}=I_{acb}\cdot(\overline{ac}+\overline{cb})$。

根据毕奥-萨伐尔定律可求得 ab 段和 acb 段产生的磁感应强度的大小相等，即 $B_{ab}=B_{acb}$，且方向相反。故

$$\boldsymbol{B}_{ab}+\boldsymbol{B}_{acb}=\boldsymbol{0}$$

所以

$$\boldsymbol{B}=\boldsymbol{B}_1+\boldsymbol{B}_2$$

结合题目所给条件，有

$$\overline{Oa}=\frac{\sqrt{3}\,l}{3},\quad \overline{Oe}=\frac{\sqrt{3}\,l}{6}$$

代入式(7-19)、式(7-20)，则在 O 点，整个载流导线激发的磁感应强度 $\boldsymbol{B}$ 的大小为

$$B=\frac{3\mu_0 I}{4\pi\sqrt{3}\,l}+\frac{6\mu_0 I}{4\pi\sqrt{3}\,l}\left(1-\frac{\sqrt{3}}{2}\right)=\frac{3\mu_0 I}{4\pi l}(\sqrt{3}-1)$$

磁感应强度的方向：过 O 点垂直于纸面指向纸面内。

【例题 7-6】 有一段长度为 b 的均匀带电直导线段 AB，其电荷的线密度为 λ，若在距离其一端为 a 的 O 点，如图 7.9(a)所示，绕垂直于纸面过 O 点的轴，以匀角速度 ω 在纸面内转动，求带电直导线段 AB 在 O 点产生的磁感应强度。

【思路解析】 本题目是要计算圆心 O 点处的磁感应强度。这是比较典型的由于带电体运动而产生运动电流，进而激发磁场的问题。

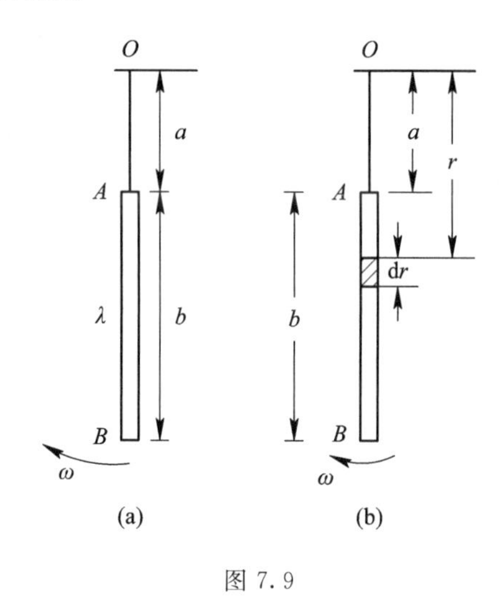

图 7.9

由于带电线段 AB 上不同的位置处在绕 O 点转动过程中的半径及线速度的不同，可在如图 7.9(b)所示的长度为 b 的直导线段上，距离 O 点为 r 处，取宽度为 dr 的一小段线元，因为直导线段 AB 上的电荷线密度为 λ，则这一小段线元上的带电量为 dq。当这一个 $dq=\lambda dr$ 的带电单元以角速度 ω 旋转时，可以将其看作形成了等效电流为 dI 的圆环形电流。根据电流强度的定义，可以得到 $dI=dq/T$，式中 T 是转动周期，$T=2\pi/\omega$。若采用题给的已知物理量来表示，则相当于是 dq 形成了一个以 O 点为圆心的圆环形电流：

$$dI=\frac{\omega dq}{2\pi}$$

根据圆环形电流 dI 在圆心处的磁感应强度 $d\boldsymbol{B}$ 的求解公式，同时考虑多个微小圆环形电流 dI 在 O 点激发磁场 $d\boldsymbol{B}$ 的叠加，将很容易地计算出总的磁感应强度 $\boldsymbol{B}$。

【计算详解】 如图 7.9(b)所示，在 AB 上任取一线元 dr，其上带电量为 $dq=\lambda dr$，当 AB 以角速度 ω 绕轴转动时，形成的环形电流的电流强度为

$$dI=\frac{\omega dq}{2\pi}=\frac{\omega\lambda dr}{2\pi}$$

则圆环形电流 dI 在其圆心 O 点产生的磁感应强度 $d\boldsymbol{B}$ 的大小为

$$dB=\frac{\mu_0 dI}{2r}=\frac{\mu_0}{2r}\frac{\omega\lambda dr}{2\pi}=\frac{\lambda\omega\mu_0}{4\pi}\frac{dr}{r}$$

由于任一圆环形电流 dI 所产生的磁感应强度 $d\boldsymbol{B}$ 的方向都相同，则整个长度为 b 的均匀带电直导线段 AB，在 O 点产生的总的磁感应强度 $\boldsymbol{B}$ 的大小为

$$B=\int_a^{a+b}\frac{\lambda\omega\mu_0}{4\pi}\frac{dr}{r}=\frac{\lambda\omega\mu_0}{4\pi}\ln\frac{a+b}{a}$$

$\boldsymbol{B}$ 的方向：结合题给条件及右手螺旋法则可知，当 $\lambda>0$ 时，磁感应强度的方向是垂直于纸面向里；反之则向外。

【讨论与拓展】 本题目是比较典型的因为带电体的运动产生的“运流电流”，这类电流激发的磁场问题，只要是找到了等效的“电流”，后续的磁场求解等问题都会迎刃而解了。

【例题 7-7】 有一闭合导线回路，由半径为 a 和 b 的两个同心共面半圆连接而成，如图 7.10 所示。导线上的电荷均匀分布，其电荷线密度为 λ。当回路以匀角速度 ω 绕过 O 点，垂直于回路平面的轴转动时，求：圆心 O 点处的磁感应强度。

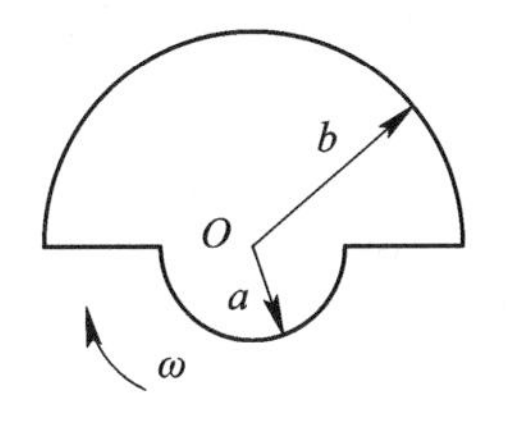

图 7.10

【思路解析】 本题目与例题 7-6 类似，也是因为带电导线的运动而产生等效的电流，进而计算因为这些“等效的电流”所产生的磁场的磁感应强度问题。

本题目中的整个回路可划分成两组、四个部分：其中，一组是半径分别为 a 和 b 的两个半圆形线圈在绕轴转动过程中，相当于形成了两个半径分别为 a 和 b 的圆形电流；另外一组是其中的两个直线段部分，在绕轴旋转过程中，相当于形成了“等效”的环形电流。总的磁场应为这几个部分的电流产生的磁场的总和。

【计算详解】 设 $\boldsymbol{B}_1$、$\boldsymbol{B}_2$ 分别为带电的大半圆线圈和小半圆线圈转动产生的磁感应强度，$\boldsymbol{B}_3$ 为沿直径的带电线段转动产生的磁感应强度。

利用电流的定义，有

$$I_1=\frac{\pi\lambda\omega b}{2\pi},\quad I_2=\frac{\pi\lambda\omega a}{2\pi}$$

借助于圆形电流在圆心处产生的磁感应强度大小的计算公式，有

$$B_1=\frac{\mu_0 I_1}{2b}=\frac{\mu_0}{2b}\cdot\frac{\pi\lambda\omega b}{2\pi}=\frac{\mu_0\lambda\omega}{4}$$

$$B_2=\frac{\mu_0 I_2}{2a}=\frac{\mu_0}{2a}\cdot\frac{\pi\lambda\omega a}{2\pi}=\frac{\mu_0\lambda\omega}{4}$$

类似地，两个直线段部分有

$$\mathrm{d}I_3=\frac{2\lambda\omega\mathrm{d}r}{2\pi}$$

则由于任一电流元 $\mathrm{d}I$ 在 O 点处激发的磁场方向均相同，磁感应强度均为垂直于纸面向内。

故总的直线段在 O 点处产生的磁感应强度的大小为

$$B_3=\int_a^b\frac{\mu_0\lambda\omega}{2\pi}\cdot\frac{\mathrm{d}r}{r}=\frac{\mu_0\lambda\omega}{2\pi}\ln\frac{b}{a}$$

综上，总的磁感应强度应为这几个部分电流产生的磁感应强度的矢量和，由于各段等效电流在 O 点产生的磁感应强度的方向都相同，故总的磁感应强度 $\boldsymbol{B}$ 的大小为

$$B=B_1+B_2+B_3$$

即

$$B=\frac{\mu_0\lambda\omega}{2\pi}\left(\pi+\ln\frac{b}{a}\right)$$

磁感应强度 $\boldsymbol{B}$ 的方向：当 $\lambda>0$ 时，磁感应强度的方向过 O 点垂直于纸面，指向纸面内；反之则相反。

【例题 7-8】 如图 7.11(a)所示，一半径为 R_1 的无限长的导体圆柱，其内有一半径为 R_2 的无限长圆柱形空腔，圆柱形导体与空腔的轴线相互平行，两轴线间距离为 a[$R_2<a<$

(R_1-R_2)]，电流 I 沿导体轴线方向，沿着 z 轴正向流动，且均匀地分布在导体的横截面上。求：

(1) 圆柱体轴线上的磁感应强度；

(2) 空腔部分的轴线上的磁感应强度。

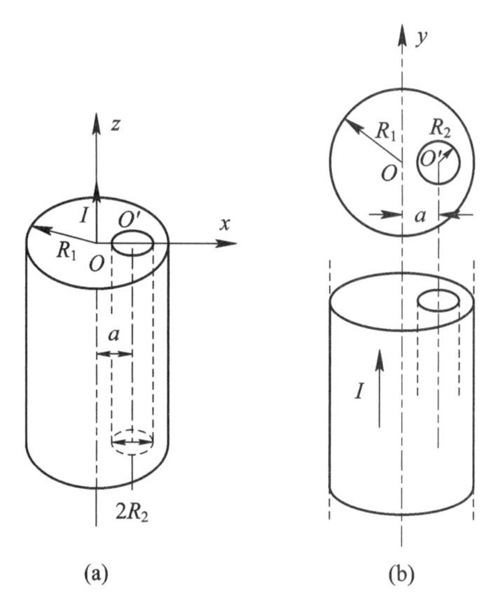

图 7.11

【思路解析】 本题的电流分布其实不具有传统意义上的球、柱或面对称性。但是仔细观察可以发现，利用叠加原理，只要没有改变最初空间中的电流分布，则电流所激发的磁场就和原来没有区别。

【计算详解】 结合题目已知的电流分布，设无限长的圆柱形导体部分电流向上，大小为 I_1，均匀流过半径为 R_1 的圆柱形导体；在空腔部分，有向下流动的电流，大小为 I_2，电流均匀分布在半径为 R_2 的如图 7.11(b)所示的空腔内部，其中

$$I_1=\frac{I}{\pi(R_1^2-R_2^2)}\pi R_1^2=\frac{I}{R_1^2-R_2^2}R_1^2$$

$$I_2=\frac{I}{\pi(R_1^2-R_2^2)}\pi R_2^2=\frac{I}{R_1^2-R_2^2}R_2^2$$

可以看出，在空腔的内部，两个相反方向的电流 $I_1-I_2=0$；而空腔的外部，无限长圆柱形含空腔导体圆柱的电流恰是 I_1。因此，这样的电流分布与题目所给的条件相比没有任何区别。

但是，圆柱体轴线上一点 O 的磁感应强度 $\boldsymbol{B}_O$，可看作是为 I_1 和 I_2 单独存在时产生的磁感应强度 $\boldsymbol{B}_{O1}$ 和 $\boldsymbol{B}_{O2}$ 的矢量和，即

$$\boldsymbol{B}_O=\boldsymbol{B}_{O1}+\boldsymbol{B}_{O2}$$

因为

$$R_1=0,\quad \boldsymbol{B}_{O1}=0$$

根据磁场的安培环路定理：

$$\oint_L \boldsymbol{B}\cdot \mathrm{d}\boldsymbol{l}=\mu_0\sum I_i$$

可得圆柱轴线上 O 点的磁感应强度的大小为

$$B_O=B_{O2}=\frac{\mu_0 IR_2^2}{2\pi a(R_1^2-R_2^2)}$$

磁感应强度的方向可以按照右手螺旋法则得到。

同理，空腔轴线上 O' 点的磁感应强度为

$$\boldsymbol{B}_{O'}=\boldsymbol{B}_{O'1}+\boldsymbol{B}_{O'2}$$

其中 $\boldsymbol{B}_{O'1}$ 和 $\boldsymbol{B}_{O'2}$ 分别是 I_1 和 I_2 单独存在时在 O' 处产生的磁场。

因为

$$R_2=0,\quad \boldsymbol{B}_{O'2}=0$$

故空腔轴线上 O' 点的磁感应强度的大小为

$$B_{O'}=B_{O'1}=\frac{\mu_0 Ia}{2\pi(R_1^2-R_2^2)}$$

空腔轴线上 O' 点的磁感应强度的方向，可按照右手螺旋法则判断出，由于 I_1 的电流方向向上，则该点的磁感应强度的方向在图 7.11(b)中仍是沿着 y 轴的正向。

【例题 7-9】 一无限长直载流导线，其电流为 I，沿着坐标系中的 y 轴负向流动。在该电流产生的磁场中，有一个与导线共面的矩形平面线圈 $cdef$。线圈的 cd 和 ef 边与长直导线平行，线圈的尺寸和其与长直导线的距离如图 7.12 所示。现在使平面线圈沿其平面法线方向 $\boldsymbol{n}$（平行 z 轴）移动距离 Δz，求：在此位置上通过矩形线圈的磁通量。

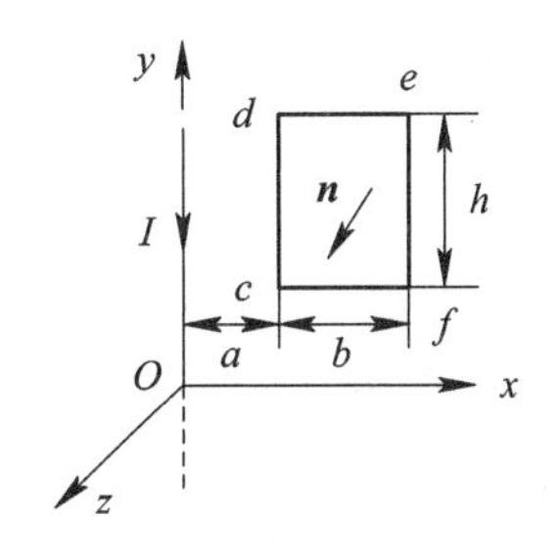

图 7.12

【思路解析】 本题是典型的由无限长直载流导线在空间中产生非均匀磁场，求解在非均匀的磁场中通过某一平面的磁通量的问题。

根据题目所给条件，需要求解出平面矩形线圈 $cdef$ 沿 z 轴移动到图 7.13(a)所示的 Δz 距离位置时，通过该矩形线圈的磁通量。

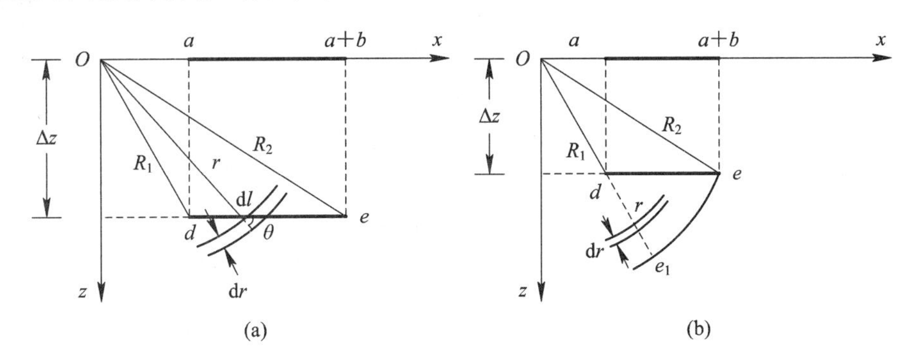

图 7.13

【计算详解】 如图 7.13(a)所示，电流沿 y 轴负向流动，则线圈平面沿 z 轴正向平行移动 Δz 后，在距离电流为 $R_1\sim R_2$ 范围内的磁感应线都能穿过该线圈平面。其中 R_1 和 R_2 分别为矩形线圈 dc 段和 ef 段到 y 轴的距离，即

$$R_1=\sqrt{\Delta z^2+a^2}$$

$$R_2=\sqrt{\Delta z^2+(a+b)^2}$$

根据磁通量的定义，有

$$\begin{aligned}\Phi_{\mathrm{m}} &= \Phi_{dcfe} = \int_{S_{dcfe}} \boldsymbol{B}\cdot \mathrm{d}\boldsymbol{S} = \int \frac{\mu_0 I}{2\pi r}\cdot \cos\theta \cdot h\mathrm{d}l \\ &= \int \frac{\mu_0 I}{2\pi r}h\cdot(\mathrm{d}l\cdot\cos\theta) = \int_{R_1}^{R_2}\frac{\mu_0 I}{2\pi r}h\,\mathrm{d}r \\ &= \frac{\mu_0 Ih}{2\pi}\ln\frac{R_2}{R_1} = \frac{\mu_0 Ih}{2\pi}\ln\frac{\Delta z^2+(a+b)^2}{\Delta z^2+a^2}\end{aligned} \tag{7-21}$$

【讨论与拓展】 计算磁通量的主要方法是依照定义式 $\Phi_{\mathrm{m}} = \int \boldsymbol{B}\cdot \mathrm{d}\boldsymbol{S}$；另一种方法是利用磁通量的物理含义，即穿过待求面积的磁场线的条数。

如图 7.13 (b)所示，可以看出，能穿过矩形线圈 $dcfe$ 平面的磁通量，都将能穿过 $dcfe_1$ 矩形线圈。$dcfe_1$ 是与 y 轴共面，距 y 轴为 R_1 到 R_2 的矩形线圈，图 7.13(b)中可看到其 de_1 边。

而穿过 $dcfe_1$ 矩形线圈的磁通量计算相对简单，按照磁通量的定义，有

$$\Phi_{\mathrm{m1}} = \Phi_{dcfe_1} = \int_{S_{dcfe_1}} \boldsymbol{B}\cdot \mathrm{d}\boldsymbol{S} = \int_{R_1}^{R_2}\frac{\mu_0 I}{2\pi r}h\,\mathrm{d}r = \frac{\mu_0 Ih}{2\pi}\ln\frac{R_2}{R_1} = \frac{\mu_0 Ih}{2\pi}\ln\frac{\Delta z^2+(a+b)^2}{\Delta z^2+a^2} \tag{7-22}$$

可以看出，穿过 $dcfe_1$ 矩形线圈的磁通量的计算公式与穿过 $dcfe$ 矩形线圈的磁通量的计算公式完全相同。显然，通过这两个矩形线圈的磁通量是相等的。

需要注意的是磁通量是有正负的。

对于封闭的曲面，总是规定由曲面内指向曲面外的方向作为曲面上任意一个面元的法线正方向；对于非封闭的曲面，只要提前说明要选哪个面作为曲面法向正向即可。

如图 7.13(a)所示，在计算穿过矩形线圈 $dcfe$ 平面的磁通量时，磁场的方向与线圈平面的法线方向间是有夹角的。以其中任意位置 r 处，长度为 $\mathrm{d}l$，面积为 $h\mathrm{d}l$ 的小面元为例。该面元的法线方向与该面元所在位置处的磁感应强度矢量方向之间的夹角为 θ，因为夹角为锐角，因此，当选取面元的法向与磁场的方向之间的夹角为锐角时，该磁通量的计算结果为正。

如图 7.13(b)所示，穿过 $dcfe_1$ 矩形线圈的磁通量的计算中，取垂直于 $dcfe_1$ 的方向为该面的法线正向。在该平面中，以任意位置 r 处，长度为 $\mathrm{d}r$，面积为 $h\mathrm{d}r$ 的小面元为例，则该面元的法线方向与该面元所在位置处的磁感应强度矢量之间的夹角为零，即取面元的法向与该面元所在处的磁场方向一致。这时，计算出的穿过 $dcfe_1$ 矩形线圈的磁通量结果也为正。

【例题 7-10】 如图 7.14(a)所示，一无限长直载流导线，通有电流 I_1，旁边放置一个共面直角三角形的回路 abc，求：通过三角形 abc 回路的磁通量。

【思路解析】 本题中对穿过三角形 abc 回路线圈平面的磁通量的求解，类似于例题 7-9 中的与电流共面的 $dcfe_1$ 矩形线圈平面中的磁通量求解时的情况，只是回路形状发生了变化，从矩形变为了三角形。

【计算详解】 如图 7.14(b)所示，取如图中阴影部分所示的一个窄条的面积作为面元 $\mathrm{d}\boldsymbol{S}$。该面元距电流 I_1 为 r，宽度为 $\mathrm{d}r$。其面积的大小为 $\mathrm{d}S=(r-d)\tan60^\circ\cdot\mathrm{d}r$。因此，如果选取该面元的法线方向为垂直于纸面向内，则穿过该面元 $\mathrm{d}\boldsymbol{S}$ 的磁通量 $\mathrm{d}\Phi_{\mathrm{m}}$ 为

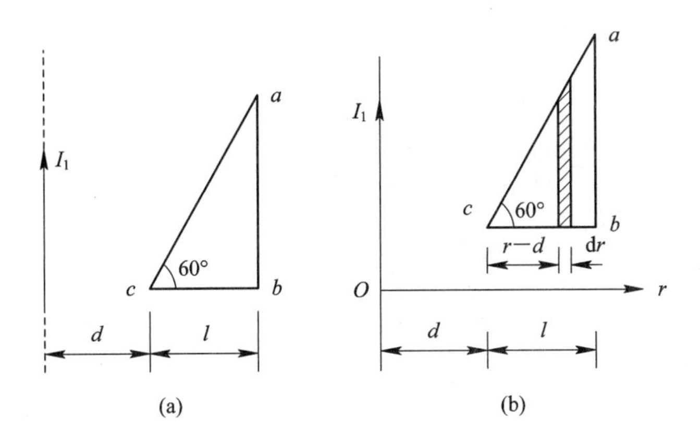

图 7.14

$$d\Phi_m = \boldsymbol{B}\cdot d\boldsymbol{S} = B\cdot \cos0°\cdot[(r-d)\tan60° dr] = \frac{\mu_0 I_1\sqrt{3}}{2\pi r}(r-d)dr$$

故穿过整个三角形 abc 回路的磁通量为

$$\Phi_m = \frac{\sqrt{3}\mu_0 I_1}{2\pi}\int_d^{d+l}\left(1-\frac{d}{r}\right)dr = \frac{\sqrt{3}\mu_0 I_1}{2\pi}\left(l-d\ln\frac{d+l}{d}\right) \tag{7-23}$$

【讨论与拓展】 本题中的三角形 abc 回路中穿过的磁通量是否为如图 7.15(a)中所示的矩形回路中的磁通量的一半呢？答案当然是否定的。带着这个疑问，我们来求解下面的拓展例题 7-10-1。

【拓展例题 7-10-1】 如图 7.15(a)中所示，若在一通有电流 I_1 的无限长直导线旁边放置一矩形回路 $abcd$，且回路与长直导线共面。求：通过矩形回路 $abcd$ 的磁通量。

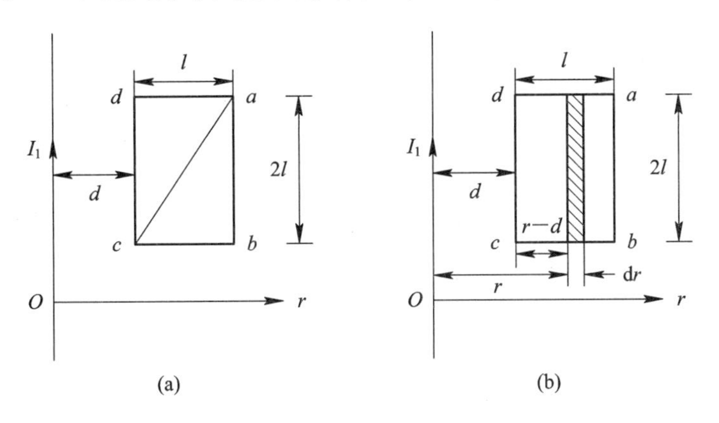

图 7.15

【解析】 本题中的矩形线圈与无限长载流直导线共面，磁通量的求解并不困难。直接按照磁通量的定义求解即可。

如图 7.15(b)所示，取如图中阴影部分所示的窄条面积作为小面元 $d\boldsymbol{S}$。该小面元距电流 I_1 为 r，宽度为 dr。其面积的大小为 $dS=2l\cdot dr$。

因此，如果选取该面元的法线方向为垂直于纸面向内，则穿过该面元的磁通量为

$$d\Phi_m = \boldsymbol{B}\cdot d\boldsymbol{S} = B\cdot\cos0°\cdot 2l dr = \frac{\mu_0 I_1}{\pi r} l\, dr$$

因此，通过矩形 $abcd$ 回路的磁通量为

$$\Phi_{\mathrm{m}}=\frac{\mu_0 I_1 l}{\pi}\int_d^{d+l}\frac{\mathrm{d}r}{r}=\frac{\mu_0 I_1 l}{\pi}\ln\frac{d+l}{d} \tag{7-24}$$

【讨论与拓展】 比较拓展例题 7-10-1 中的式(7-24)与例题 7-10 中的式(7-23)，可以看出，虽然矩形线圈的面积是三角形线圈面积的 2 倍，但是，显然，矩形线圈中通过的磁通量并不等于通过三角形线圈的磁通量的 2 倍。

原因很简单，在非均匀的磁场中，如图 7.15(a)所示，三角形 abc 回路面积中穿过的磁通量，并不等于三角形 cda 回路面积中穿过的磁通量。

小结一下，在非均匀磁场中，磁通量的计算步骤如下：

① 先选取合适的面元 $\mathrm{d}\boldsymbol{S}$；

② 按照磁通量的定义，计算出穿过该面元的 $\mathrm{d}\Phi_{\mathrm{m}}=\boldsymbol{B}\cdot\mathrm{d}\boldsymbol{S}$；

③ 通过积分，求解出通过整个回路面积上的磁通量 $\Phi_{\mathrm{m}}=\int\mathrm{d}\Phi_{\mathrm{m}}=\int_S\boldsymbol{B}\cdot\mathrm{d}\boldsymbol{S}$。

需要特别强调的是，绝对不能通过对待求面积中不同位置处的磁感应强度积分，先求出磁感应强度的平均，再乘以回路的总面积的方法求解磁通量。虽然在某些特定问题中，可能会出现计算结果恰好相同的情况。但是，对非均匀磁场中磁通量的求解，这种方法对应的物理概念和意义都是完全错误的。

【例题 7-11】 如图 7.16(a)所示，一无限长直导线，通有电流 I_1，旁边放置一个直角三角形回路 abc，回路中通有电流 I_2，回路与长直导线共面。求：直角三角形 abc 各边所受到的安培力。

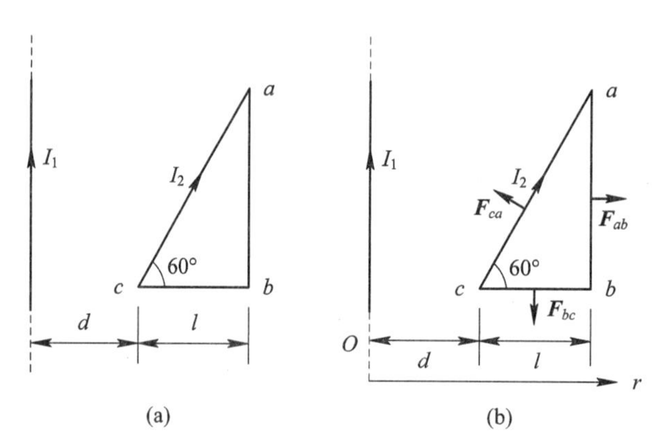

图 7.16

【思路解析】 本题是一个已知非均匀磁场，求解处于非均匀磁场中通电导线受到安培力的典型问题。

可以将载流三角形 abc 回路分为 ca、ab、bc 三段分别考虑。在各段上，选取合适的电流元，利用安培力的计算公式求解。

【计算详解】 如图 7.16(b)所示，根据安培力的计算公式 $\mathrm{d}\boldsymbol{F}=I\mathrm{d}\boldsymbol{l}\times\boldsymbol{B}$，式中的磁感应强度的大小为 $B=\frac{\mu_0 I_1}{2\pi r}$，$r$ 为所求场点到无限长载流直导线 I_1 的距离。三角形 abc 回路三个边的电流元的方向均与该电流元所在处的磁感应强度的方向垂直。于是，在电流 I_1 的磁场中三角形 abc 回路上各段所受到的安培力分别如下：

(1) ca 段受力。

在 ca 段上沿电流 I_2 的方向，任取一段电流元 $I_2\mathrm{d}\boldsymbol{l}$，则该电流元受到的安培力的大小为

$$\mathrm{d}F_{ca}=I_2B\mathrm{d}l=I_2\frac{\mu_0 I_1}{2\pi r}\cdot\frac{\mathrm{d}r}{\cos 60^\circ}=\frac{\mu_0 I_1 I_2}{\pi}\cdot\frac{\mathrm{d}r}{r}$$

因为 ca 段上各个电流元产生的安培力的方向都相同，故该段电流所受安培力 $\boldsymbol{F}_{ca}$ 的大小为

$$F_{ca}=\frac{\mu_0 I_1 I_2}{\pi}\int_d^{d+l}\frac{\mathrm{d}r}{r}=\frac{\mu_0 I_1 I_2}{\pi}\ln\frac{d+l}{d}$$

$\boldsymbol{F}_{ca}$ 的方向如图 7.16(b)所示。

(2) ab 段受力。

由于各电流元所在处的磁感应强度的大小都相同，故 $\boldsymbol{F}_{ab}$ 的大小为

$$F_{ab}=I_2B\,\overline{ab}=\frac{\sqrt{3}\mu_0 l I_1 I_2}{2\pi(d+l)}$$

$\boldsymbol{F}_{ab}$ 的方向如图 7.16(b)所示。

(3) bc 段受力。

在 bc 段上沿电流的方向，任取距离电流 I_1 为 r 的一段电流元 $I_2\mathrm{d}\boldsymbol{l}$，则该电流元受到的安培力的大小为

$$\mathrm{d}F_{bc}=I_2B\mathrm{d}l=I_2\frac{\mu_0 I_1}{2\pi r}\cdot\mathrm{d}r=\frac{\mu_0 I_1 I_2}{2\pi}\cdot\frac{\mathrm{d}r}{r}$$

因为 bc 段上各个电流元产生的安培力的方向都相同，故该段电流所受安培力 $\boldsymbol{F}_{bc}$ 的大小为

$$F_{bc}=\frac{\mu_0 I_1 I_2}{2\pi}\int_d^{d+l}\frac{\mathrm{d}r}{r}=\frac{\mu_0 I_1 I_2}{2\pi}\ln\frac{d+l}{d}$$

$\boldsymbol{F}_{bc}$ 的方向如图 7.16(b)所示。

【讨论与拓展】 磁场中载流导线的受力问题可以利用安培力公式计算。尤其需要注意的是安培力是矢量，具体计算过程中可以将其大小和方向分别讨论。但是，同一个等式的两边不能等号的左边是安培力的矢量公式，而在等号的右边却给出标量的计算结果。

【例题 7-12】 如图 7.17(a)所示，一个半径为 R 的球面上均匀分布电荷，电荷面密度为 σ，当它以角速度 ω 绕如图中所示的 y 轴旋转时。求：

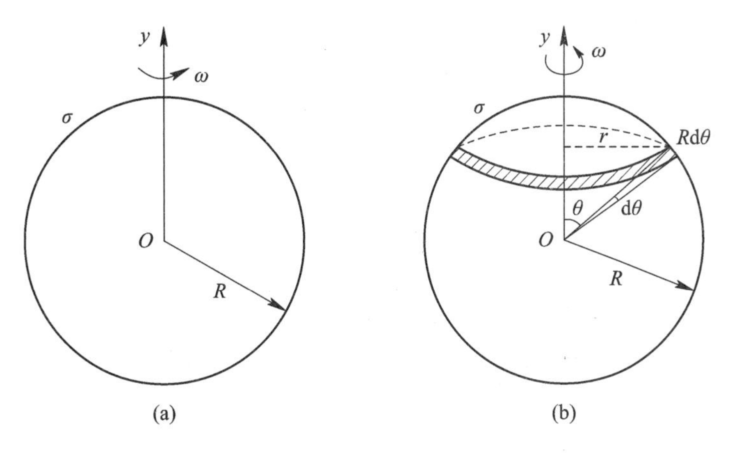

图 7.17

(1) 在球心 O 点处的磁感应强度；

(2) 整个球面的磁矩。

【思路解析】 本题目可以将绕 y 轴旋转的均匀带电球面，视为由无数个位于球面上的同轴圆形电流环组成的。这些彼此平行且紧密相靠的载流圆形电流环的中心都在转轴所在的直径上。计算出任一载流圆形电流在 O 点处的磁场，再结合叠加原理，即可计算出总的磁感应强度。

【计算详解】 (1) 在球心 O 点处的磁感应强度的计算。

如图 7.17(b)所示，在球面上取一个宽度为 $R\mathrm{d}\theta$ 的细圆环，细圆环的半径为 $r=R\sin\theta$，其面积为 $\mathrm{d}S=2\pi(R\sin\theta)R\mathrm{d}\theta$，其上所带电荷量为

$$\mathrm{d}q=\sigma\mathrm{d}S=\sigma 2\pi R^2\sin\theta\mathrm{d}\theta$$

$\mathrm{d}q$ 以角速度 ω 作半径为 r 的圆周运动，所形成的等效“圆电流”$\mathrm{d}I$ 为

$$\mathrm{d}I=\frac{\omega}{2\pi}\mathrm{d}q=\omega\sigma R^2\sin\theta\mathrm{d}\theta$$

它在 O 点产生的磁感应强度的大小为

$$\mathrm{d}B=\frac{\mu_0}{2}\frac{(R\sin\theta)^2\mathrm{d}I}{R^3}=\frac{1}{2}\mu_0\sigma R\omega\sin^3\theta\mathrm{d}\theta$$

$\mathrm{d}\boldsymbol{B}$ 的方向沿 y 轴向上。

由于各带电细圆环在 O 点处产生的 $\mathrm{d}\boldsymbol{B}$ 的方向都相同，所以 O 点处的总磁感应强度的大小为

$$B=\int\mathrm{d}B=\frac{1}{2}\mu_0\sigma R\omega\int_0^\pi\sin^3\theta\mathrm{d}\theta=\frac{1}{2}\mu_0\sigma R\omega\ \frac{4}{3}=\frac{2}{3}\mu_0\sigma R\omega$$

总的磁感应强度的方向沿 y 轴向上。

(2) 磁矩的计算。

按照磁矩的定义，球面上任一个半径为 r、宽为 $\mathrm{d}r$ 的带电细圆环的磁矩 $\mathrm{d}\boldsymbol{p}_\mathrm{m}$ 的大小为

$$\mathrm{d}p_\mathrm{m}=\pi r^2\cdot\mathrm{d}I=\pi(R\sin\theta)^2\omega\sigma R^2\sin\theta\mathrm{d}\theta=\pi R^4\sigma\omega\sin^3\theta\mathrm{d}\theta$$

该磁矩 $\mathrm{d}\boldsymbol{p}_\mathrm{m}$ 的方向取决于该细圆环所在平面的法向，若 $\sigma>0$，取如图 7.17 中 y 轴的方向为该细圆环电流所在平面的法向，这时该磁矩 $\mathrm{d}\boldsymbol{p}_\mathrm{m}$ 的方向沿着 y 轴正向。

由于整个球面上所有的带电细圆环产生的磁矩的方向都相同，故整个球面磁矩 $\boldsymbol{p}_m$ 的大小为

$$p_\mathrm{m}=\int|\ \mathrm{d}\boldsymbol{p}_m\ |=\int_0^\pi\pi R^4\sigma\omega\sin^3\theta\mathrm{d}\theta=\frac{4}{3}\pi R^4\sigma\omega$$

若 $\sigma>0$，则该球面的磁矩的方向沿着 y 轴正向；反之，则相反。

【例题 7-13】 真空中有一半径为 R 的圆形线圈，通有电流 I_1。另有一根长直导线，通有电流 I_2，如图 7.18(a)所示，无限长直导线与圆形线圈平面相互垂直放置，且长直导线与圆形线圈彼此相切(两导线之间是绝缘的)。设圆线圈可绕 y 轴转动，求：圆线圈在图 7.18(a)所示位置时受到的磁力矩。

【思路解析】 本题需要求解的是处于非均匀磁场中的圆形线圈的磁力矩问题。

若在均匀磁场中，已知平面载流线圈的磁矩 $\boldsymbol{p}_\mathrm{m}$，则其受到的磁力矩 $\boldsymbol{M}$ 可直接采用公式 $\boldsymbol{M}=\boldsymbol{p}_\mathrm{m}\times\boldsymbol{B}$ 计算。

而本题中的圆形线圈是处在长直导线的非匀强磁场中，其各个部分所受的磁场力不

同，对 y 轴的力矩也不同。因此必须先计算出任一电流元所受到的磁场力 $\mathrm{d}\boldsymbol{f}$，然后利用力矩的定义，求解出该电流元所受到的磁力矩 $\mathrm{d}\boldsymbol{M}$，再考虑各个 $\mathrm{d}\boldsymbol{M}$ 的方向，综合分析，最终积分求解，计算出整个圆形线圈所受到的磁力矩 $\boldsymbol{M}=\int \mathrm{d}\boldsymbol{M}$。

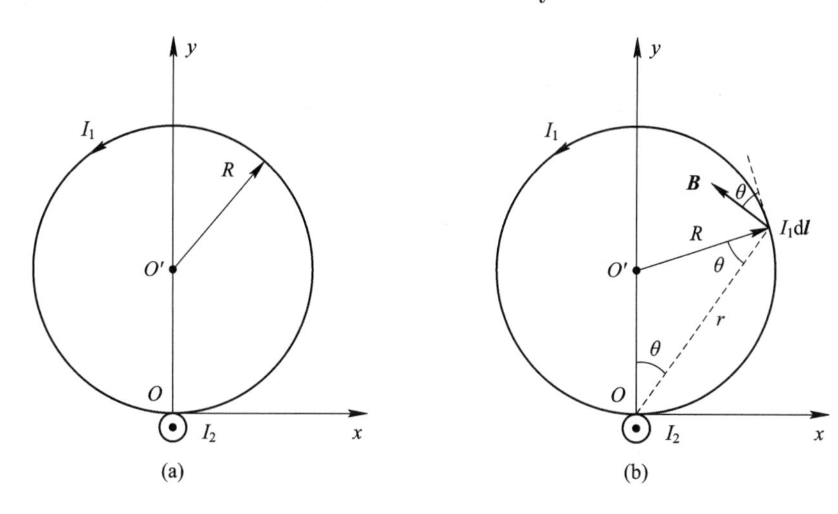

图 7.18

【计算详解】 如图 7.18(b)所示，在圆形线圈上任取一电流元 $I_1\mathrm{d}\boldsymbol{l}$，长直导线在该处的磁感应强度大小为 $B=\dfrac{\mu_0 I_2}{2\pi r}$，磁感应强度的方向如图 7.18(b)中所示。

电流元 $I_1\mathrm{d}\boldsymbol{l}$ 所受的安培力 $\mathrm{d}\boldsymbol{f}$ 的大小为

$$\mathrm{d}f=BI_1\cdot \mathrm{d}l\cdot \sin\theta=\frac{\mu_0 I_1 I_2}{2\pi r}\mathrm{d}l\sin\theta$$

$\mathrm{d}\boldsymbol{f}$ 的方向垂直于线圈所在的平面(即纸面)向外。

安培力 $\mathrm{d}\boldsymbol{f}$ 对 y 轴的力矩 $\mathrm{d}\boldsymbol{M}$ 的大小为

$$\mathrm{d}M=r\mathrm{d}f\sin\theta=\frac{\mu_0 I_1 I_2}{2\pi}\sin^2\theta\mathrm{d}l$$

由图 7.18(b)可知，$\mathrm{d}l=R\mathrm{d}(2\theta)=2R\mathrm{d}\theta$，代入上式，有

$$\mathrm{d}M=\frac{\mu_0 I_1 I_2 R}{\pi}\sin^2\theta\mathrm{d}\theta$$

由于圆线圈上的各个电流元对 y 轴的力矩 $\mathrm{d}\boldsymbol{M}$ 的方向都相同，故整个圆形线圈受到的磁力矩的大小为

$$M=\int \mathrm{d}M=\int_{-\frac{\pi}{2}}^{\frac{\pi}{2}}\frac{\mu_0 I_1 I_2 R}{\pi}\sin^2\theta\mathrm{d}\theta=\frac{1}{2}\mu_0 I_1 I_2 R$$

圆形线圈在此磁力矩的作用下将发生转动。迎着 y 轴看，圆形线圈在该磁力矩的作用下将按照顺时针方向转动。

【讨论与拓展】 结合本题，可以进一步地思考以下问题。

(1) 圆形线圈将怎样运动？

由于圆形线圈在如图 7.18 所示的状态下受到磁力矩的作用。因此，在该磁力矩的作用下，圆形线圈将发生转动(迎着 y 轴看时，其转动方向为顺时针方向)，最后处于圆形线圈与长直导线共面状态的平衡位置。

(2) 若长直导线 I_2 改放在圆形线圈的中心位置，此时圆形线圈所受到的磁力矩的情况如何?

当长直导线 I_2 处于圆形线圈的中心，且电流 I_2 的流向与圆形线圈平面垂直时，由于电流元 $I_1\mathrm{d}\boldsymbol{l}$ 与该电流元所在处的 $\boldsymbol{B}$ 之间的夹角处处为零，故电流元 $I_1\mathrm{d}\boldsymbol{l}$ 所受到的安培力 $\mathrm{d}\boldsymbol{f}=I\mathrm{d}\boldsymbol{l}\times\boldsymbol{B}=0$，故线圈所受到的磁力矩为零，整个圆形线圈将不转动。

【例题 7-14】 半径为 $R=0.1$ m 的半圆形闭合线圈，载有电流 $I=10$ A，将线圈置于匀强磁场中，如图 7.19 所示。磁场的方向与线圈平面共面，磁感应强度 $\boldsymbol{B}$ 的大小为 5×10^{-1} T。求：

(1) 线圈所受的磁力矩；

(2) 在磁力矩的作用下，线圈将怎样运动？如果线圈绕如图 7.19 中所示的 y 轴转过 90°时，磁力矩所做的功是多少？

【思路解析】 本题需要求解的是平面载流线圈在均匀磁场中所受的磁力矩的问题。

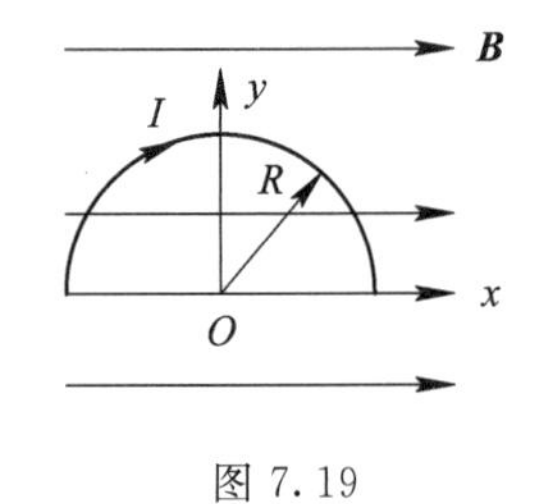

图 7.19

计算这种问题可以直接按照磁力矩 $\boldsymbol{M}$ 的计算公式 $\boldsymbol{M}=\boldsymbol{p}_{\mathrm{m}}\times\boldsymbol{B}$ 进行求解。本题中的 $\boldsymbol{p}_{\mathrm{m}}$ 是半圆形的载流线圈的磁矩，按磁矩的定义 $\boldsymbol{p}_m=IS\boldsymbol{n}$，该磁矩 $\boldsymbol{p}_{\mathrm{m}}$ 的方向垂直于纸面向内，即 z 轴负向。

另一种解法是先任取一电流元 $I\mathrm{d}\boldsymbol{l}$，计算该电流元受到的安培力 $\mathrm{d}\boldsymbol{f}$，根据力矩的定义计算该安培力的力矩 $\mathrm{d}\boldsymbol{M}$，最后积分求出总的力矩 $\boldsymbol{M}$。具体的解题思路和步骤与例题 7-13 中圆线圈的力矩求解相似。感兴趣的读者可以试着求解一下。

但是显然，对于均匀磁场中的平面载流线圈，直接利用磁力矩的公式 $\boldsymbol{M}=\boldsymbol{p}_{\mathrm{m}}\times\boldsymbol{B}$ 求解要更加方便。

【计算详解】 (1) 根据磁力矩的计算公式，可求解出半圆形载流线圈在匀强磁场中磁力矩 $\boldsymbol{M}$ 的大小为

$$M=|\boldsymbol{M}|=|\boldsymbol{p}_{\mathrm{m}}\times\boldsymbol{B}|=p_{\mathrm{m}}B\sin90^{\circ}=ISB=I\,\frac{\pi R^2}{2}B$$

$$=10\times\frac{\pi\times0.1^2}{2}\times5.0\times10^{-1}=7.85\times10^{-2}\quad(\mathrm{N\cdot m})$$

磁力矩 $\boldsymbol{M}$ 的方向沿着 y 轴负向。

(2) 半圆形的线圈在该磁力矩的作用下，将发生转动，迎着 y 轴看，其转动方向为顺时针方向。

如果半圆形线圈绕如图 7.19 中所示的 y 轴转过 90°时，由于其中的电流不变，所以有

$$A=\int_{\Phi_{\mathrm{m1}}}^{\Phi_{\mathrm{m2}}}I\mathrm{d}\Phi_{\mathrm{m}}=I(\Phi_{\mathrm{m2}}-\Phi_{\mathrm{m1}})=I\Delta\Phi_{\mathrm{m}}$$

$$=I(BS\cos0^{\circ}-BS\cos90^{\circ})=IBS=10\times5.0\times10^{-1}\times\frac{\pi\times0.1^2}{2}$$

$$=7.85\times10^{-2}\quad(\mathrm{J})$$

【讨论与拓展】 可以看出，平面载流线圈在均匀磁场中受到磁力矩的作用将发生转动。当平面载流线圈旋转到其磁矩 $\boldsymbol{p}_{\mathrm{m}}$ 的方向与磁场的磁感应强度 $\boldsymbol{B}$ 的方向平行时，载流

线圈受到的力矩为零，这时线圈达到稳定平衡位置。在这个位置时，通过平面载流线圈的磁通量为最大值。

载流线圈在磁力矩的作用下运动时，磁力矩会做功，磁力矩做功的计算可以使用公式 $A=\int_{\Phi_{m1}}^{\Phi_{m2}} I\mathrm{d}\Phi_m = I(\Phi_{m2}-\Phi_{m1}) = I\Delta\Phi_m$。磁力做功的一般表达式为 $A=\int_{\Phi_{m1}}^{\Phi_{m2}} I\mathrm{d}\Phi_m$，它是普适公式，与磁场是不是均匀的无关。

【例题 7-15】 在电子显像管里，设一个电子沿水平方向从南向北运动，动能是 1.2×10^4 eV，该处地球磁场的磁感应强度在竖直方向的分量大小是 0.55×10^{-4} T，方向向下。如图 7.20 所示。求：

(1) 由于地球磁场的影响，电子将如何偏转；

(2) 电子的加速度；

(3) 电子在显像管内运动 20 cm 时，偏转的距离有多少。

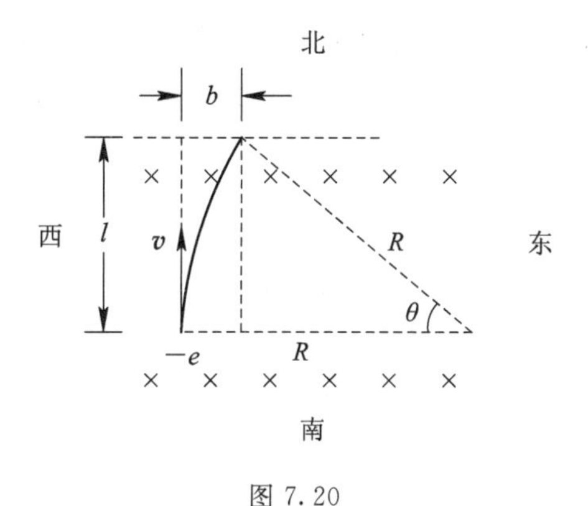

图 7.20

【思路解析】 磁场对处于其中的运动电荷的作用可以用洛伦兹力公式 $\boldsymbol{f}=q\boldsymbol{v}\times\boldsymbol{B}$ 来计算。

【计算详解】 (1) 运动电子受到地球磁场的作用，由洛伦兹力的公式，有 $\boldsymbol{f}=-e\boldsymbol{v}\times\boldsymbol{B}$，可以确定电子在磁场中以如图 7.20 所示的速度运动的过程中，将向东偏转。

(2) 由于电子的运动速度的矢量方向与地球磁场的矢量方向垂直，因此，电子所受洛伦兹力的大小为

$$f=evB$$

又因为电子在垂直于磁场的平面内将作匀速圆周运动，则根据牛顿运动定律

$$f=ma_n=evB$$

因此，有

$$a_n=\frac{evB}{m}$$

根据电子的动能 E_k 和速度大小 v 之间的关系，可以求解出速度的大小，即

$$E_k=\frac{1}{2}mv^2$$

故

$$v=\sqrt{\frac{2E_k}{m}}=\sqrt{\frac{2\times1.2\times10^4\times1.6\times10^{-19}}{9.1\times10^{-31}}}=6.5\times10^7\quad(\mathrm{m/s})$$

$$a_n=\frac{evB}{m}=\frac{1.6\times10^{-19}\times6.5\times10^{7}\times0.55\times10^{-4}}{9.1\times10^{-31}}=6.3\times10^{14}\quad(\mathrm{m/s^2})$$

(3) 电子受洛伦兹力作用而沿如图 7.20 所示的半径为 R 的圆弧运动，其轨道半径为

$$R=\frac{mv}{eB}=\frac{9.1\times10^{-31}\times6.5\times10^{7}}{1.6\times10^{-19}\times5.5\times10^{-5}}=6.7\quad(\mathrm{m})$$

由图 7.20 可知，电子偏转距离为

$$\begin{aligned}b&=R-R\cos\theta=R\left[1-\cos\left(\frac{l}{R}\right)\right]\\&=6.7\times\left[1-\cos\left(\frac{20\times10^{-2}}{6.7}\right)\right]\\&=9.1\times10^{-7}\quad(\mathrm{m})\end{aligned}$$

由于偏转距离微小，所以电子在显像管内运动 20 cm 时，地球磁场对其所产生的偏转量影响几乎可以忽略不计。

【讨论与拓展】 本题目中核心问题是运动电子在磁场中受到的影响。带电的粒子在匀强磁场中的运动，一般会根据带电粒子的运动速度矢量和磁感应强度矢量的方向，分为以下三种情况：

① $\boldsymbol{v}$ 与 $\boldsymbol{B}$ 平行。

根据洛伦兹力的公式，有

$$\boldsymbol{f}=q\boldsymbol{v}\times\boldsymbol{B}=0$$

这时，带电粒子在磁场中的运动将不受磁场力的影响。

② $\boldsymbol{v}$ 与 $\boldsymbol{B}$ 垂直。

这种情况下，带电粒子所受的洛伦兹力只改变粒子运动的速度矢量的方向，不改变粒子运动速度的大小。粒子仅在垂直于磁感应强度的平面内作匀速圆周运动，这一物理过程虽然简单，但在实际过程中却有着非常重要的应用，具体如下：

应用一：根据云室、泡室等探测器中粒子运动的轨迹照片，可以测定粒子的运动速率和能量。

主要依据的原理是 $R=\frac{mv}{qB}$，$\frac{q}{m}$是带电粒子的荷质比，通常某种粒子其荷质比是一定的，所以当 $\boldsymbol{B}$ 已知时，粒子的速率或动能与粒子轨迹半径是成正比的。

应用二：确定未知带电粒子带电量的正负。

主要依据的原理是 $\boldsymbol{f}=q\boldsymbol{v}\times\boldsymbol{B}$。若带电粒子为正，即 $q>0$，则带电粒子受到的洛伦兹力的方向与 $q<0$ 时带电粒子受到的洛伦兹力的方向刚好相反。因此，通过对比已知的带电参考粒子的偏转方向，就可以判断出待测的未知带电粒子所带的电量的正负了。

③ $\boldsymbol{v}$ 与 $\boldsymbol{B}$ 之间存在夹角。

这种情况其实是更为普遍的存在，并且实际应用的场景也更具代表性。

如图 7.21 所示。将带电粒子的运动速度 $\boldsymbol{v}$ 分解为平行于 $\boldsymbol{B}$ 的分量 $\boldsymbol{v}_{/\!/}$ 和垂直于 $\boldsymbol{B}$ 的分量 $\boldsymbol{v}_{\perp}$。于是，可得带电粒子在磁场中作螺旋运动的回旋半径 R、旋转周期 T 和螺距 h 分别为

$$R=\frac{mv_{\perp}}{qB}=\frac{mv\sin\theta}{qB}$$

$$T=\frac{2\pi R}{v_{\perp}}=\frac{2\pi m}{qB}$$

$$h=v_{/\!/}T=\frac{2\pi mv\cos\theta}{qB}$$

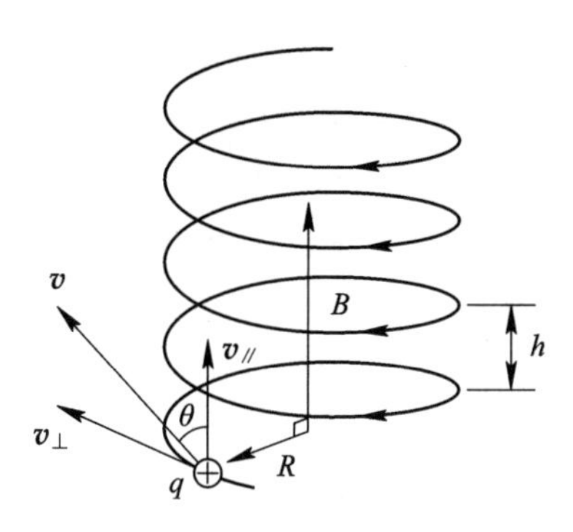

图 7.21

这种情况典型的应用有磁镜效应、磁瓶效应、磁聚焦原理等。

【例题 7－16】 电子在如图 7.22 所示的匀强磁场中运动，其磁感应强度的大小为 2×10^{-3} T。电子的轨迹是半径为 2.0 cm、螺距为 5 cm 的螺旋线，求：这个电子的运动速度的大小。

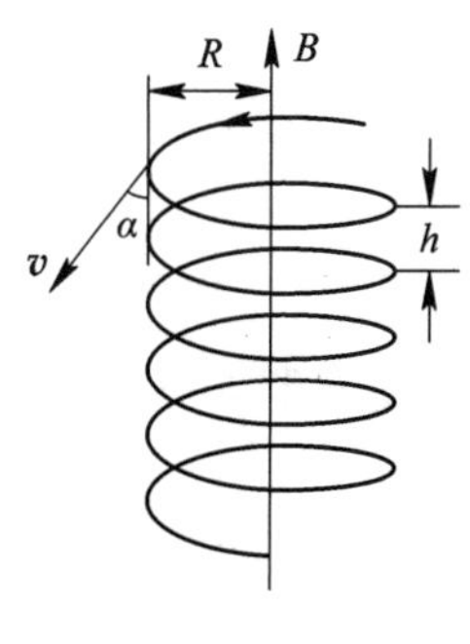

图 7.22

【思路解析】 本题目需要求解的是匀强磁场中带电粒子的运动速度，求解的方法仍是利用洛伦兹力公式 $\boldsymbol{f}=q\boldsymbol{v}\times\boldsymbol{B}$。

【计算详解】 电子作螺旋线运动可分解为匀速圆周运动和匀速直线运动。电子作圆周运动的半径为

$$R=\frac{mv_\perp}{eB}$$

而

$$T=\frac{2\pi R}{v_\perp}=\frac{2\pi m}{eB}$$

螺旋线的螺距为

$$h=v_{/\!/}T=v_{/\!/}\frac{2\pi m}{eB}$$

所以

$$v_{/\!/}=\frac{h}{T}=\frac{eBh}{2\pi m}$$

$$v_\perp=\frac{eBR}{m}$$

故电子的运动速度的大小为

$$v=\sqrt{v_{/\!/}^2+v_\perp^2}=\frac{eB}{m}\sqrt{\frac{h^2}{4\pi^2}+R^2}$$

$$=\frac{1.6\times10^{-19}\times2\times10^{-3}}{9.1\times10^{-31}}\sqrt{\frac{(5\times10^{-2})^2}{4\pi^2}+(2.0\times10^{-2})^2}$$

$$=7.57\times10^6\quad(\text{m/s})$$

【例题 7－17】 如图 7.23 所示，是德姆斯特测定离子质量所用的装置的原理示意图。

离子源 S 处产生一个质量为 m，电荷为 $+q$ 的离子，离子产生出来时基本上是静止的。离子源是气体正在放电的小室。离子产生出来后被电势差 U 加速，再进入磁感应强度为 $\boldsymbol{B}$ 的均匀磁场中。在磁场中，离子沿一半圆周运动后射到距离入口缝隙为 x 处的照相底片上，并由照相底片把它记录下来。试证明离子的质量 m 由下式给出：

$$m=\frac{B^2q}{8U}x^2$$

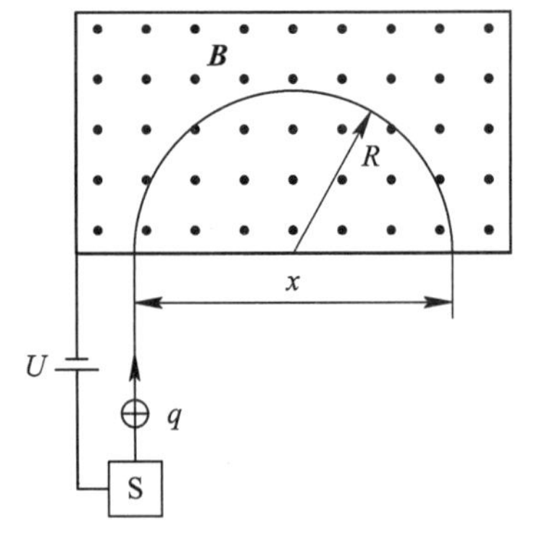

图 7.23

【证明】 在离子加速过程中，由动能定理，可知

$$qU=\frac{1}{2}mv^2$$

离子在磁场中受洛伦兹力作圆周运动时，由牛顿定律知

$$qvB=m\frac{v^2}{R}$$

又已知

$$R=\frac{x}{2}$$

由以上三式联立可得

$$m=\frac{B^2q}{8U}x^2$$

即原命题得证。

本例题其实就是质谱仪的原理。

【例题 7-18】 若一无限长的同轴电缆，由一半径为 R_1 的无限长导体圆柱和一同轴的内、外半径分别为 R_2 和 R_3 的无限长导体圆柱筒组成(其中 $R_3>R_2>R_1$)。在导体圆柱筒与导体圆柱之间有相对磁导率为 μ_r 的磁介质。在电缆的导体圆柱与导体圆柱筒中有大小相等而方向相反的电流 I 流过，如图 7.24 所示。求：电缆产生的磁感应强度的分布。

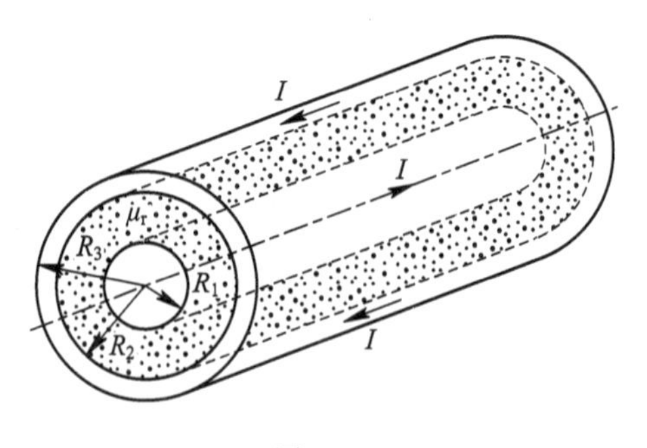

图 7.24

【思路解析】 本题中电流的分布具有对称性，可以利用安培环路定律来计算磁场。由于在导体圆柱与导体圆柱筒之间填充有相对磁导率为 μ_r 的磁介质，因此在 R_1 和 R_2 之间需要用有磁介质时的安培环路定理，才能先求解出磁介质内的磁场强度 $\boldsymbol{H}$，再根据磁场强度与磁感应强度之间的关系，计算出磁感应强度 $\boldsymbol{B}$。

【计算详解】 在电缆的横截面内，以圆柱的轴为中心，取一半径为 r 的圆作为积分的回路，利用有介质时的安培环路定理求解。

（1）当 $0\leqslant r<R_1$ 时，取一半径为 r 的圆形回路 L_1，取与导体圆柱电流成右手螺旋关系的方向作为回路的绕行正向，则根据安培环路定理，有

$$\oint_{L_1}\boldsymbol{H}_1\cdot \mathrm{d}\boldsymbol{l}=H_1 2\pi r=\frac{\pi r^2}{\pi R_1^2}I$$

可解出

$$H_1=\frac{Ir}{2\pi R_1^2}$$

于是，有

$$B_1=\mu_0 H=\frac{\mu_0 Ir}{2\pi R_1^2}$$

（2）当 $R_1\leqslant r\leqslant R_2$ 时，取一半径为 r 的圆形回路 L_2，取与导体圆柱电流成右手螺旋关系的方向作为回路的绕行正向，则根据安培环路定理，有

$$\oint_{L_2}\boldsymbol{H}_2\cdot \mathrm{d}\boldsymbol{l}=H_2 2\pi r=I$$

可解出

$$H_2=\frac{I}{2\pi r}$$

于是，有

$$B_2=\mu_0\mu_r H_2=\mu_0\mu_r\frac{1}{2\pi r}$$

（3）当 $R_2<r\leqslant R_3$ 时，取一半径为 r 的圆形回路 L_3，取与导体圆柱电流成右手螺旋关系的方向作为回路的绕行正向，则根据安培环路定理，有

$$\oint_{L_3}\boldsymbol{H}_3\cdot \mathrm{d}\boldsymbol{l}=H_3 2\pi r=I-\frac{\pi(r^2-R_2^2)}{\pi(R_3^2-R_2^2)}I$$

可解出

$$H_3=\frac{I}{2\pi r}\frac{R_3^2-r^2}{R_3^2-R_2^2}$$

于是，有

$$B_3=\mu_0 H_3=\frac{\mu_0 I}{2\pi r}\frac{R_3^2-r^2}{R_3^2-R_2^2}$$

（4）当 $r>R_3$ 时，取一半径为 r 的圆形回路 L_4，取与导体圆柱电流成右手螺旋关系的方向作为回路的绕行正向，则根据安培环路定理，有

$$\oint_{L_4}\boldsymbol{H}_4\cdot \mathrm{d}\boldsymbol{l}=H_4 2\pi r=0$$

可解出

$$H_4=0$$

于是，有

$$B_4=0$$

以上各个区域的磁场的方向与导体圆柱电流的方向成右手螺旋关系。

【讨论与拓展】 通过以上计算可以看出，对于电流的分布具有对称性，并且有磁介质存在的情况下，应用安培环路定理可以有效地避免计算束缚电流，只要计算出空间的磁场强度的分布，进而即可得到磁感应强度的分布。

本题中其实仅在 $R_1 \leqslant r \leqslant R_2$ 区域存在磁介质，但是可以看出，在题目的求解过程中都使用了有磁介质时的安培环路定理。这种情况是比较典型的，因为在 $r > R_3$ 的真空以及在 $0 \leqslant r < R_1$ 和 $R_2 < r \leqslant R_3$ 的导体内部，虽然不是磁介质，但可以将其视作相对磁导率为 $\mu_r = 1$ 的特殊情况。

因此，求解有磁介质时的磁场问题时，如果电流的分布具有一定的对称性，则可以直接利用有磁介质时的安培环路定理 $\oint_L \boldsymbol{H} \cdot \mathrm{d}\boldsymbol{l} = I$。解题的步骤与利用真空中的安培环路定理求解磁感应强度 $\boldsymbol{B}$ 的方法类似，具体如下：

(1) 首先需要分析磁场的对称性；

(2) 选取合适的闭合路径；

(3) 利用有磁介质时的安培环路定理 $\oint_L \boldsymbol{H} \cdot \mathrm{d}\boldsymbol{l} = I$，求解出磁场强度 $\boldsymbol{H}$；

(4) 利用各向同性线性介质中磁感应强度 $\boldsymbol{B}$ 与磁场强度 $\boldsymbol{H}$ 的关系，即 $\boldsymbol{B} = \mu \boldsymbol{H} = \mu_0 \mu_r \boldsymbol{H}$，求解出磁感应强度 $\boldsymbol{B}$ 的分布。

模块 8 电 磁 感 应

8.1 教 学 要 求

(1) 掌握法拉第电磁感应定律和楞次定律，能熟练地应用法拉第电磁感应定律计算感应电动势。

(2) 掌握楞次定律，能熟练地应用楞次定律判断感应电流或感应电动势的方向。

(3) 理解动生电动势的产生原因，掌握计算动生电动势的方法，并能判断其方向。

(4) 理解感应电动势的产生原因和感应电场的意义，能计算简单情况下的感生电动势及感生电场，并能判断其方向。

(5) 理解自感、互感的现象及物理意义，并能计算自感系数和互感系数。

(6) 理解磁场能量、磁能密度的概念，会计算一些特殊的对称情况下的磁场的能量分布。

(7) 了解涡旋电场、位移电流的概念，理解麦克斯韦方程组(积分形式)的物理意义。

8.2 内 容 精 讲

本模块主要讨论随时间变化的磁场和电场。讨论的重点是电磁感应现象、法拉第电磁感应定律、感应电动势和计算感应电动势的主要方法。本模块介绍了自感、互感现象；通过自感和互感介绍了磁场能量等；最后简要介绍了电磁理论，并给出了积分形式的麦克斯韦方程组。

本模块的主要内容包括：电动势，电磁感应现象，电磁感应定律；动生电动势和感生电动势；自感和互感；电磁能量；位移电流，麦克斯韦方程组。

8.2.1 电磁感应的基本定律

1. 电磁感应现象

当通过回路所包围面积的磁通量发生变化时，回路中就会产生感应电动势的现象，称为电磁感应现象。

(1) 产生电磁感应现象的根本原因是磁通量的变化。当穿过回路面积的磁通量：

$$\Phi_{\mathrm{m}}=\int_S \boldsymbol{B}\cdot\mathrm{d}\boldsymbol{S}=\int_S B\cos\theta\mathrm{d}S$$

发生变化，则电磁感应现象都会发生。因此，无论上式中引起磁通量变化的原因是磁感应强度 $\boldsymbol{B}$ 的变化，还是回路本身或者是其上一部分在磁场中运动，只要磁通量发生变化，都会产生电磁感应现象。

(2) 感应电流和感应电动势。

不论回路是否闭合，只要磁场随时间变化或回路在磁场中运动时切割磁场线，回路中一般都会有感应电动势产生。只不过当回路不闭合时，回路中没有感应电流。

2. 电动势

非静电力把单位正电荷从负极通过电源内部，搬移到正极所做的功，称为电源的电动势，即

$$\mathscr{E}=\int_{-(\text{电源内})}^{+}\boldsymbol{E}_{\mathrm{k}}\cdot\mathrm{d}\boldsymbol{l}$$

其中，E_{k} 为非静电性场。电源的电动势是表征电源本身性质的物理量，它与外电路的性质以及电源所在电路是否接通无关。

如果一个闭合回路 L 上处处都有非静电力 $\boldsymbol{F}_{\mathrm{k}}$，这时整个闭合回路内的总电动势为

$$\mathscr{E}=\oint_{L}\frac{\boldsymbol{F}_{\mathrm{k}}}{q}\cdot\mathrm{d}\boldsymbol{l}=\oint_{L}\boldsymbol{E}_{\mathrm{k}}\cdot\mathrm{d}\boldsymbol{l}$$

3. 法拉第电磁感应定律

法拉第电磁感应定律是指回路中产生的感应电动势与通过回路所包围面积的磁通量的变化率成正比，其数学表达式为

$$\mathscr{E}_{\mathrm{i}}=-\frac{\mathrm{d}\Phi_{\mathrm{m}}}{\mathrm{d}t}$$

对该定律的理解应明确以下几点：

(1) 感应电动势的大小只取决于磁通量随时间的变化率$\dfrac{\mathrm{d}\Phi_{\mathrm{m}}}{\mathrm{d}t}$，因而具有瞬时性。感应电动势的大小与磁通量的大小、磁通量变化量的大小都没有关系，而是和磁通量随时间的变化率相关。

(2) 法拉第电磁感应定律中的负号，可用来确定感应电动势的方向。该式表明，感应电动势 $\mathscr{E}_{\mathrm{i}}$ 总是与磁通量的变化率$\dfrac{\mathrm{d}\Phi_{\mathrm{m}}}{\mathrm{d}t}$的符号相反。这是能量守恒定律在电磁感应现象中的一种体现。

(3) 感应电流：$I_{\mathrm{i}}=\dfrac{\mathscr{E}_{\mathrm{i}}}{R}$，式中 R 是回路的电阻。

(4) 感应电荷量：$\Delta q_{\mathrm{i}}=\displaystyle\int_{t_1}^{t_2}I_{\mathrm{i}}\mathrm{d}t=\frac{1}{R}\mid\Phi_{\mathrm{m2}}-\Phi_{\mathrm{m1}}\mid$，式中 Φ_{m2} 和 Φ_{m1} 分别是 t_1 和 t_2 时刻通过线圈的磁通量。

若回路由 N 匝线圈串联组成，则

$$\mathscr{E}_{\mathrm{i}}=-\frac{\mathrm{d}}{\mathrm{d}t}(\Phi_1+\Phi_2+\cdots+\Phi_N)=-\frac{\mathrm{d}\Psi}{\mathrm{d}t}$$

式中 Ψ 为总磁通量或磁链数，$\Psi=\displaystyle\sum_{i=1}^{N}\Phi_i$。如果穿过各匝线圈的磁通量都相等，均为 Φ，则穿过 N 匝线圈的总磁通量 $\Psi=N\Phi$，这时

$$\mathscr{E}_{\mathrm{i}}=-\frac{\mathrm{d}\Psi}{\mathrm{d}t}=-N\frac{\mathrm{d}\Phi}{\mathrm{d}t}$$

4. 楞次定律

在闭合回路中，感应电流的方向总是使得它自身所产生的磁通量阻碍引起感应电流的

磁通量的变化。

楞次定律是能量守恒定律在电磁感应现象中的具体表现。

应用楞次定律可以方便地判断感应电流的方向。它指出，感应电流所产生的磁场穿过回路的磁通量，总是补偿原磁通量的变化(例如：阻碍相对运动、磁场变化、线圈变形等)。

8.2.2　动生电动势和感生电动势

1. 动生电动势

(1) 定义。

磁场不随时间变化，仅由导体回路的整体或局部运动切割磁场线而产生的感应电动势，叫作动生电动势。

(2) 产生原因。

导体在磁场中运动时，导体中的自由电子要受到洛伦兹力，这种非静电力是引起动生电动势的原因。

(3) 动生电动势的计算公式。

① 一段长度为 L 的导线 ab 的动生电动势为

$$\mathscr{E}_{ab}=\int_a^b(\boldsymbol{v}\times\boldsymbol{B})\cdot \mathrm{d}\boldsymbol{l}$$

当 $\mathscr{E}_{ab}>0$，表示积分终点 b 处为高电势；

当 $\mathscr{E}_{ab}<0$，表示积分终点 b 处为低电势。

② 闭合回路中的电动势：

$$\mathscr{E}_{\mathrm{i}}=\oint_L(\boldsymbol{v}\times\boldsymbol{B})\cdot \mathrm{d}\boldsymbol{l}$$

如果导体构成一闭合回路，回路中动生电动势的方向可由上述计算公式或楞次定律得到。

(4) 计算动生电动势的注意事项。

① 注意两个角度。动生电动势的计算公式里，涉及矢量的叉乘和点乘。一定要注意两个角度，一个是矢量 $\boldsymbol{v}$ 和 $\boldsymbol{B}$ 之间的夹角 θ；另一个是($\boldsymbol{v}\times\boldsymbol{B}$)所得到的矢量与 $\mathrm{d}\boldsymbol{l}$ 矢量之间的夹角 α。

例如当 $\boldsymbol{v}/\!/\boldsymbol{B}$ 时，$\theta=0°$，则 $\mathscr{E}_{\mathrm{i}}=0$；当 $\alpha=90°$时，即($\boldsymbol{v}\times\boldsymbol{B}$)的方向与 $\mathrm{d}\boldsymbol{l}$ 矢量相垂直时，$\mathscr{E}_{\mathrm{i}}=0$。

② 如果各段线元的运动速度不同，或各段线元所处的磁场不同，则应该对各线元进行积分来求得总的电动势。

③ 求解动生电动势一般可以采用大小和方向分开的处理方法。

2. 感生电动势

(1) 定义。

当一段导体或一个导体回路相对于参考系是静止的，而由磁场随时间变化，在导体内产生的感应电动势称为感生电动势。

(2) 产生原因。

感生电动势是回路中变化的磁场产生的，即变化的磁场产生电场，故称为感生电场。感生电场作用于导体中的自由电荷，在导体回路中引起感生电动势或感应电流。因此，感生电动势或感生电流产生的原因都是磁场的变化。

(3) 感生电动势的计算公式。

感生电动势的计算公式为

$$\mathscr{E}_i = \oint_L \boldsymbol{E}_V \cdot d\boldsymbol{l} = -\frac{d\Phi_m}{dt} = -\int_S \frac{\partial \boldsymbol{B}}{\partial t} \cdot d\boldsymbol{S}$$

式中，面积分的区间 S 是以环路 L 为边界的曲面；$\boldsymbol{E}_V$ 是感生电场的场强。由于感生电场具有闭合的电场线，故又称有旋电场或涡旋电场。

(4) 感生电场与静电场的比较。

静电场是静止的电荷产生的场，而感生电场是由于变化的磁场产生的场，这两个电场之间的异同，可以通过表 8.1 进行比较。

表 8.1　感生电场与静电场的比较

	比较内容	静电场	感生电场
不同点	高斯定理	$\oint_S \boldsymbol{E} \cdot d\boldsymbol{S} = \frac{1}{\varepsilon_0}\sum_i q_i$	$\oint_S \boldsymbol{E}_V \cdot d\boldsymbol{S} = 0$
	环路定理	$\oint_L \boldsymbol{E} \cdot d\boldsymbol{l} = 0$	$\oint_L \boldsymbol{E}_V \cdot d\boldsymbol{l} = -\frac{d\Phi_m}{dt} \neq 0$
	电场性质	有源、无旋	无源、有旋
	是否保守场	保守场	非保守场
	电场线的形状	不闭合	闭合
	激发方式	静止的电荷	变化的磁场
共同点	是否对处于其中的电荷有力的作用	是	是
	是否具有能量	是	是

将感应电动势分为动生和感生两类，是从感应电动势的产生原因不同而进行的分类。如果引起感应电动势的原因既有回路面积的变化，又存在磁场随时间的变化。这时仍需按照法拉第电磁感应定律，求解感应电动势，或同时计算电动势中的动生电动势部分和感生电动势部分。

8.2.3　自感和互感

1. 自感

(1) 自感电动势。

回路中电流变化时所激发的变化磁场在自身回路中产生的感应电动势称为自感电动势，即

$$\mathscr{E}_L = -L\frac{dI}{dt}$$

式中 L 称为自感系数。

(2) 自感系数。

自感系数是描述其自身电磁特点的物理量。一个给定回路的自感系数是一个常量，它

取决于组成回路的几何形状、结构、匝数、填充材质等。

(3) 计算自感系数的方法。

① 利用穿过线圈的总磁通量。

若回路的几何形状和周围空间磁介质不变，则穿过回路所包围面积的总磁通量与通过回路自身的电流成正比，即

$$\Psi = LI$$

于是

$$L = \frac{\Psi}{I}$$

② 利用自感电动势的定义。

根据自感电动势的定义，有

$$L = \frac{|\mathscr{E}_L|}{\frac{\mathrm{d}I}{\mathrm{d}t}}$$

2. 互感

(1) 互感电动势。

两个邻近的线圈回路，当一个回路中电流发生变化时，在另一回路中产生的感生电动势，称为互感电动势。互感电动势可以表示为

$$\mathscr{E}_{21} = -M_{21}\frac{\mathrm{d}I_1}{\mathrm{d}t}，\mathscr{E}_{12} = -M_{12}\frac{\mathrm{d}I_2}{\mathrm{d}t}$$

式中，比例系数 M_{21} 和 M_{12} 称为互感系数。理论和实验都证明 $M_{21}=M_{12}$，因此互感系数 M 也表示为 $M=M_{12}=M_{21}$。

(2) 互感系数。

互感系数仅取决于两个产生互感的线圈的形状、大小、匝数、相对位置及填充磁介质等，且互感系数与线圈中是否通有电流无关。

(3) 计算互感系数的方法。

① 利用穿过线圈的磁通量。

回路 1 中的电流 I_1 所激发的磁场穿过回路 2 的总磁通量 Ψ_{21} 与 I_1 成正比，即

$$\Psi_{21} = M_{21} I_1$$

回路 2 中的电流 I_2 所激发的磁场穿过回路 1 的总磁通量 Ψ_{12} 与 I_2 成正比，即

$$\Psi_{12} = M_{12} I_2$$

因此，有

$$M = \frac{\Psi_{21}}{I_1} = \frac{\Psi_{12}}{I_2}$$

② 利用互感电动势的定义。

根据互感电动势的定义，有

$$M = \frac{|\mathscr{E}_{21}|}{\frac{\mathrm{d}I_1}{\mathrm{d}t}} = \frac{|\mathscr{E}_{12}|}{\frac{\mathrm{d}I_2}{\mathrm{d}t}}$$

自感电动势和互感电动势是从感应电动势的产生方式不同进行的分类。自感电动势是由导体回路自身电流发生变化而在自身回路中产生的感应电动势，而互感电动势是由于一

个导体回路中的电流发生变化而在邻近其他导体回路中产生的感应电动势。

8.2.4 电磁能量

1. 磁场能量密度

磁场与电场一样也具有能量，在一般情况下，磁场能量(磁能)密度可表示为

$$w_{\mathrm{m}}=\frac{1}{2}BH=\frac{B^2}{2\mu}$$

2. 磁场能量

磁场能量(简称磁能)存在于磁场所波及的全部磁场空间，即

$$W_{\mathrm{m}}=\int_V w_{\mathrm{m}}\mathrm{d}V=\int_V \frac{1}{2}\frac{B^2}{\mu}\mathrm{d}V$$

3. 自感的磁场能量

一个自感为 L 的线圈，通有电流 I 时所具有的磁场能量为

$$W_{\mathrm{m}}=\frac{1}{2}LI^2$$

8.2.5 麦克斯韦电磁理论

1. 位移电流

位移电流是麦克斯韦在解决非稳恒电流情况下，安培环路定理不能运用时，所提出的概念。

麦克斯韦引入电位移通量随时间的变化率$\frac{\mathrm{d}\Phi_D}{\mathrm{d}t}$，称之为位移电流，即

$$I_D=\frac{\mathrm{d}\Phi_D}{\mathrm{d}t}$$

位移电流虽有电流之名，但它与电荷的定向运动无关，位移电流的本质上是电场的变化率。随时间变化的电场产生磁场。变化的电场对应的电流即位移电流。

位移电流可以存在于真空和电介质中，也可以存在于导体中。在通常情况下，导体中的位移电流与传导电流相比很小，可以忽略不计。但在变化频率较高的情况下，位移电流不能忽略。

位移电流 I_D 和传导电流 I_{c} 合在一起，称为全电流。

麦克斯韦通过引入位移电流 I_D，成功地将安培环路定理推广到全电流的情况，即

$$\oint_L \boldsymbol{H}\cdot\mathrm{d}\boldsymbol{l}=I_{\mathrm{c}}+I_D$$

此定理表明，不仅传导电流 I_{c} 能产生磁场，位移电流 I_D 也能产生磁场。

2. 电流密度

电流 I 是标量，只能描述导体中通过导线横截面单位时间内的总电量。很多情况下，不但需要知道流过导体截面的总电量，还需要知道电流在导体内的具体分布。因此，需要引入电流密度矢量 $\boldsymbol{j}$，它的方向表示沿着该点的电流方向，它的数值大小等于单位时间垂

直通过单位面积的电荷量。因此，它和电流 I 的关系为 $I=\int_S \boldsymbol{j}\cdot \mathrm{d}\boldsymbol{S}$。

位移电流密度 $\boldsymbol{j}_D$ 定义为

$$\boldsymbol{j}_D=\frac{\partial \boldsymbol{D}}{\partial t}$$

位移电流密度 $\boldsymbol{j}_D$ 与位移电流 I_D 之间满足

$$I_D=\int_S \boldsymbol{j}_D\cdot \mathrm{d}\boldsymbol{S}=\int_S \frac{\partial \boldsymbol{D}}{\partial t}\cdot \mathrm{d}\boldsymbol{S}$$

3. 麦克斯韦方程组

麦克斯韦电磁理论的主要观点如下：

(1) 除了静止电荷产生静电场外，变化的磁场也会产生涡旋电场。

(2) 传导电流会激发磁场，变化的电场——位移电流也会激发磁场，两种电流在激发磁场上是等效的。

麦克斯韦方程组包括四个方程，分别是电场的高斯定理、电场的环路定理、磁场的高斯定理、全电流安培环路定理，其积分形式为

$$\begin{cases}\oint_S \boldsymbol{D}\cdot \mathrm{d}\boldsymbol{S}=\sum q_{\mathrm{f}} \\ \oint_L \boldsymbol{E}\cdot \mathrm{d}\boldsymbol{l}=-\int_S \frac{\partial \boldsymbol{B}}{\partial t}\cdot \mathrm{d}\boldsymbol{S} \\ \oint_S \boldsymbol{B}\cdot \mathrm{d}\boldsymbol{S}=0 \\ \oint_S \boldsymbol{H}\cdot \mathrm{d}\boldsymbol{l}=\int_S \left(\boldsymbol{j}+\frac{\partial \boldsymbol{D}}{\partial t}\right)\cdot \mathrm{d}\boldsymbol{S}\end{cases}$$

8.3　例题精析

【例题 8-1】 如图 8.1(a)所示，一个矩形导线框 $ABCD$ 与一无限长直导线处于同一个平面内，且彼此绝缘。若直导线中通有电流 I，已知电流随时间变化的关系为 $I=At$，式中 A 为常数。求：矩形导线框中的感应电动势。

【思路解析】 本题由于长直导线中的电流随时间变化，进而在空间中产生随时间变化的非均匀磁场。由于磁场的变化，穿过矩形导线框中的磁通量就会发生变化，从而产生感应电动势。本题可以通过法拉第电磁感应定律直接求解。

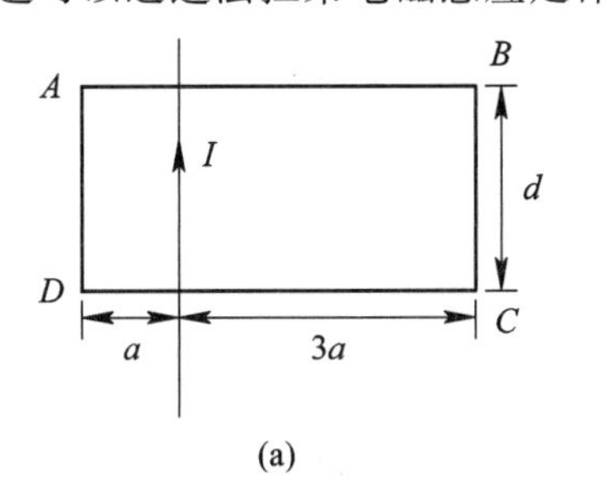

(a)

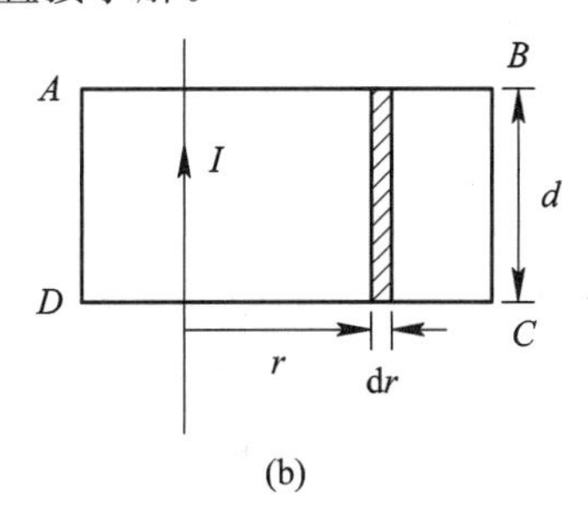

(b)

图 8.1

【计算详解】 如图 8.1 (b)所示，在距离无限长直导线为 r 的位置，选取如图中阴影部分所示的宽度为 dr 的窄条作为小面元，窄条的面积为 $\mathrm{d}S=d\mathrm{d}r$，该面元处的磁感应强度的大小为

$$B=\frac{\mu_0 I}{2\pi r}$$

取矩形回路沿着 $ABCD$ 的方向为回路的绕行正方向，则穿过窄条面积的磁通量为

$$\mathrm{d}\Phi_{\mathrm{m}}=\boldsymbol{B}\cdot\mathrm{d}\boldsymbol{S}=B\cdot\mathrm{d}S=\frac{\mu_0 I}{2\pi r}d\,\mathrm{d}r$$

注意：如果小面元处在电流的左边，则其磁通量为负值，分析体系的对称性，可知，穿过整个线圈的磁通量为

$$\Phi_{\mathrm{m}}=\int\mathrm{d}\Phi_{\mathrm{m}}=\int_a^{3a}\frac{\mu_0 I}{2\pi r}d\,\mathrm{d}r=\frac{\mu_0 Id}{2\pi}\ln 3$$

根据法拉第电磁感应定律，有

$$\mathscr{E}=-\frac{\mathrm{d}\Phi_{\mathrm{m}}}{\mathrm{d}t}=-\frac{\mu_0 d}{2\pi}\ln 3\,\frac{\mathrm{d}(At)}{\mathrm{d}t}=-\frac{\mu_0 Ad}{2\pi}\ln 3$$

当 $A>0$ 时，感应电动势 $\mathscr{E}$ 的方向与所取的回路绕行正方向相反，即如图中的逆时针方向；反之，当 $A<0$ 时，感应电动势 $\mathscr{E}$ 的方向为顺时针方向。

感应电动势 $\mathscr{E}$ 的方向也可由楞次定律确定，当 $A>0$ 时，穿过回路的磁通量增加，所以感应电流的磁通量阻碍它增加，感应电动势 $\mathscr{E}$ 的方向应为逆时针方向；反之，则为顺时针方向。

【讨论与拓展】 本题判断感应电动势的方向采用了两种不同的方法。

第一种是直接应用法拉第电磁感应定律中的负号，判断感应电动势的方向。

注意：本题中我们一开始选取的回路的绕行方向是沿着 $ABCD$ 的，即顺时针方向，这其实并不影响最终判断出的感应电动势的方向。如果一开始，取逆时针的方向作为回路绕行正方向，则在计算窄条的面积 dS 上通过的磁通量 $\mathrm{d}\Phi_{\mathrm{m}}$ 时，就是负值。这样再积分得到的整个线圈的磁通量 Φ_{m} 也是负值，而感应电动势 $\mathscr{E}=-\frac{\mathrm{d}\Phi_{\mathrm{m}}}{\mathrm{d}t}$将是正值。这意味着感应电动势的方向与所取的回路绕行方向相同，即当 $A>0$ 时，感应电动势的方向为逆时针方向。这个结果表明，回路的绕行正方向的选取不会影响到最终计算的感应电动势的方向。

第二种是利用楞次定律判断感应电动势。

可以看出，这两种方法判断出的感应电动势的方向是完全一致的。结合具体题目，也可以根据法拉第电磁感应定律，先计算出感应电动势数值的大小 $\mathscr{E}=\left|-\frac{\mathrm{d}\Phi_{\mathrm{m}}}{\mathrm{d}t}\right|$；再应用楞次定律，判断出感应电动势的方向。

【例题 8-2】 一半径 $r=0.20$ m 的半圆形导线和直导线组成一回路，如图 8.2 所示，半圆形导线处于垂直纸面向外的均匀磁场中，磁场的磁感应强度的大小随时间变化满足 $B=4.0t^2+2.0t+3.0$，磁感应强度和时间的单位分别为 T 和 s，回路电阻 $R=2.0\ \Omega$，回路接有一电动势 $\mathscr{E}=2.0$ V 的理想电源(指不计内阻)。求：当 $t=10$ s 时，回路中的感应电动势的大小和方向以及回路中电流的大小。

【思路解析】 本题可以依据法拉第电磁感应定律求解。由于半圆形回路处于变化的磁

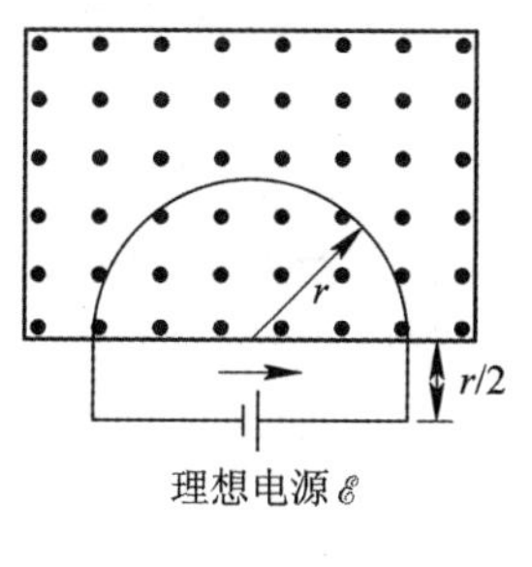

图 8.2

场中，回路中将产生一个感应电动势，与原回路中存在的电动势之间存在着串并联的情况，最终的回路电流等于感应电动势的标量叠加值与电阻的比值。

【计算详解】 在回路导线所包围的面积内，穿过半圆形面积的磁通量为

$$\Phi_{\mathrm{m}}=\int_S \boldsymbol{B}\cdot \mathrm{d}\boldsymbol{S}=(4.0t^2+2.0t+3.0)\cdot\frac{\pi r^2}{2}$$

故根据法拉第电磁感应定律，有

$$\mathscr{E}_{\mathrm{i}}=-\frac{\mathrm{d}\Phi_{\mathrm{m}}}{\mathrm{d}t}=-\frac{\pi r^2}{2}(8.0t+2.0)$$

当 $t=10$ s 时，有

$$\mathscr{E}_{\mathrm{i}}=-5.2\ \mathrm{V}$$

根据楞次定律可以判断，感应电动势的方向为顺时针方向，请读者采用法拉第电磁感应定律自带的负号，验证一下感应电动势的方向，看看这两种方法得到的结果是否一致。

回路中有两个方向相反的电动势叠加，由于$|\mathscr{E}_{\mathrm{i}}|>|\mathscr{E}|$，因此，回路中的电流为

$$I=\frac{\sum\mathscr{E}}{R}=\frac{\mathscr{E}_{\mathrm{i}}-\mathscr{E}}{R}=\frac{5.2-2.0}{2.0}=1.6\ \mathrm{A}$$

回路中的电流方向为顺时针方向。

【讨论与拓展】 应用法拉第电磁感应定律求解感应电动势是最基本求解方法。采用该方法求解感应电动势，通常的解题步骤如下：

① 选取合适的小面元 $\mathrm{d}S$；

② 规定出该面元的法向；

③ 计算该小面元 $\mathrm{d}S$ 上穿过的磁通量 $\mathrm{d}\Phi_{\mathrm{m}}=\boldsymbol{B}\cdot\mathrm{d}\boldsymbol{S}$；

④ 求解出整个闭合回路 S 所围面积内的总磁通量 $\Phi_{\mathrm{m}}=\int_S \boldsymbol{B}\cdot\mathrm{d}\boldsymbol{S}$（注意绝不能将 $\Phi_{\mathrm{m}}=\int_S \boldsymbol{B}\cdot\mathrm{d}\boldsymbol{S}$ 写为 $\Phi_{\mathrm{m}}=\int_S \boldsymbol{S}\cdot\mathrm{d}\boldsymbol{B}$，后者没有任何意义）；

⑤ 根据法拉第电磁感应定律 $\mathscr{E}_{\mathrm{i}}=-\frac{\mathrm{d}\Phi_{\mathrm{m}}}{\mathrm{d}t}$，计算出感应电动势；

⑥ 根据计算出的感应电动势的正负号，确定感应电动势的方向。或根据法拉第电磁感应定律，先计算出感应电动势的数值大小 $\mathscr{E}_{\mathrm{i}}=\left|-\frac{\mathrm{d}\Phi_{\mathrm{m}}}{\mathrm{d}t}\right|$，再根据楞次定律，确定出感应电动势的方向。

【例题 8-3】 如图 8.3(a)所示，已知一段导体杆 ab，长为 L，在与均匀磁场(磁感应强

度为 $\boldsymbol{B}$)垂直的平面内运动，其水平向右运动的速度为 $\boldsymbol{v}$，求：导体杆两端的动生电动势。

【思路解析】 本题是一个典型的运动导体切割磁场线产生动生电动势的问题，可以采用一段导体切割磁场线的动生电动势的求解公式进行计算。

【计算详解】 如图 8.3(b)所示，因为导体杆运动的速度 $\boldsymbol{v}$ 与磁感应强度 $\boldsymbol{B}$ 垂直，因此，可以判断出($\boldsymbol{v}\times\boldsymbol{B}$)矢量的方向如图中所示。沿着导体杆 ab，取一长度为 $\mathrm{d}l$ 的导体段，选取从 a 指向 b 的方向作为 $\mathrm{d}\boldsymbol{l}$ 的方向。这时，$\mathrm{d}\boldsymbol{l}$ 矢量的方向与($\boldsymbol{v}\times\boldsymbol{B}$)矢量的方向相同。根据动生电动势的求解公式，有

$$\begin{aligned}\mathscr{E}_{ab} &= \int_a^b (\boldsymbol{v}\times\boldsymbol{B})\cdot\mathrm{d}\boldsymbol{l} = \int_a^b |\boldsymbol{v}\times\boldsymbol{B}|\cos\theta\mathrm{d}l \\ &= \int_a^b v\cdot\sin\frac{\pi}{2}\cdot B\cdot\cos 0\cdot\mathrm{d}l = \int_a^b vB\,\mathrm{d}l \\ &= vBL\end{aligned}$$

注意：计算出的动生电动势 $\mathscr{E}_{ab}=vBL>0$，说明动生电动势 $\mathscr{E}_{ab}$ 的方向与我们选取的 $\mathrm{d}\boldsymbol{l}$ 的正方向相同。在电源的内部，动生电动势的方向总是从“负极”指向“正极”的，即 a 点的电势低，b 点的电势高。

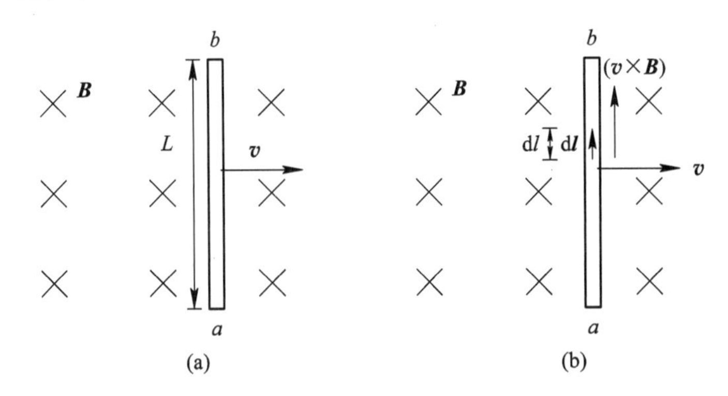

图 8.3

【讨论与拓展】 本题中，导体杆的运动速度的方向与导体杆是垂直的，如果存在夹角结果又如何呢?

【拓展例题 8-3-1】 如图 8.4(a) 所示，已知一段导体杆 ab，长为 L，在均匀磁场(磁感应强度为 $\boldsymbol{B}$)中运动，导体杆运动的速度为 $\boldsymbol{v}$，若导体杆的运动速度 $\boldsymbol{v}$ 与导体杆 ab 之间的夹角为 θ，求：导体杆两端的动生电动势。

【解析】 如图 8.4(a)所示，可以判断出($\boldsymbol{v}\times\boldsymbol{B}$)矢量的方向，即竖直向上的方向。沿着导体杆 ab，取一长度为 $\mathrm{d}l$ 的导体段，选取从 a 指向 b 的方向作为 $\mathrm{d}\boldsymbol{l}$ 的正方向。这时，$\mathrm{d}\boldsymbol{l}$ 矢量的方向与($\boldsymbol{v}\times\boldsymbol{B}$)矢量的方向间夹角为 $\frac{\pi}{2}-\theta$，则导体杆中的动生电动势 $\mathscr{E}'_{ab}$ 为

$$\begin{aligned}\mathscr{E}'_{ab} &= \int_a^b (\boldsymbol{v}\times\boldsymbol{B})\cdot\mathrm{d}\boldsymbol{l} = \int_a^b |\boldsymbol{v}\times\boldsymbol{B}|\cos\left(\frac{\pi}{2}-\theta\right)\mathrm{d}l \\ &= \int_a^b v\cdot\sin\frac{\pi}{2}\cdot B\cdot\sin\theta\cdot\mathrm{d}l = \int_a^b vB\sin\theta\mathrm{d}l \\ &= vBL\sin\theta\end{aligned}$$

计算出的动生电动势 $\mathscr{E}'_{ab}=vBL\sin\theta>0$，说明动生电动势 $\mathscr{E}'_{ab}$ 的方向与我们选取的 $\mathrm{d}\boldsymbol{l}$ 的

正方向相同，即仍是 a 点的电势低，b 点的电势高。注意：$L\sin\theta$ 实际上恰为导体杆投影到垂直于导体杆的运动速度方向上的“等效长度”。

【拓展例题 8-3-2】 如图 8.4(b) 所示，已知一段导体杆 ab，长为 L，在均匀磁场(磁感应强度为 $\boldsymbol{B}$)中，绕过 a 点垂直于纸面的轴作匀角速度转动，转动角速度为 ω，求：导线杆 ab 两端的电动势。

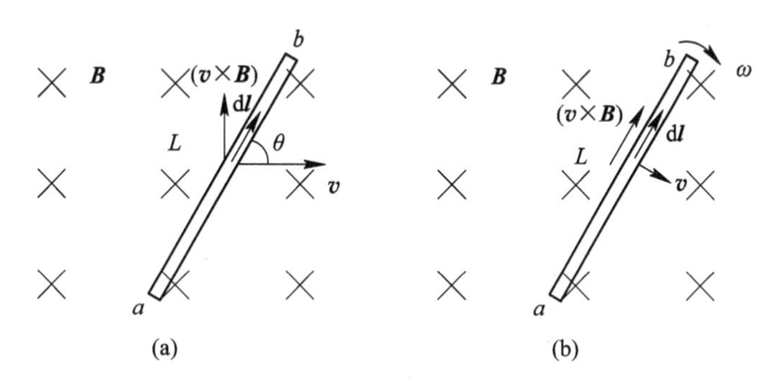

图 8.4

【解析】 沿着导体杆 ab，在距离 a 点为 l 处，取一长度为 $\mathrm{d}l$ 的导体段，选取从 a 指向 b 的方向作为 $\mathrm{d}l$ 的方向。这时，$\mathrm{d}\boldsymbol{l}$ 矢量的方向与 $(\boldsymbol{v}\times\boldsymbol{B})$ 矢量的方向相同，都是沿导体杆从 a 指向 b 的方向。各 $\mathrm{d}\boldsymbol{l}$ 处的线速度大小 $v=\omega l$。

根据动生电动势的求解公式，有

$$
\begin{aligned}
\mathscr{E}''_{ab} &= \int_a^b (\boldsymbol{v}\times\boldsymbol{B})\cdot\mathrm{d}\boldsymbol{l} = \int_a^b |\boldsymbol{v}\times\boldsymbol{B}|\cos\theta\mathrm{d}l \\
&= \int_a^b v\cdot\sin\frac{\pi}{2}\cdot B\cdot\cos 0\cdot\mathrm{d}l = \int_a^b vB\,\mathrm{d}l \\
&= \int_0^L (\omega l)B\mathrm{d}l = \frac{1}{2}\omega BL^2 \qquad (8-1)
\end{aligned}
$$

计算出的动生电动势 $\mathscr{E}''_{ab}=\frac{1}{2}\omega BL^2>0$，说明动生电动势 $\mathscr{E}''_{ab}$ 的方向与初始我们所选取的 $\mathrm{d}\boldsymbol{l}$ 的正方向相同，即仍是 a 点的电势低，b 点的电势高。

如果导体杆的转动方向与图示中的方向相反，由类似的分析可得，b 点的电势低，a 点的电势高。

本例题得到的导体杆，长为 L，绕其一端从匀角速度转动过程中产生的动生电动势，可以看作一个典型的模型，在后续相关问题的计算中可以直接应用本题中得到的式(8-1)的结果，即 $\mathscr{E}=\frac{1}{2}\omega BL^2$。

【例题 8-4】 一导线弯曲形成如图 8.5(a)所示的形状，其中 acb 段是半径为 R 的四分之三的圆弧，Oa 段是长为 R 的直线段。若将此导线放置在垂直于纸面向内的均匀磁场(磁感应强度为 $\boldsymbol{B}$)中，导线以角速度 ω 绕过 O 点，垂直于纸面内的轴作匀角速度转动，求：此导线中的电动势。

【思路解析】 本题初看导线形状复杂，用动生电动势的公式直接积分求解困难。但是若如图 8.5(b)所示，先给待求的 $Oacb$ 段导线补足 bO 段直导线，形成一个闭合的导线回路。则整个回路在绕过 O 点垂直于纸面内的轴作匀角速度转动的过程中，总的回路面积的

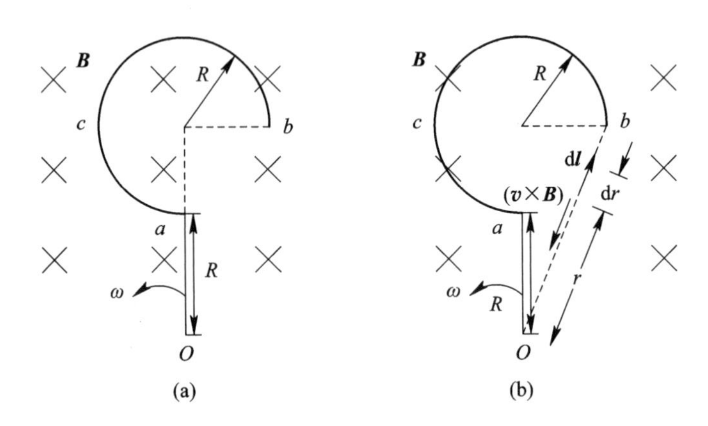

图 8.5

磁通量并未发生变化，即 $\mathscr{E}_{OacbO}=-\dfrac{\mathrm{d}\Phi_{\mathrm{m}}}{\mathrm{d}t}=0$。而电动势具有叠加性，即 $\mathscr{E}_{OacbO}=\mathscr{E}_{Oacb}+\mathscr{E}_{bO}$，因此，$\mathscr{E}_{Oacb}=-\mathscr{E}_{bO}=\mathscr{E}_{Ob}$。我们可以通过“以直(直线段两端的电动势 $\mathscr{E}_{Ob}$)代曲(曲线段两端的电动势 $\mathscr{E}_{Oacb}$)”的方法，巧妙地避免复杂的数学积分，利用直导线段 Ob 转动的动生电动势计算公式，求解即可。

【计算详解】　如图 8.5(b)所示，增加一导线段 Ob，使得导线形成闭合回路 $OacbO$，则该导线回路面积在图中所示的转动过程中，穿过该面积的磁通量的变化为零，即

$$\mathscr{E}_{OacbO}=-\frac{\mathrm{d}\Phi_{\mathrm{m}}}{\mathrm{d}t}=0$$

而

$$\mathscr{E}_{OacbO}=\mathscr{E}_{Oacb}+\mathscr{E}_{bO}=0$$

因此

$$\mathscr{E}_{Oacb}=-\mathscr{E}_{bO}$$

交换电动势两个下标的位置，则有 $\mathscr{E}_{Oacb}=\mathscr{E}_{Ob}$。参考例题 8－3 中的式(8－1)，易得

$$\begin{aligned}\mathscr{E}_{Oacb}&=\mathscr{E}_{Ob}=\int_O^b(\boldsymbol{v}\times\boldsymbol{B})\cdot\mathrm{d}\boldsymbol{l}\\&=\int_0^{\sqrt{5}R}(\omega r)\cdot\sin\frac{\pi}{2}\cdot B\cdot\cos\pi\cdot\mathrm{d}r\\&=-\frac{1}{2}\omega B\,\overline{Ob}^2=-\frac{5}{2}\omega BR^2\end{aligned}$$

因为上述计算中已选取了 $\mathrm{d}\boldsymbol{l}$ 矢量的方向是从 O 指向 b 点的，因此，计算出的动生电动势 $\mathscr{E}_{Ob}<0$，这说明动生电动势的方向从 b 点指向 O 点，即所求的动生电动势 $\mathscr{E}_{Oacb}$ 的 O 点的电势高，b 点的电势低。

【讨论与拓展】　本题是采用“补偿法”求解动生电动势的典型例子。在本例题中，通过补足一条直导线，使得原本形状复杂的导线构成了一个完整的闭合导线回路，而所构成的回路在导线运动过程中，穿过整个闭合导线回路的磁通量是不变的。因此，针对整个回路，应用法拉第电磁感应定律，即可得出整个回路的感应电动势为零，从而将形状复杂的导线两端的电动势的求解问题，转化为了直线段导线切割磁场线的动生电动势的求解计算问题。

需要说明的是，即使在其他问题中，所补足的回路面积中穿过的磁通量是变化的，只要其数值可以方便求解，也可以采用上述的“补偿法”进行类似的求解。

【例题 8-5】 一通有恒定电流 I 的无限长直导线，旁边有一个与它共面的导体杆 ab，长为 L，其中 a 端与长直导线之间的距离为 l_0，当导体杆的运动的速度为 $\boldsymbol{v}$，如图 8.6(a)所示，求：导体杆 ab 两端的动生电动势。

【思路解析】 本题需要求解的运动导体杆处在非均匀的磁场之中，具体的求解思路仍是按照动生电动势的计算公式求解。

【计算详解】 如图 8.6(b)所示，建立坐标系，在距离 O 点 x 处，取一长度为 $\mathrm{d}x$ 的一小段导体，选取从 a 指向 b 的方向作为 $\mathrm{d}\boldsymbol{l}$ 的方向。这时，$\mathrm{d}\boldsymbol{l}$ 矢量的方向与$(\boldsymbol{v}\times\boldsymbol{B})$矢量的方向相反。根据动生电动势的求解公式，有

$$\begin{aligned}\mathscr{E}_{ab} &= \int_a^b(\boldsymbol{v}\times\boldsymbol{B})\cdot\mathrm{d}\boldsymbol{l} = \int_a^b\left(v\cdot\sin\frac{\pi}{2}\cdot B\right)\cdot\cos\pi\cdot\mathrm{d}l \\ &= \int_a^b\left(v\cdot\sin\frac{\pi}{2}\cdot B\right)\cdot\cos\pi\cdot\mathrm{d}x = -\int_{l_0}^{l_0+L}v\,\frac{\mu I}{2\pi x}\mathrm{d}x \\ &= -\frac{\mu_0 Iv}{2\pi}\ln\frac{l_0+L}{l_0}\end{aligned} \tag{8-2}$$

计算出的动生电动势 $\mathscr{E}_{ab}<0$，说明动生电动势 $\mathscr{E}_{ab}$ 的方向与所选取的 $\mathrm{d}\boldsymbol{l}$ 的方向(即 x 轴正向)相反。故 b 点的电势低，a 点的电势高。

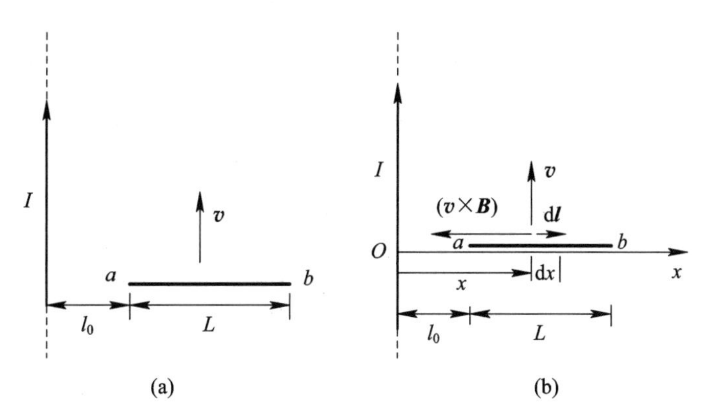

图 8.6

【讨论与拓展】 本题是在非均匀磁场中，运动的导体切割磁场线产生动生电动势的典型例子。导体杆运动的方式不同，产生的动生电动势的大小和方向都有区别，下面几个例子分别讨论了几种比较典型的情况。

【拓展例题 8-5-1】 一通有恒定电流 I 的无限长直导线，旁边有一个与它共面的导体杆 ab，长为 L，其中 a 端与长直导线之间的距离为 l_0，当导体杆的运动的速度为 $\boldsymbol{v}$，如图 8.7(a) 所示，求：导体杆 ab 两端的动生电动势。

【解析】 本题是计算非均匀磁场中拉动导体杆，导体杆切割磁场线产生动生电动势的问题。计算中需要注意各个矢量叉乘、点乘之间的关系。

如图 8.7(b)所示，建立坐标系，沿着导体杆 ab，取一长度为 $\mathrm{d}l$ 的导体段，该导体段投影到 x 轴上的长度为 $\mathrm{d}x$，选取从 a 指向 b 的方向作为 $\mathrm{d}\boldsymbol{l}$ 的方向。这时，$\mathrm{d}\boldsymbol{l}$ 矢量的方向与$(\boldsymbol{v}\times\boldsymbol{B})$矢量的方向间的夹角为 $\pi-\theta$。

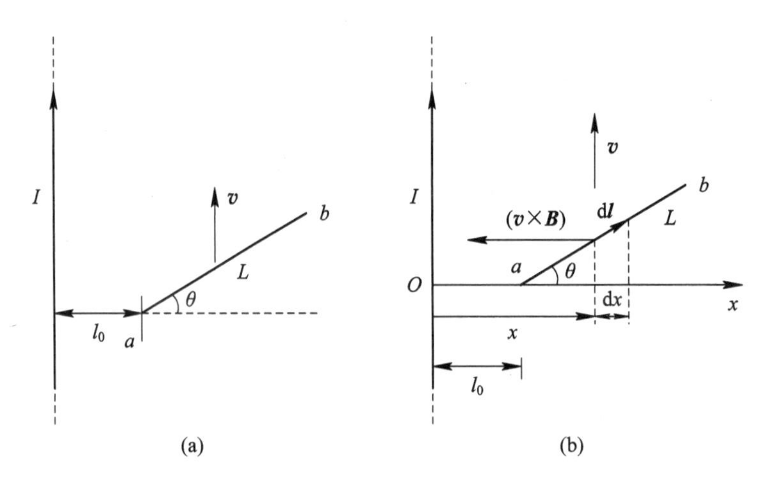

图 8.7

根据动生电动势的求解公式，有

$$\begin{aligned}\mathscr{E}_{ab} &= \int_a^b (\boldsymbol{v} \times \boldsymbol{B}) \cdot \mathrm{d}\boldsymbol{l} = \int_a^b v \cdot \sin\frac{\pi}{2} \cdot B \cdot \cos(\pi - \theta) \cdot \mathrm{d}l \\ &= \int_{l_0}^{l_0 + L\cos\theta} v \frac{\mu_0 I}{2\pi x}(-\cos\theta)\frac{\mathrm{d}x}{\cos\theta} = \int_{l_0}^{l_0 + L\cos\theta} -\frac{\mu_0 I v}{2\pi x}\mathrm{d}x \\ &= -\frac{\mu_0 I v}{2\pi}\ln\frac{l_0 + L\cos\theta}{l_0}\end{aligned}$$

计算出的动生电动势 $\mathscr{E}_{ab}<0$，说明动生电动势 $\mathscr{E}_{ab}$ 的方向与所选取的 d$\boldsymbol{l}$ 的方向相反。故动生电动势的方向是由 b 指向 a 的，即 b 点的电势低，a 点的电势高。

【拓展例题 8-5-2】 一通有恒定电流 I 的无限长直导线，旁边有一个与它共面的导体杆 ab，长为 L，其中 a 端与长直导线之间的距离为 l_0，当导体杆的运动速度为 $\boldsymbol{v}$，如图 8.8(a)所示，求：导体杆 ab 两端的动生电动势。

【解析】 如图 8.8(b)所示，建立坐标系，沿着导体杆 ab，取一长度为 dl 的导体段，该导体段投影到 x 轴上的长度为 dx，选取从 a 指向 b 的方向作为 d$\boldsymbol{l}$ 的方向。这时，d$\boldsymbol{l}$ 矢量的方向与($\boldsymbol{v}\times\boldsymbol{B}$)矢量的方向间的夹角为$\frac{\pi}{2}-\theta$。根据动生电动势的求解公式，有

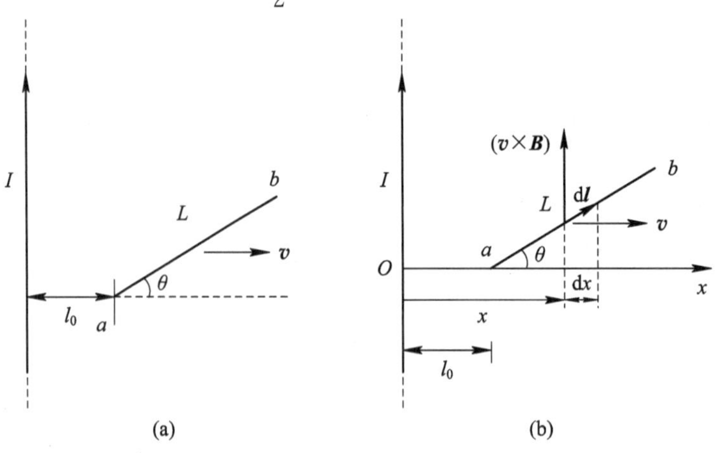

图 8.8

$$\mathscr{E}_{ab} = \int_a^b (\boldsymbol{v} \times \boldsymbol{B}) \cdot \mathrm{d}\boldsymbol{l} = \int_a^b v \cdot \sin\frac{\pi}{2} \cdot B \cdot \cos\left(\frac{\pi}{2} - \theta\right) \cdot \mathrm{d}l$$

$$= \int_{l_0}^{l_0+L\cos\theta} v \frac{\mu_0 I}{2\pi x} \sin\theta \frac{\mathrm{d}x}{\cos\theta} = \int_{l_0}^{l_0+L\cos\theta} \frac{\mu_0 I v}{2\pi x} \tan\theta \cdot \mathrm{d}x$$

$$= \frac{\mu_0 I v}{2\pi} \tan\theta \cdot \ln \frac{l_0 + L\cos\theta}{l_0}$$

计算出的动生电动势 $\mathscr{E}_{ab}>0$，说明动生电动势 $\mathscr{E}_{ab}$ 的方向与所选取的 $\mathrm{d}\boldsymbol{l}$ 的方向一致。故动生电动势的方向是由 a 指向 b 的，即 a 点的电势低，b 点的电势高。

【拓展例题 8-5-3】 一通有恒定电流 I 的无限长直导线，旁边有一个与它共面的细半圆环形导体杆 acb，且导体杆两端点 ab 的连线与长直导线垂直，半圆环的半径为 R，其中 a 端与长直导线之间的距离为 l_0。当细半圆环形导体杆的运动速度为 $\boldsymbol{v}$，如图 8.9(a)所示，求：细半圆环形导体杆 acb 两端的电动势。

【解析】 如图 8.9(b)所示，采用“补偿法”，设补足直线段的导体杆 ab，则整个回路在向上运动过程中回路面积内的磁通量并未发生变化，即

$$\mathscr{E}_{acba} = -\frac{\mathrm{d}\Phi_\mathrm{m}}{\mathrm{d}t} = 0$$

而

$$\mathscr{E}_{acba} = \mathscr{E}_{acb} + \mathscr{E}_{ba}$$

因此

$$\mathscr{E}_{acb} = -\mathscr{E}_{ba} = \mathscr{E}_{ab}$$

故，参照例题 8-5 的式(8-2)，可得

$$\mathscr{E}_{acb} = \mathscr{E}_{ab} = \int_a^b (\boldsymbol{v} \times \boldsymbol{B}) \cdot \mathrm{d}\boldsymbol{l}$$

$$= \int_a^b \left(v \cdot \sin\frac{\pi}{2} \cdot B\right) \cdot \cos\pi \cdot \mathrm{d}l = \int_a^b \left(v \cdot \sin\frac{\pi}{2} \cdot B\right) \cdot \cos\pi \cdot \mathrm{d}x$$

$$= -\int_{l_0}^{l_0+2R} v \frac{\mu_0 I}{2\pi x} \mathrm{d}x = -\frac{\mu_0 I v}{2\pi} \ln \frac{l_0 + 2R}{l_0}$$

计算出的动生电动势 $\mathscr{E}_{acb} = \mathscr{E}_{ab} < 0$，说明动生电动势的方向是由 b 点指向 a 点的，即 b

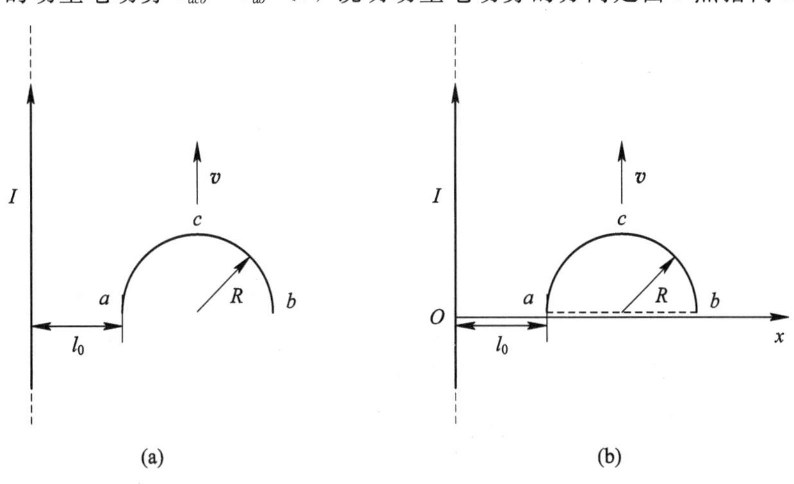

图 8.9

点的电势低，a 点的电势高。

本题通过灵活运用法拉第电磁感应定律，巧妙地避免了复杂的数学积分，得到了细半圆环形导体 a 与 b 两端的电动势。

【拓展例题 8-5-4】 如图 8.10 所示，一无限长的直导线中通有电流 I，电流向上流动。它旁边有一长度为 L 的金属细杆 OM，金属细杆 OM 与无限长直导线共面。已知金属细杆可以绕 O 点，垂直于纸面的轴自由转动，若 O 点与无限长直导线之间的距离为 a，且该金属细杆以角速度 ω 匀速转动，则当金属细杆转至图示的 OM 位置(与水平轴之间夹角为 θ)时，求：金属细杆 OM 的动生电动势。

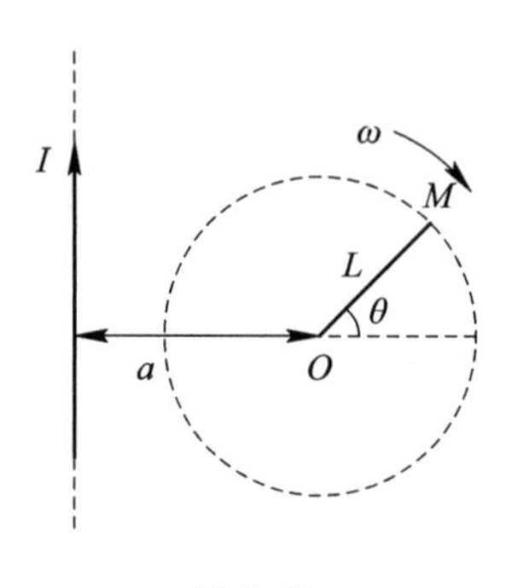

图 8.10

【解析】 在金属细杆上，沿着 O 到 M 的方向，任取一段 $\mathrm{d}\boldsymbol{l}$，则根据动生电动势的求解公式，有

$$\mathscr{E}_{OM}=\int_O^M(\boldsymbol{v}\times\boldsymbol{B})\cdot\mathrm{d}\boldsymbol{l}=\int_O^M\left(v\cdot\sin\frac{\pi}{2}\cdot B\right)\cdot\cos 0\cdot\mathrm{d}l=\int_O^M vB\,\mathrm{d}l$$

过 O 点，水平向右建立 x 轴坐标系，则

$$B=\frac{\mu_0 I}{2\pi(a+x)}$$

又

$$\mathrm{d}l=\frac{\mathrm{d}x}{\cos\theta}$$

$$v=\omega\cdot\frac{x}{\cos\theta}$$

故金属细杆 OM 的动生电动势为

$$\begin{aligned}\mathscr{E}_{OM}&=\int_O^M vB\,\mathrm{d}l\\&=\frac{\mu_0 I\omega}{2\pi\cos^2\theta}\int_0^{L\cos\theta}\frac{x\,\mathrm{d}x}{a+x}\\&=\frac{\mu_0 I\omega}{2\pi\cos^2\theta}\left(L\cos\theta-a\ln\frac{a+L\cos\theta}{a}\right)\end{aligned}$$

计算出的动生电动势 $\mathscr{E}_{OM}>0$，说明动生电动势的方向与所选取的 $\mathrm{d}\boldsymbol{l}$ 的方向是一致的，即从 O 点指向 M 点，说明 O 点的电势低，M 点的电势高。

【讨论与拓展】 总结以上例题可以看出，求解一段运动导体在磁场中的动生电动势，可按照公式 $\mathscr{E}_{ab}=\int_a^b(\boldsymbol{v}\times\boldsymbol{B})\cdot\mathrm{d}\boldsymbol{l}$ 计算。计算动生电动势的主要步骤如下：

① 选取导体上一小段线元 d$\boldsymbol{l}$，确定出积分 d$\boldsymbol{l}$ 的方向；

② 根据导体的运动特征，确定该小段线元所在处的运动速度 $\boldsymbol{v}$ 和磁感应强度 $\boldsymbol{B}$；

③ 得到($\boldsymbol{v}\times\boldsymbol{B}$)矢量，确定出($\boldsymbol{v}\times\boldsymbol{B}$)矢量的方向与 d$\boldsymbol{l}$ 矢量之间的夹角；

④ 利用动生电动势的计算公式，求解 $\mathscr{E}_{ab}=\int_a^b(\boldsymbol{v}\times\boldsymbol{B})\cdot\mathrm{d}\boldsymbol{l}$；

⑤ 如果计算出的动生电动势 $\mathscr{E}_{ab}>0$，说明动生电动势 $\mathscr{E}_{ab}$ 的方向与所选取的 d$\boldsymbol{l}$ 的方向一致；否则相反。在电源内部，动生电动势的方向总是从低电势指向高电势。

【例题 8－6】 一无限长的直导线中通有交变电流 $I(t)=I_0\sin(\omega t)$，式中 I_0、ω 为常量。它旁边有一与其共面的长方形导体线圈 $ABCD$，如图 8.11(a)所示，求：矩形导体回路 $ABCD$ 中的感应电动势。

【思路解析】 本题中，由于无限长直导线中的电流随时间变化，因而在其周围产生变化的非均匀磁场。所以，虽然矩形回路 $ABCD$ 不动，但是矩形回路中将产生感生电动势。

【计算详解】 如图 8.11(b)所示，选取垂直于纸面向内的方向作为矩形回路所在平面的法向，该法向单位矢量，记为 $\boldsymbol{n}$。在距无限长直载流导线为 r 处，选取一面积为 dS 的小面元，该小面元 d$\boldsymbol{S}$=d$S\boldsymbol{n}$ 所在处的磁感应强度 $\boldsymbol{B}$ 的大小为

$$B=\frac{\mu_0 I}{2\pi r}=\frac{\mu_0 I_0\sin(\omega t)}{2\pi r}$$

可得，穿过小面元 d$\boldsymbol{S}$ 的磁通量为

$$\mathrm{d}\Phi_{\mathrm{m}}=\boldsymbol{B}\cdot\mathrm{d}\boldsymbol{S}=B\cdot\cos 0\cdot\mathrm{d}S=B\mathrm{d}S=\frac{\mu_0 I_0\sin(\omega t)}{2\pi r}\cdot l\mathrm{d}r$$

穿过矩形回路 $ABCD$ 的磁通量为

$$\Phi_{\mathrm{m}}=\int\mathrm{d}\Phi_{\mathrm{m}}=\int_S\boldsymbol{B}\cdot\mathrm{d}\boldsymbol{S}=\int_a^{a+b}\frac{\mu_0 I_0}{2\pi r}\sin(\omega t)\cdot l\mathrm{d}r=\frac{\mu_0 l I_0}{2\pi}\ln\frac{a+b}{a}\sin(\omega t)$$

于是，感应电动势为

$$\mathscr{E}_{\mathrm{i}}=-\frac{\mathrm{d}\Phi_{\mathrm{m}}}{\mathrm{d}t}=-\frac{\mu_0 l I_0\omega}{2\pi}\ln\frac{a+b}{a}\cos(\omega t)$$

因此感应电动势的方向呈周期性变化。

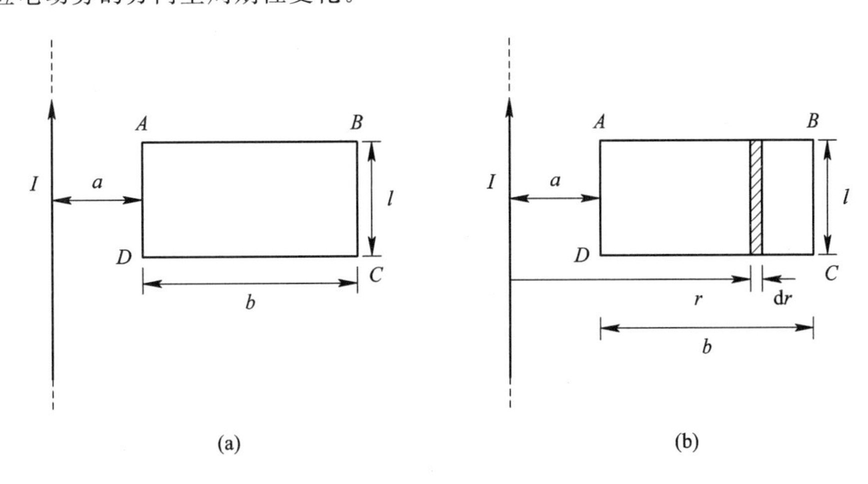

图 8.11

【例题 8－7】 如图 8.12(a)所示，一长直导线通有电流 $I(t)=I_0\sin(\omega t)$，式中 I_0、ω 为

常量。有一带可滑动边 AB 的矩形导线框与长直导线共面，二者相距为 a，矩形线框的滑动边 AB 与长直导线垂直，它的宽度为 b，并且以速度 $\boldsymbol{v}$(方向平行长直导线，如图所示)匀速滑动。若忽略线框中的自感电动势，并设开始时滑动边 AB 与 CD 重合，求：任意时刻 t，矩形线框内的感应电动势 $\mathscr{E}_i$。

【思路解析】 本题中，由于无限长直导线中的电流随时间变化，因而在其周围产生变化的磁场。又由于矩形回路 $ABCD$ 所包围的面积同时也在发生变化，因此，本题中的感应电动势中既有动生电动势，又有感生电动势。这种情况下，最推荐的解法还是直接先求解出某一时刻的磁通量，再应用法拉第电磁感应定律，求解感应电动势。

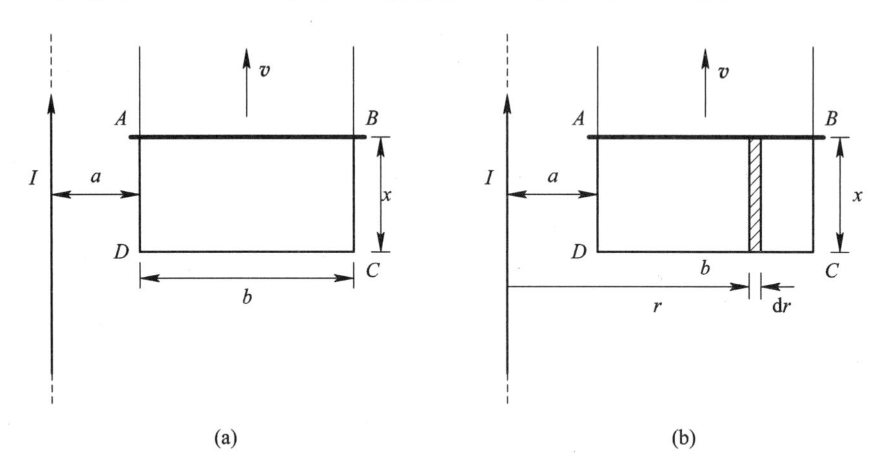

图 8.12

【计算详解】 如图 8.12(b)所示，在任意时刻 t，选取距离无限长直导线 r 处，宽度为 $\mathrm{d}r$ 的矩形小面元，选取面元的法向垂直于纸面向内，则通过该小面元的磁通量为

$$\mathrm{d}\Phi_{\mathrm{m}}=\boldsymbol{B}\cdot\mathrm{d}\boldsymbol{S}=B\mathrm{d}S=\frac{\mu_0 I}{2\pi r}\cdot x\mathrm{d}r$$

穿过矩形回路 $ABCD$ 的磁通量为

$$\Phi_{\mathrm{m}}=\int\mathrm{d}\Phi_{\mathrm{m}}=\int_S\boldsymbol{B}\cdot\mathrm{d}\boldsymbol{S}\int_a^{a+b}\frac{\mu_0 I}{2\pi r}\cdot x\mathrm{d}r=\frac{\mu_0 Ix}{2\pi}\ln\frac{a+b}{a}$$

根据法拉第电磁感应定律，有

$$\begin{aligned}\mathscr{E}_i&=-\frac{\mathrm{d}\Phi_{\mathrm{m}}}{\mathrm{d}t}=-\frac{\mu_0}{2\pi}\ln\frac{a+b}{a}\frac{\mathrm{d}}{\mathrm{d}t}(Ix)\\&=-\frac{\mu_0}{2\pi}\ln\frac{a+b}{a}\left[\frac{\mathrm{d}I}{\mathrm{d}t}x+\frac{\mathrm{d}x}{\mathrm{d}t}I\right]\end{aligned}$$

又因为 $I(t)=I_0\sin(\omega t)$，$x=vt$，所以

$$\frac{\mathrm{d}I}{\mathrm{d}t}=I_0\omega\cos(\omega t),\ \frac{\mathrm{d}x}{\mathrm{d}t}=v$$

故

$$\mathscr{E}_{\mathrm{i}}=-\frac{\mu_0 I_0 v}{2\pi}\ln\frac{a+b}{a}(\omega t\cos(\omega t)+\sin(\omega t))$$

可见感应电动势的大小和方向都随时间变化。具体某时刻的感应电动势的方向，可依据法拉第电磁感应定律自带的负号或根据楞次定律判断。

【讨论与拓展】 本题是既有导线切割磁场线运动引起的回路面积变化，又有磁场随时间变化，既有动生电动势，又有感生电动势的典型问题。

需要说明的是动生电动势和感生电动势的分类并不是非此即彼的分类方式。感应电动势分为动生电动势和感生电动势只是根据产生电动势的原因进行的有针对性的分类。因此会存在既有动生电动势，又有感生电动势的情况。

【拓展例题 8-7-1】 已知一个弯成夹角为 θ 的金属架 COD，导体棒 MN 垂直 OD 以恒定速度 $\boldsymbol{v}$ 在金属架上向右滑动(金属架 COD 可认为无限延展，导体棒可认为在本题讨论范围中无掉落)，如图 8.13(a)所示，当 $t=0$ 时，$x=0$，已知磁场的方向垂直纸面向外，求下列情况中金属架内的感应电动势。

(1) 磁场分布均匀，且不随时间变化(磁感应强度 $\boldsymbol{B}$ 垂直于纸面向外)；

(2) 磁场为非均匀时变磁场，磁感应强度的大小随时间的变化关系满足 $B=kx\cos(\omega t)$ (式中 k、ω 为常数)。

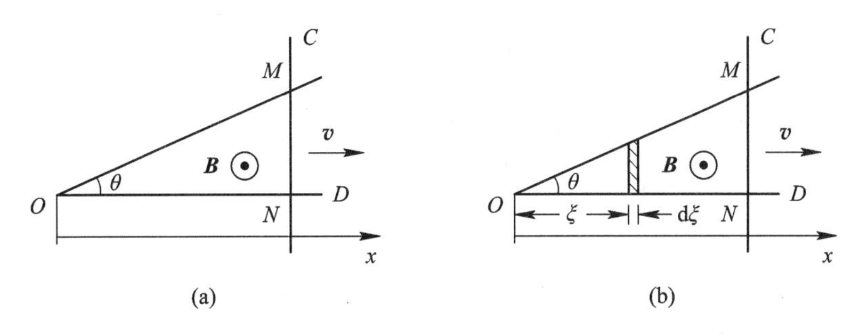

图 8.13

【解析】 (1) 由于磁感应强度保持不变，所以在导体棒滑动过程中，三角形回路中的磁通量随着导体框所包围面积的变化而产生电动势，这是典型的动生电动势的问题。

设沿着 $ONMO$ 的逆时针方向作为绕行正方向，则可以计算出，穿过闭合三角形回路面积的磁通量为

$$\Phi_{\mathrm{m}}=\boldsymbol{B}\cdot\boldsymbol{S}=BS=B\cdot\left(\frac{1}{2}\cdot x\cdot\overline{MN}\right)=\frac{1}{2}Bx\cdot(x\tan\theta)=\frac{1}{2}Bx^2\tan\theta$$

故感应电动势为

$$\mathscr{E}_{\mathrm{i}}=-\frac{\mathrm{d}\Phi_{\mathrm{m}}}{\mathrm{d}t}=-\frac{B\tan\theta}{2}\frac{\mathrm{d}(x^2)}{\mathrm{d}t}=-B\tan\theta x\frac{\mathrm{d}x}{\mathrm{d}t}$$

又因为 $x=vt$，所以

$$\frac{\mathrm{d}x}{\mathrm{d}t}=v$$

可得

$$\mathscr{E}_{\mathrm{i}}=-v^2Bt\tan\theta$$

感应电动势的方向，可以根据法拉第电磁感应定律判断出，其与规定的绕行正方向相反，即感应电动势的方向为 $OMNO$。在电源内部，感应电动势的方向是由 M 点指向 N 点，即 M 点电势低，N 点电势高。感应电动势的方向也可由楞次定律判断出。

(2) 由于磁感应强度 $\boldsymbol{B}$ 随时间 t 变化，导体棒 MN 的位置坐标 x 也随时间发生变化，因此本题既存在动生电动势，又存在感生电动势，可以采用法拉第电磁感应定律求解感应

电动势。

建立图 8.13(b)所示的坐标系，在距离坐标原点 O 为 ξ 处，取宽度为 $\mathrm{d}\xi$ 的小面元 $\mathrm{d}\boldsymbol{S}$，则小面元 $\mathrm{d}\boldsymbol{S}$ 的面积大小为 $\mathrm{d}S=(\xi\tan\theta)\mathrm{d}\xi$。

取 $ONMO$ 为绕行正方向，则该小面元矢量 $\mathrm{d}\boldsymbol{S}$ 上穿过的磁通量 $\mathrm{d}\Phi_{\mathrm{m}}$ 为

$$\mathrm{d}\Phi_{\mathrm{m}}=\boldsymbol{B}\cdot\mathrm{d}\boldsymbol{S}=B\mathrm{d}S=B(\xi\tan\theta)\mathrm{d}\xi=k\xi^2\cos(\omega t)\cdot\tan\theta\cdot\mathrm{d}\xi$$

于是，穿过整个三角形回路面积的磁通量为

$$\begin{aligned}\Phi_{\mathrm{m}}&=\int\boldsymbol{B}\cdot\mathrm{d}\boldsymbol{S}=\int\mathrm{d}\Phi_{\mathrm{m}}\\&=\int_0^x k\xi^2\cos(\omega t)\cdot\tan\theta\cdot\mathrm{d}\xi\\&=\frac{1}{3}kx^3\cos(\omega t)\cdot\tan\theta\end{aligned}$$

根据法拉第电磁感应定律，有

$$\begin{aligned}\mathscr{E}_{\mathrm{i}}&=-\frac{\mathrm{d}\Phi_{\mathrm{m}}}{\mathrm{d}t}\\&=-\frac{1}{3}k\tan\theta\cdot\frac{\mathrm{d}}{\mathrm{d}t}(x^3\cos(\omega t))\\&=\frac{1}{3}kx^3\omega\sin(\omega t)\cdot\tan\theta-kx^2v\cos(\omega t)\cdot\tan\theta\end{aligned}$$

由于

$$x=vt$$

因此，感应电动势可以进一步表示为题中参量的形式，即

$$\mathscr{E}_{\mathrm{i}}=kv^3\tan\theta\left(\frac{1}{3}\omega t^3\sin(\omega t)-t^2\cos(\omega t)\right)$$

若 $\mathscr{E}_{\mathrm{i}}>0$，则感应电动势的方向与所取的绕行正方向一致；反之，则感应电动势的方向与所取的绕行正方向相反。

计算电动势的公式小结：

(1) 磁场恒定不变，回路或其一部分运动，此时计算动生电动势。

一段导线：

$$\mathscr{E}_{ab}=\int_a^b(\boldsymbol{v}\times\boldsymbol{B})\cdot\mathrm{d}\boldsymbol{l}$$

闭合回路：

$$\mathscr{E}=\oint_L(\boldsymbol{v}\times\boldsymbol{B})\cdot\mathrm{d}\boldsymbol{l},\ \mathscr{E}_{\mathrm{i}}=-\frac{\mathrm{d}\Phi_{\mathrm{m}}}{\mathrm{d}t}$$

(2) 磁场随时间变化，回路不动，此时计算感生电动势。

一段导线：

$$\mathscr{E}_{\mathrm{i}}=\int_L\boldsymbol{E}_{\mathrm{V}}\cdot\mathrm{d}\boldsymbol{l}$$

闭合回路：

$$\mathscr{E}_{\mathrm{i}}=\oint_L\boldsymbol{E}_{\mathrm{V}}\cdot\mathrm{d}\boldsymbol{l},\ \mathscr{E}_{\mathrm{i}}=-\frac{\mathrm{d}\Phi_{\mathrm{m}}}{\mathrm{d}t}$$

(3) 磁场随时间变化，且回路或其一部分又运动，此时既有感生电动势，又有动生电动

势，最好使用

$$\mathscr{E}_{\mathrm{i}}=-\frac{\mathrm{d}\Phi_{\mathrm{m}}}{\mathrm{d}t}$$

【例题 8-8】 在半径为 R 的无限长直螺线管内，有垂直于纸面向内的均匀磁场，磁感应强度 $\boldsymbol{B}$，且其大小随时间以恒定速率增加，已知$\frac{\partial B}{\partial t}>0$，如图 8.14(a)所示，求：

(1) 管内外有旋电场的分布；

(2) 若将长为 R 的导体杆 ab 放在螺线管内，如图 8.14(b)所示位置时，导体杆两端感生电动势的大小及方向。

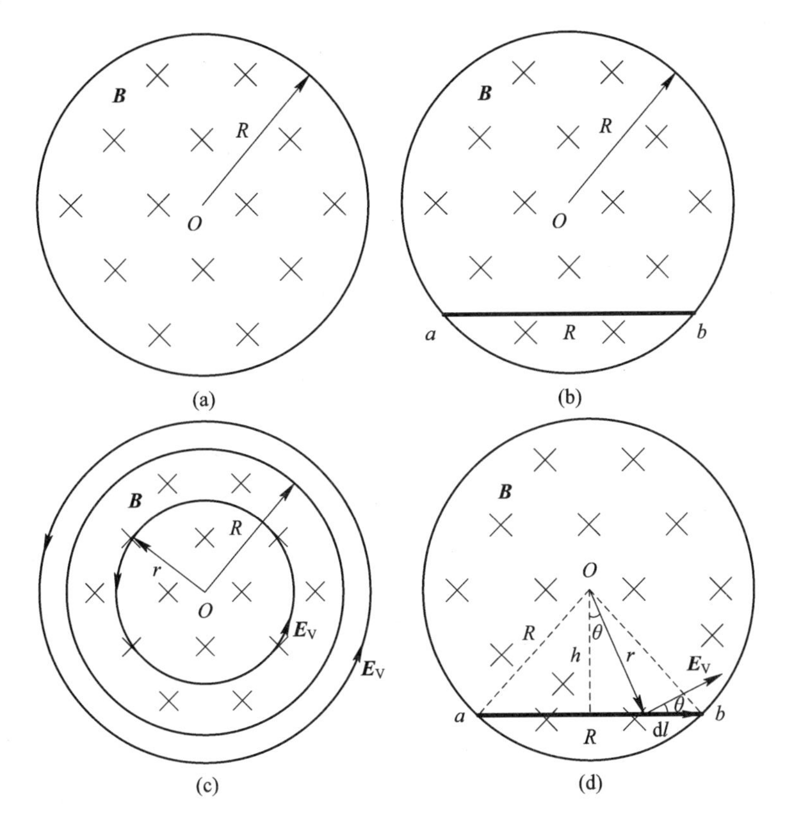

图 8.14

【思路解析】 由于螺线管内磁场随时间变化，变化的磁场在螺线管内外将产生有旋电场。由于磁场分布具有轴对称性，因此，有旋电场线是一簇圆心在螺线管轴线上的圆，并且任意的一个圆上，只要是同一个半径位置处，有旋电场的数值大小是相等的。

另外，有旋电场的方向总是垂直圆半径的，这点在后续题目的求解中非常重要。

【计算详解】 (1) 如图 8.14(c)所示，以 O 点为圆心，任取一个半径为 r 的圆作为积分的路径，根据对称性分析可得，该圆上各点的有旋电场 $\boldsymbol{E}_{\mathrm{V}}$ 的大小相等。取逆时针方向为回路绕行正方向，因为

$$\mathscr{E}_{\mathrm{i}}=\oint_{L}\boldsymbol{E}_{\mathrm{V}}\cdot\mathrm{d}\boldsymbol{l}=-\int_{S}\frac{\partial\boldsymbol{B}}{\partial t}\cdot\mathrm{d}\boldsymbol{S}$$

式中 S 是以所取回路 L 为边界线的曲面。

当 $r<R$ 时，选半径为 r 的圆面积作为积分面积，该圆面积上各点的 $\frac{\partial \boldsymbol{B}}{\partial t}$ 的数值大小相等，故

$$\mathscr{E}_{\mathrm{i}}=\oint_{L}\boldsymbol{E}_{\mathrm{V}}\cdot \mathrm{d}\boldsymbol{l}=E_{\mathrm{V}}2\pi r=\frac{\partial B}{\partial t}\cdot \pi r^{2}$$

由此可得，当 $r<R$ 时，有旋电场的电场强度的大小为

$$E_{\mathrm{V}}=\frac{r}{2}\frac{\partial B}{\partial t}\quad (r<R)$$

有旋电场的方向是逆时针方向。

当 $r>R$ 时，类似有

$$\mathscr{E}_{\mathrm{i}}=\oint_{L}\boldsymbol{E}_{\mathrm{V}}\cdot \mathrm{d}\boldsymbol{l}=E_{\mathrm{V}}2\pi r=\frac{\partial B}{\partial t}\cdot \pi R^{2}$$

由此可得，当 $r>R$ 时，有旋电场的电场强度的大小为

$$E_{\mathrm{V}}=\frac{1}{2}\frac{R^{2}}{r}\frac{\partial B}{\partial t}\quad (r>R)$$

有旋电场的方向是逆时针方向。

(2) 求解直导体杆 ab 的电动势。

方法一：根据 $\mathscr{E}_{ab}=\int_{a}^{b}\boldsymbol{E}_{\mathrm{V}}\cdot \mathrm{d}\boldsymbol{l}$ 直接积分求解。

已知有旋电场的管内外分布情况，可沿导体棒 ab 取线元 $\mathrm{d}\boldsymbol{l}$，$\mathrm{d}\boldsymbol{l}$ 与 $\boldsymbol{E}_{\mathrm{V}}$ 间的夹角为 θ，如图 8.14(d)所示。依据感生电动势计算公式，有

$$\mathscr{E}_{ab}=\int_{a}^{b}\boldsymbol{E}_{\mathrm{V}}\cdot \mathrm{d}\boldsymbol{l}=\int_{a}^{b}E_{\mathrm{V}}\cos\theta \mathrm{d}l=\int_{a}^{b}\left(\frac{r}{2}\frac{\partial B}{\partial t}\right)\frac{h}{r}\mathrm{d}l$$

$$=\frac{h}{2}\frac{\partial B}{\partial t}L_{ab}=\frac{l}{2}\sqrt{R^{2}-\left(\frac{L_{ab}}{2}\right)^{2}}\frac{\partial B}{\partial t}$$

当 ab 长度为 R 时，将 $L_{ab}=R$ 代入上式，有

$$\mathscr{E}_{ab}=\frac{\sqrt{3}}{4}\frac{\partial B}{\partial t}R^{2}$$

因为 $\mathscr{E}_{ab}>0$，说明感生电动势的方向由 a 指向 b，即 b 点电势比 a 点的高。

方法二：利用法拉第电磁感应定律求解。

为求导体杆 ab 段的电动势 $\mathscr{E}_{ab}$，可先连接 Oa，Ob，设想形成一闭合的三角形 Oab 导线回路。设磁场变化过程中，整个闭合三角形回路的感应电动势为 $\mathscr{E}_{OabO}$，则，根据法拉第电磁感应定律，有

$$\mathscr{E}_{OabO}=-\frac{\mathrm{d}\Phi_{\mathrm{m}}}{\mathrm{d}t}=-\frac{\partial \boldsymbol{B}}{\partial t}\cdot \boldsymbol{S}_{\triangle Oab}=\frac{\partial B}{\partial t}\frac{1}{2}hL_{ab}$$

又因为有旋电场与径向总是垂直的，故

$$\mathscr{E}_{Oa}=\int_{O}^{a}\boldsymbol{E}_{\mathrm{V}}\cdot \mathrm{d}\boldsymbol{l}=0 \text{ 同理 } \mathscr{E}_{Ob}=0$$

而

$$\mathscr{E}_{OabO}=\mathscr{E}_{Oa}+\mathscr{E}_{ab}+\mathscr{E}_{bO}=\mathscr{E}_{ab}$$

所以

$$\begin{aligned}\mathscr{E}_{ab} &= \mathscr{E}_{O\,ab\,O} = -\frac{\partial \boldsymbol{B}}{\partial t}\cdot \boldsymbol{S}_{\triangle Oab} = \frac{\partial B}{\partial t}\frac{1}{2}hL_{ab}\\ &= \frac{L_{ab}}{2}\sqrt{R^2-\left(\frac{L_{ab}}{2}\right)^2}\,\frac{\partial B}{\partial t}\\ &= \frac{\sqrt{3}}{4}\frac{\partial B}{\partial t}R^2\end{aligned}$$

根据法拉第电磁感应定律或楞次定律可以判断出感生电动势的方向由 a 指向 b，即 b 点电势高，a 点的电势低。

【讨论与拓展】 本题求解的是有旋电场中放置导体杆的电动势问题，有旋电场虽然不能引入电势的概念，但为何又有 b 端的电势比 a 端的高这样的说法呢？这是由于 b 端会积累正电荷，而 a 端会积累负电荷。这种情况下，电势是针对积累电荷的静电场引入的。

注意：应用法拉第电磁感应定律求解在有旋电场中放置一段导体杆的电动势问题，由于导体杆两端感生电动势和导体杆与圆心所围成的面积紧密相关(因为有旋电场的方向垂直于径向，因此，所有连接导体杆两端到圆心的沿半径径向的导体段的电动势都为零)。

【拓展例题 8-8-1】 如图 8.15(a)所示，当导体杆 ab 向上平移到 $a'b'$ 的位置时，则导体杆两端的电动势 $\mathscr{E}_{a'b'}$ 与移动前的电动势 $\mathscr{E}_{ab}$ 相比有何变化？

【解析】 显然，当导体杆 ab 向上移动到 $a'b'$ 时，连接导体杆两端与圆心那部分电动势依然为零，但导体杆 $a'b'$ 与圆心所包围的面积却明显减少。当导体杆上移到过圆心时，电动势为零。因此，可以方便地比较出，图 8.15(a)所示的两个位置处对应导体杆产生的电动势，满足 $\mathscr{E}_{a'b'}<\mathscr{E}_{ab}$。

【拓展例题 8-8-2】 如图 8.15(a)所示，比较直线形导体杆 $\overline{ab}$ 与弧线形导体杆 $\overset{\frown}{ab}$ 两端电动势的大小(其中，弧线形导体杆沿着圆周弧线，且 a 与 b 两端与直线形导体杆重合)？

【解析】 由类似的分析可知，由于 ab 弧线段与圆心连线间所构成的面积较 $\triangle Oab$ 的面积更大。因此，沿 ab 弧线段放置的导体两端的电动势 $\mathscr{E}_{\overset{\frown}{ab}}$ 相较 ab 直线导体棒两端的电动势 $\mathscr{E}_{\overline{ab}}$ 大，即 $\mathscr{E}_{\overline{ab}}<\mathscr{E}_{\overset{\frown}{ab}}$。

请读者自己研究，若导体杆 ab 的长度延长一倍，如图 8.15(b)所示，bc 段延伸到螺线管磁场的分布区域以外，则这时，导体杆 ac 中的电动势为多少？

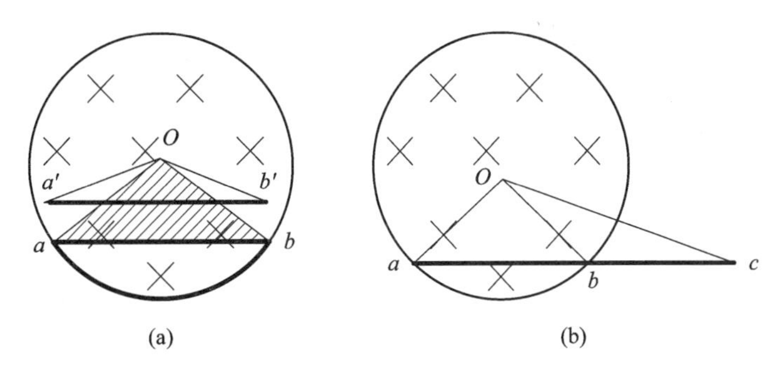

图 8.15

【例题 8-9】 一个横截面为矩形的环形螺线管，圆环内外半径分别为 R_1 和 R_2，厚度为 h，如图 8.16(a)所示，内芯材料的磁导率为 μ，导线总匝数为 N，导线绕得均匀并且很密。求：

(1) 若螺线管中通有电流 I，芯子中的磁感应强度分布和穿过内芯矩形截面的磁通量；

(2) 环形螺线管的自感系数。

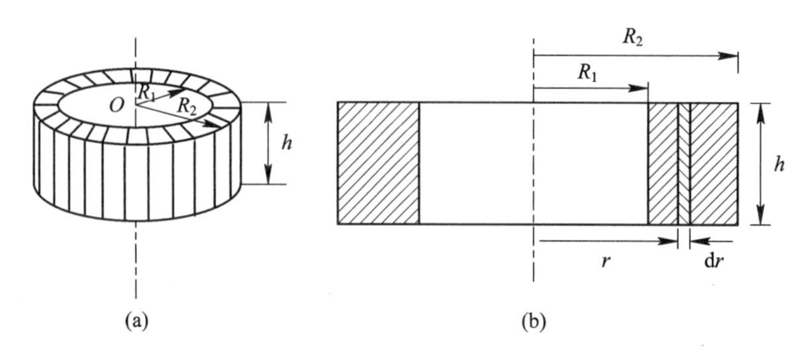

图 8.16

【思路解析】 本题关键是求解截面为矩形的螺线管中的磁通量。求解的方法可以利用有介质时的安培环路定理，先计算出环内任一位置处的磁感应强度，再计算出通过矩形截面的磁通量。有了这个磁通量，自感系数等物理量的计算就可以利用其定义式进行求解了。

【计算详解】 (1) 如图 8.16(b)所示，在螺线管内作一半径为 r 的圆形回路，根据有介质时的安培环路定理，可得

$$\oint_L \boldsymbol{H} \cdot \mathrm{d}\boldsymbol{l} = \sum_i I_i$$

$$H \cdot 2\pi r = NI$$

即

$$H = \frac{NI}{2\pi r}$$

故在螺线管的芯子中，$R_1 < r < R_2$ 内的磁感应强度的大小为

$$B = \frac{\mu NI}{2\pi r}$$

在 r 处取微小截面 $\mathrm{d}S = h\mathrm{d}r$，穿过该小截面的磁通量为

$$\mathrm{d}\Phi_\mathrm{m} = \boldsymbol{B} \cdot \mathrm{d}\boldsymbol{S} = \frac{\mu NI}{2\pi r} h\,\mathrm{d}r$$

则穿过内芯矩形截面的总磁通量为

$$\Phi_\mathrm{m} = \int_S \boldsymbol{B} \cdot \mathrm{d}\boldsymbol{S} = \int_{R_1}^{R_2} \frac{\mu NI}{2\pi r} h\,\mathrm{d}r = \frac{\mu NIh}{2\pi} \ln \frac{R_2}{R_1}$$

(2) 计算自感系数。

方法一：根据自感系数的定义，由上述已计算得到的穿过螺线管内芯矩形截面的总磁通量，可得螺线管的自感系数 L 为

$$L = \frac{\Psi}{I} = \frac{N\Phi}{I} = \frac{\mu N^2 h}{2\pi} \ln \frac{R_2}{R_1}$$

方法二：按照比较磁场能量的方法求解，即先计算出管内的磁场能量，再通过比较 $W = \dfrac{1}{2} L I^2$，得到自感系数 L。

由安培环路定理，可得在 $R_1<r<R_2$ 内的磁感应强度为

$$B=\frac{\mu NI}{2\pi r}$$

又

$$\mathrm{d}V=2\pi rh\mathrm{d}r$$

所以，螺线管内的磁场能量为

$$W=\int_V\frac{B^2}{2\mu}\mathrm{d}V=\int_a^b\frac{1}{2}\mu\left(\frac{NI}{2\pi r}\right)^2 2\pi rh\,\mathrm{d}r=\frac{\mu N^2I^2h}{4\pi}\int_a^b\frac{\mathrm{d}r}{r}=\frac{\mu N^2I^2h}{4\pi}\ln\frac{b}{a}$$

与磁场能量公式 $W=\frac{1}{2}LI^2$ 比较，可得

$$L=\frac{\mu N^2h}{2\pi}\ln\frac{R_2}{R_1}$$

【讨论与拓展】 通过本题的计算可以看出，自感系数的求解与其中是否通有电流无关。它仅由回路的匝数、几何形状、尺寸及周围介质的磁导率等因素决定。

自感系数 L 的常用求解方法及主要步骤总结如下。

方法一：按照自感系数的定义求解。

(1) 在所研究的线圈回路中，假设通有电流 I；

(2) 根据电流及其分布，求解出它所产生的磁感应强度 $\boldsymbol{B}$ 的分布；

(3) 求解出磁感应强度 $\boldsymbol{B}$ 在线圈自身回路中穿过的总磁通量(又称为磁链数)Ψ；

(4) 利用自感系数的定义式 $L=\frac{\Psi}{I}$，计算出线圈的自感系数 L。

方法二：按照比较磁场能量的方法求解。

(1) 在所研究的线圈回路中，假设通有电流 I；

(2) 根据电流及其分布，求解出它所产生的磁感应强度 $\boldsymbol{B}$ 的分布；

(3) 利用 $W=\int_V\frac{B^2}{2\mu}\mathrm{d}V$，求解出磁场能量；

(4) 通过对比 $W=\int_V\frac{B^2}{2\mu}\mathrm{d}V$ 与 $W=\frac{1}{2}LI^2$，得到自感系数 L。

方法三：实验测量自感系数。

如果已知电流的变化率$\frac{\mathrm{d}I}{\mathrm{d}t}$和自感电动势 $\mathscr{E}_L$，或者通过其他条件能将$\frac{\mathrm{d}I}{\mathrm{d}t}$和自感电动势 $\mathscr{E}_L$ 求出，则利用公式 $L=\frac{|\mathscr{E}_L|}{\frac{\mathrm{d}I}{\mathrm{d}t}}$，也可以求出自感系数。这种方法被广泛地应用于实验测量自感系数。

【例题 8-10】 如图 8.17(a)所示，两条平行的长直载流导线构成一个输电回路，它和一个长为 a、宽为 b 的矩形导线框共面。已知两输电导线中的电流 $I(t)=I_0\sin(\omega t)$，其中 I_0、ω 为常量，但电流的方向相反。求：

(1) 输电回路与导线框之间的互感系数；

(2) 回路中的感应电动势。

【思路解析】 本题计算输电回路与共面的导线框之间的互感系数，可以先计算出两条

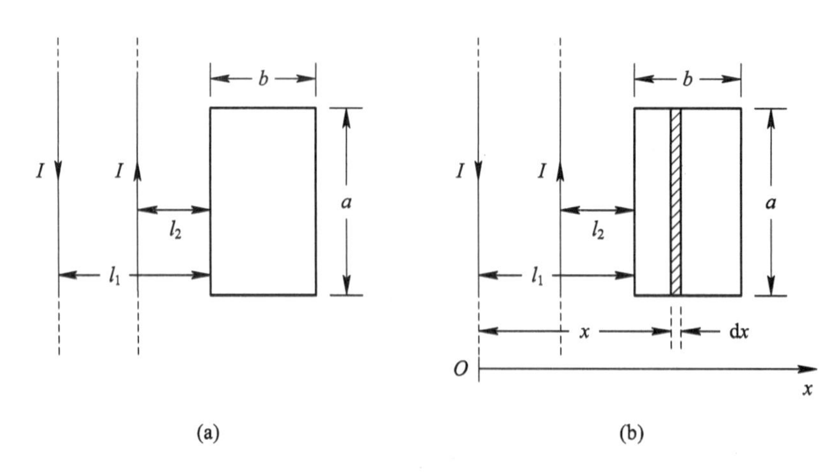

图 8.17

长直载流导线在矩形导线框中产生的磁通量，再按照互感系数的定义求解出互感系数，进而计算出互感电动势。

【计算详解】 (1) 建立如图 8.17(b)所示的坐标系，则在距离两条长直载流导线 x 处，长直载流导线产生的磁感应强度的大小为

$$B=\frac{\mu_0 I}{2\pi}\left[\frac{1}{x}-\frac{1}{x-(l_1-l_2)}\right]$$

选取垂直于纸面向外的方向作为矩形导线框面法向的正向，则穿过矩形导线框的磁通量为

$$\begin{aligned}\Phi_{\mathrm{m}} &= \int \boldsymbol{B}\cdot \mathrm{d}\boldsymbol{S} = \int Ba\,\mathrm{d}x \\ &= \frac{\mu_0 Ia}{2\pi}\left(\int_{l_1}^{l_1+b}\frac{\mathrm{d}x}{x}-\int_{l_1}^{l_1+b}\frac{\mathrm{d}x}{x-l_1+l_2}\right) \\ &= \frac{\mu_0 Ia}{2\pi}\ln\left(\frac{l_1+b}{l_1}\frac{l_2}{l_2+b}\right)\end{aligned}$$

故互感系数为

$$M=\frac{\Phi_{\mathrm{m}}}{I}=\frac{\mu_0 a}{2\pi}\ln\left(\frac{l_1+b}{l_1}\frac{l_2}{l_2+b}\right)$$

(2) 回路中的感应电动势为

$$\begin{aligned}\mathscr{E}_M &= -\frac{\mathrm{d}\Phi_{\mathrm{m}}}{\mathrm{d}t}=-\frac{\mathrm{d}(MI)}{\mathrm{d}t}=-M\frac{\mathrm{d}I}{\mathrm{d}t} \\ &= -\frac{\mu_0 a}{2\pi}\ln\left(\frac{l_1+b}{l_1}\frac{l_2}{l_2+b}\right)\frac{\mathrm{d}I}{\mathrm{d}t} \\ &= -\frac{\mu_0 a I_0\omega}{2\pi}\cos(\omega t)\ln\frac{l_2(l_1+b)}{l_1(l_2+b)}\end{aligned}$$

感应电动势的方向随时间而变化。具体某时刻的情况，可依据楞次定律判断。

【讨论与拓展】 本题输电回路中的电流如图 8.17(a)所示，外侧电流向下流动，内侧电流向上流动，计算出的互感系数为 $M=\frac{\Phi_{\mathrm{m}}}{I}=\frac{\mu_0 a}{2\pi}\ln\left(\frac{l_1+b}{l_1}\frac{l_2}{l_2+b}\right)$。如果回路中的外侧电流向上流动，内侧电流向下流动，则计算的结果如何呢？读者可以自行计算。结论是明确的，

即最终计算出的互感系数并无变化。

【例题 8-11】 如图 8.18(a)所示，一个等边三角形导线框与一长直导线共面放置，求：它们之间的互感系数。

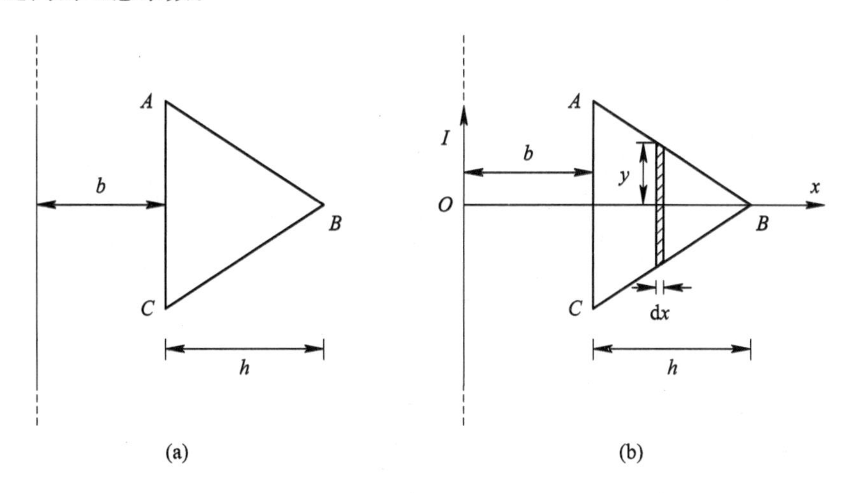

图 8.18

【思路解析】 本题目已知了两条导线的形状及空间位置分布，但是并没有导线通电。需要说明的是互感系数的计算与回路中是否通电无关。具体求解中，我们可以先通过假设其中一条导线中通有电流 I，再计算其穿过另一个导体回路的磁通量 Φ_m，最后利用互感系数的定义，求解出互感系数 M。鉴于互感系数对于彼此是相同的，因而总是将便于计算磁通量的那个回路作为一个回路，假设另一条导线中通有电流，这样可以简化计算，降低计算互感系数的难度。

【计算详解】 如图 8.18(b)所示，设长直导线中通有电流 I，则该电流产生的磁场穿过等边三角形导线框回路面积的磁通量为

$$\Phi_m = \int \boldsymbol{B} \cdot d\boldsymbol{S} = 2\int_0^{b+h} \frac{\mu_0 I}{2\pi x} y\,dx$$

式中

$$y = (b+h-x)\tan 30^\circ = \frac{1}{\sqrt{3}}(b+h-x)$$

所以有

$$\Phi_m = \frac{\mu_0 I}{\sqrt{3}\,\pi}\int_0^{b+h} \frac{b+h-x}{x}dx = \frac{\mu_0 I}{\sqrt{3}\,\pi}\left[(b+h)\ln\frac{b+h}{b} - h\right]$$

根据互感系数的定义，有

$$M = \frac{\Phi_m}{I} = \frac{\mu_0}{\sqrt{3}\,\pi}\left[(b+h)\ln\frac{b+h}{b} - h\right]$$

【讨论与拓展】 互感系数的计算关键在于能否先求解出磁通量，即在互感情况下，能否找到回路 1 中的电流产生的磁场穿过回路 2 的总磁通量，或者找出回路 2 中的电流产生的磁场穿过回路 1 中的总磁通量，然后根据互感系数的定义求解出互感系数。

本题中，显然设长直导线通电，求解其产生的磁场穿过三角形回路的磁通量，再计算互感系数要简便一些。

【例题 8-12】 一个横截面为矩形的环形螺线管，圆环内外半径分别为 R_1 和 R_2，厚度为 h，螺线管的内芯材料的磁导率为 μ，导线总匝数为 N，导线绕得均匀并且很密，如图 8.19(a)所示。若在环形螺线管的中心轴处放置一无限长的直导线，则当螺线管中通有随时间变化的电流 $I(t)=I_0\sin(\omega t)$（式中 I_0、ω 为常量）时，求长直导线中的感应电动势。

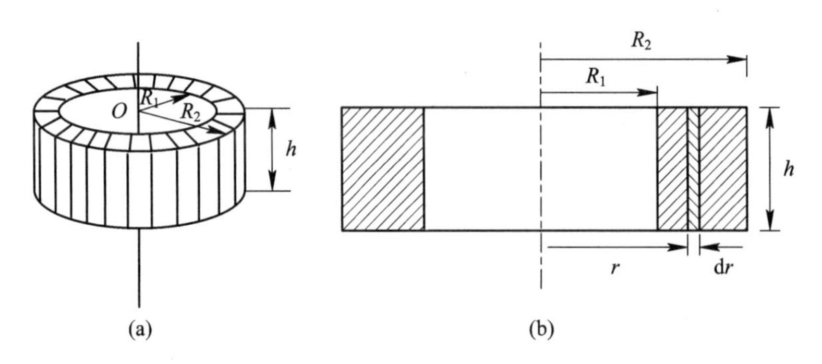

图 8.19

【思路解析】 本题需计算一条长直导线中的感应电动势。利用互感系数对彼此两个导体总是相等的特性可知，若已知长直导线中通有电流，则先求解其穿过环形螺线管中的总磁通量，再计算互感系数，会更为方便。

因此，本题的求解关键转化为了计算穿过截面为矩形的螺线管中的总磁通量。求解的方法可以利用有介质时的安培环路定理，计算出环内任一位置处的磁感应强度，再计算出通过矩形截面的总磁通量。有了这个总磁通量，依照互感系数的定义，计算出互感系数，进而可以得到长直导线中的感应电动势。

【计算详解】 如图 8.19(b)，设无限长直导线中通以电流 I，则长直通电导线在截面是矩形的螺线管中产生的总磁通量为

$$\Psi = N\int_S \boldsymbol{B}\cdot \mathrm{d}\boldsymbol{S} = \int_{R_1}^{R_2} \frac{\mu I}{2\pi r} h\,\mathrm{d}r = \frac{\mu N I h}{2\pi}\ln\frac{R_2}{R_1}$$

则长直导线和螺线管的互感系数为

$$M=\frac{\Psi}{I}=\frac{\mu N h}{2\pi}\ln\frac{R_2}{R_1}$$

由于长直导线对螺线管的互感系数与螺线管对长直导线的互感系数相等，所以当螺线管通以 $I(t)=I_0\sin(\omega t)$的电流时，长直导线中的感应电动势为

$$\mathscr{E}_i=-M\frac{\mathrm{d}I}{\mathrm{d}t}=-\frac{\mu N h\omega I_0}{2\pi}\cos(\omega t)\ln\frac{R_2}{R_1}$$

【讨论与拓展】 本题是求解互感电动势的典型例子。通过互感系数求解互感电动势在复杂结构的互感电动势的求解中经常用到。

互感系数的求解与其中两个回路中是否通有电流无关。在互感问题中，因为互感系数总是相等的，所以通常会选择不方便计算磁通量的那个线圈通有电流，计算其在另一个线圈中通过的总磁通量，进而根据互感系数的定义求解互感系数。

另外，需要说明的是，互感系数其实与本题中给出的电流 $I=I_0\sin(\omega t)$或其他的恒定电流等形式完全无关，但是电流的不同会影响互感电动势的数值。

通过本题的计算可以看出，互感系数及互感电动势的求解步骤通常包括：

（1）根据题中条件，分析互感系数的计算中，假设哪个线圈中通有电流，在哪个线圈中计算磁通量更为方便；

（2）设其中一个线圈中通有电流 I；

（3）根据线圈中的电流 I，求解出它所产生的磁感应强度 $\boldsymbol{B}$ 的分布；

（4）求解出磁感应强度 $\boldsymbol{B}$ 在另一个线圈回路中穿过的总磁通量（又称为磁链数）Ψ；

（5）利用互感系数的定义式 $M=\dfrac{\Psi}{I}$，计算出两个线圈间的互感系数；

（6）再根据 $\mathscr{E}_{\rm i}=-M\dfrac{{\rm d}I}{{\rm d}t}$，计算出互感电动势。

【例题 8-13】 一根同轴电缆由内圆柱体和与它同轴的外圆筒构成。内圆柱的半径为 a，外部圆筒的内、外半径分别为 b 和 c，电流 I 从外圆筒流出，从内圆柱体流入，且在横截面上的电流都是均匀分布的。已知在圆柱和外圆筒之间充满了磁导率为 μ 的介质。求：

（1）圆柱体内、圆柱体与圆筒之间、圆筒内、圆筒外，每单位长度内的磁能密度和磁场能量；

（2）每单位长度该同轴电缆的自感系数。

【思路解析】 磁场能量与该点的磁感应强度和介质的性质紧密相关。本题电流和介质的分布具有一定的对称性，可以根据安培环路定理求解出各处的磁场强度及磁感应强度，进而得到磁能密度和磁场能量。

【计算详解】（1）在 $r<a$ 的圆柱体内区域，根据安培环路定理，可得

$$\oint_L \boldsymbol{H}\cdot{\rm d}\boldsymbol{l}=\sum_i I_i$$

$$H=\frac{Ir}{2\pi a^2}$$

在导体的内部，可以视相对磁导率 $\mu_{\rm r}=1$，于是，有

$$B=\frac{\mu_0 Ir}{2\pi a^2}$$

则圆柱体内的磁能密度为

$$w_{\rm m1}=\frac{1}{2}BH=\frac{\mu_0 I^2 r^2}{8\pi^2 a^4}$$

圆柱体内，每单位长度的磁场能量为

$$W_{\rm m1}=\int_V w_{\rm m1}{\rm d}V=\int_0^a \frac{\mu_0 I^2 r^2}{8\pi^2 a^4}2\pi r{\rm d}r=\frac{\mu_0 I^2}{16\pi}$$

在 $a<r<b$ 区域，由于同轴电缆的导体间填充的是磁导率为 μ 的介质，故根据有介质时的安培环路定理，可得

$$\oint_L \boldsymbol{H}\cdot{\rm d}\boldsymbol{l}=\sum_i I_i$$

于是，有

$$H=\frac{I}{2\pi r}$$

故

$$B=\frac{\mu I}{2\pi r}$$

则

$$w_{m2} = \frac{1}{2}BH = \frac{\mu I^2}{8\pi^2 r^2}$$

则此区域中每单位长度内的磁场能量为

$$W_{m2} = \int_V w_{m2} \mathrm{d}V = \int_a^b \frac{\mu I^2}{8\pi^2 r^2} 2\pi r \mathrm{d}r = \frac{\mu I^2}{4\pi} \ln \frac{b}{a}$$

在 $b<r<c$ 区域，根据安培环路定理，有

$$\oint_L \boldsymbol{H} \cdot \mathrm{d}\boldsymbol{l} = \sum_i I_i$$

所以

$$\oint \boldsymbol{H} \cdot \mathrm{d}\boldsymbol{l} = 2\pi r H = \left[I - \frac{\pi(r^2 - b^2)}{\pi(c^2 - b^2)} I\right]$$

于是，有

$$H = \frac{I}{2\pi r} \frac{c^2 - r^2}{c^2 - b^2},\ B = \frac{\mu_0 I}{2\pi r} \frac{c^2 - r^2}{c^2 - b^2}$$

类似可以得到，此区域的磁能密度为

$$w_{m3} = \frac{1}{2}BH = \frac{\mu_0 I^2}{8\pi^2 r^2} \left(\frac{c^2 - r^2}{c^2 - b^2}\right)^2$$

于是，在内外半径分别为 b 和 c 的圆筒内，每单位长度的磁场能量为

$$\begin{aligned} W_{m3} &= \int_V w_{m3} \mathrm{d}V = \int_V \frac{1}{2} BH \mathrm{d}V \\ &= \int_b^c \frac{\mu_0 I^2}{8\pi^2 r^2} \left(\frac{c^2 - r^2}{c^2 - b^2}\right)^2 2\pi r \mathrm{d}r \\ &= \frac{\mu_0 I^2}{4\pi(c^2 - b^2)^2} \int_b^c \frac{(c^2 - r^2)^2}{r} \mathrm{d}r \\ &= \frac{\mu_0 I^2}{16\pi(c^2 - b^2)^2} \left(4c^4 \ln \frac{c}{b} - 3c^4 + 4c^2 b^2 - b^4\right) \end{aligned}$$

在 $r>c$ 区域，由于 $H=0$，$B=0$，所以磁场的磁能密度和磁场能量都为零。

(2) 每单位长度上的同轴电缆中储存的能量为上述磁场能量的和，即

$$\begin{aligned} W_m &= W_{m1} + W_{m2} + W_{m3} \\ &= \frac{I^2}{4\pi}\left[\frac{\mu_0}{4} + \mu \ln \frac{b}{a} + \frac{\mu_0}{4(c^2 - b^2)^2}\left(4c^4 \ln \frac{c}{b} - 3c^4 + 4c^2 b^2 - b^4\right)\right] \end{aligned}$$

通过与磁场能量公式 $W = \frac{1}{2} L I^2$ 比较，可得到自感系数 L 为

$$L = \frac{1}{2\pi}\left[\frac{\mu_0}{4} + \mu \ln \frac{b}{a} + \frac{\mu_0}{4(c^2 - b^2)^2}\left(4c^4 \ln \frac{c}{b} - 3c^4 + 4c^2 b^2 - b^4\right)\right]$$

模块 9　狭义相对论力学基础

9.1　教学要求

（1）理解狭义相对论的两个基本假设。

（2）掌握洛伦兹变换，会用洛伦兹变换分析同时的相对性、时间延缓效应、长度收缩效应。

（3）了解经典力学时空观和狭义相对论时空观以及两者的差异。

（4）掌握狭义相对论中质量和速度的关系、质量和能量的关系，并能用以分析、计算高速运动粒子的简单问题。

9.2　内容精讲

爱因斯坦的相对论分为狭义相对论和广义相对论。狭义相对论只适用于惯性系，广义相对论则涉及非惯性系。本模块主要讨论狭义相对论力学基础知识，并以狭义相对论的两个基本假设为基础，引出洛伦兹变换，然后讨论同时的相对性、时间延缓和长度收缩效应等相对论时空观问题，最后介绍有关狭义相对论动力学的主要结论。

本模块的内容包括：经典力学时空观，伽利略变换；狭义相对论两个基本假设，洛伦兹变换；同时的相对性、长度收缩效应、时间延缓效应；狭义相对论动力学基础。

9.2.1　惯性系 S 系和 S' 系

狭义相对论力学基础部分普遍涉及两个惯性系，特别是在伽利略变换、洛伦兹变换以及狭义相对论时空观的部分，讨论同一事件在不同惯性系中的时空坐标、时空间隔或者运动速度之间的变换关系。惯性系的选取应视具体问题而定，以下两个惯性系及其坐标系的描述在狭义相对论中普遍适用。

设两个惯性系为 S 系和 S' 系，它们相应的坐标轴互相平行，且 x 轴和 x' 轴重合。S' 系相对于 S 系以恒定速度 u 沿 x 轴方向运动，且 $t=t'=0$ 时，两坐标原点重合。某事件在 S 系和 S' 系中的时空坐标分别为 (x, y, z, t) 和 (x', y', z', t')，如图 9.1 所示。

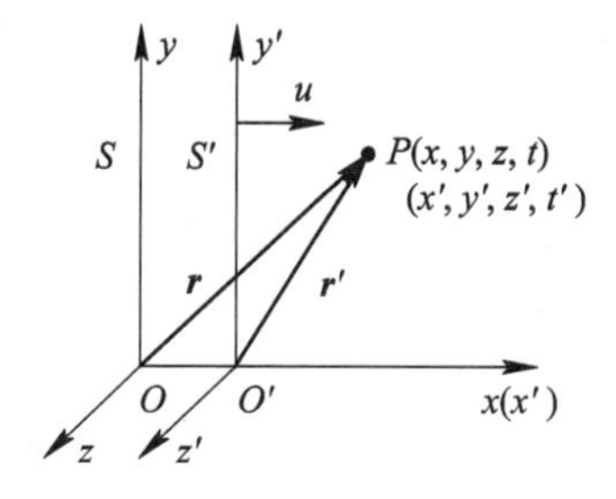

图 9.1

9.2.2　经典力学基本理论

1. 经典力学时空观

经典力学认为时间和空间是绝对的，彼此独立互不相关，脱离物质和物质的运动而存在，与参考系的选择无关。在不同的惯性系中，对任意两个事件的时间间隔和空间间隔的测量结果是相同的。

2. 经典力学相对性原理

经典力学相对性原理指出在所有惯性系中，物体运动所遵循的力学规律是相同的，具有相同的数学表达形式。或者说，对于描述力学现象的规律而言，所有惯性系是等价的。

3. 伽利略变换

伽利略变换是指在两个不同惯性系中描述同一物理事件的时空坐标之间的转换关系。

例如表 9.1 所示惯性系，其伽利略正变换为

$$\begin{cases} x' = x - ut \\ y' = y \\ z' = z \\ t' = t \end{cases}$$

逆变换为

$$\begin{cases} x = x' + ut \\ y = y' \\ z = z' \\ t = t' \end{cases}$$

伽利略速度变换为

$$\begin{cases} v'_x = v_x - u \\ v'_y = v_y \\ v'_z = v_z \end{cases}$$

9.2.3　狭义相对论两个基本假设

1. 狭义相对论相对性原理

狭义相对论相对性原理：在所有惯性系中，一切物理学定律都具有相同的形式，即具有相同的数学表达形式。或者说，对于描述一切物理现象的规律来说，所有惯性系都是等价的。

关于狭义相对论相对性原理，需注意以下几点：

(1) 它是经典力学相对性原理的推广；

(2) 它说明所有惯性系都处于平等地位；

(3) 对运动的描述只有相对意义，绝对静止的参考系是不存在的。

2. 光速不变原理

光速不变原理：在所有惯性系中，真空中光沿各个方向传播的速率都等于同一个恒量 c，与光源和观察者的运动状态无关，即

$$c = 299\ 792\ 458\ \text{m/s} \approx 3 \times 10^8\ \text{m/s}$$

9.2.4　洛伦兹变换

1. 洛伦兹时空坐标变换式

洛伦兹时空坐标正变换为

$$\begin{cases} x' = \dfrac{x - ut}{\sqrt{1 - \dfrac{u^2}{c^2}}} \\ y' = y \\ z' = z \\ t' = \dfrac{t - \dfrac{u}{c^2}x}{\sqrt{1 - \dfrac{u^2}{c^2}}} \end{cases}$$

逆变换为

$$\begin{cases} x = \dfrac{x' + ut'}{\sqrt{1 - \dfrac{u^2}{c^2}}} \\ y = y' \\ z = z' \\ t = \dfrac{t' + \dfrac{u}{c^2}x'}{\sqrt{1 - \dfrac{u^2}{c^2}}} \end{cases}$$

洛伦兹变换式中也可引入符号 β 或 γ，式中 $\beta \equiv \dfrac{u}{c}$，$\gamma \equiv \dfrac{1}{\sqrt{1-\beta^2}}$。

关于洛伦兹时空坐标变换式，应注意以下几点：

(1) 洛伦兹变换是同一个事件在两个不同惯性参考系中的时空坐标之间的关系。

(2) 当 $u \ll c$ 时，洛伦兹变换将过渡到伽利略变换，即惯性系之间相对低速运动时，伽利略变换依然适用，但惯性系之间相对高速运动时，必须采用洛伦兹变换。

(3) 一切物体的运动速度都不得超过光速 c。

2. 洛伦兹时空间隔变换式

在 S 系和 S' 系中描述的事件 1、事件 2 的空间间隔与时间间隔如表 9.1 所示。

表 9.1 S 系和 S' 系事件的空间、时间间隔

	S 系	S' 系
事件 1	(x_1, y_1, z_1, t_1)	(x'_1, y'_1, z'_1, t'_1)
事件 2	(x_2, y_2, z_2, t_2)	(x'_2, y'_2, z'_2, t'_2)
空间间隔	$\Delta x=x_2-x_1$ $\Delta y=y_2-y_1$ $\Delta z=z_2-z_1$	$\Delta x'=x'_2-x'_1$ $\Delta y'=y'_2-y'_1$ $\Delta z'=z'_2-z'_1$
时间间隔	$\Delta t=t_2-t_1$	$\Delta t'=t'_2-t'_1$

洛伦兹时空间隔正变换为

$$\begin{cases} \Delta x' = \dfrac{\Delta x - u\Delta t}{\sqrt{1-\dfrac{u^2}{c^2}}} \\ \Delta y' = \Delta y \\ \Delta z' = \Delta z \\ \Delta t' = \dfrac{\Delta t - \dfrac{u}{c^2}\Delta x}{\sqrt{1-\dfrac{u^2}{c^2}}} \end{cases}$$

逆变换为

$$\begin{cases} \Delta x = \dfrac{\Delta x' + u\Delta t'}{\sqrt{1-\dfrac{u^2}{c^2}}} \\ \Delta y = \Delta y' \\ \Delta z = \Delta z' \\ \Delta t = \dfrac{\Delta t' + \dfrac{u}{c^2}\Delta x'}{\sqrt{1-\dfrac{u^2}{c^2}}} \end{cases}$$

关于洛伦兹时空间隔变换式，需注意：

(1) 两个事件的时间间隔和空间间隔，在不同惯性系中观察的结果一般是不同的，即 $\Delta x\neq\Delta x'$，$\Delta t\neq\Delta t'$；

(2) 空间间隔和时间间隔的测量是相互影响、相互制约的；

(3) 两个独立事件在不同惯性系中的时序是有可能颠倒的，但有因果关系的两个事件的时序在任何惯性系中都不会颠倒。

3. 洛伦兹速度变换式

洛伦兹速度正变换为

$$\begin{cases} v'_x = \dfrac{v_x - u}{1 - \dfrac{u}{c^2} v_x} \\ v'_y = \dfrac{v_y \sqrt{1-\beta^2}}{1 - \dfrac{u}{c^2} v_x} \\ v'_z = \dfrac{v_z \sqrt{1-\beta^2}}{1 - \dfrac{u}{c^2} v_x} \end{cases}$$

逆变换为

$$\begin{cases} v_x = \dfrac{v'_x + u}{1 + \dfrac{u}{c^2} v'_x} \\ v_y = \dfrac{v'_y \sqrt{1-\beta^2}}{1 + \dfrac{u}{c^2} v'_x} \\ v_z = \dfrac{v'_z \sqrt{1-\beta^2}}{1 + \dfrac{u}{c^2} v'_x} \end{cases}$$

（1）经典力学的伽利略速度变换关系中，只有速度沿 x 轴（两惯性系的相对运动方向）的分量需要变换，沿 y 轴和 z 轴方向速度分量都不变。但在狭义相对论的洛伦兹速度变换关系中，不仅速度沿 x 轴的分量要变换，速度沿 y 轴和沿 z 轴的分量也要变换。

（2）当 $u \ll c$ 时，洛伦兹速度变换将过渡到伽利略速度变换。

（3）洛伦兹速度变换式与光速不变原理是一致的，即光在 S 系中的速度是 c，经洛伦兹速度变换后在 S' 系中的速度也是 c。

9.2.5　狭义相对论时空观

1. 同时的相对性

在 S 系中同时发生的两个事件，在 S' 系中观察则一般不是同时发生的。反之亦然。关于同时的相对性，应注意：

（1）“同时”具有相对性。“同时”只是针对某一惯性系而言，没有绝对意义，只有相对意义。

（2）由洛伦兹时空间隔变换可得：① 在 S 系中同时同地发生的事件，在其他任何惯性系中都是同时发生的；② 在 S 系中同时不同地发生的事件，在 S' 系中是不同时的。

（3）同时的相对性是光速不变原理的直接结果。

2. 时间延缓效应

在不同惯性系观测的两个事件的时间间隔 τ 满足

$$\tau = \frac{\tau_0}{\sqrt{1 - u^2/c^2}} > \tau_0$$

式中 τ_0 为原时（固有时间），是指在某个惯性系中同一地点先后发生的两个事件的时间间隔。

注意：

(1) 时间延缓效应说明在不是原时的其他惯性系中观测的两个事件时间间隔 τ 总是大于原时 τ_0，时间延缓也称为时间膨胀。或者说，在不同惯性系中测量给定的两个事件之间的时间间隔，其中以原时最短。

(2) 时间延缓效应还可描述为运动的时钟比静止的时钟走得慢(读数小)。这是相对论效应，是时空的一种属性，并不是钟表本身的问题。

(3) 时间延缓效应是相对的，即 S 系中的观测者看到 S' 系中的时钟走得慢，而 S' 系中的观测者看到 S 系中的时钟走得慢。

(4) 当 $u \ll c$ 时，$\tau = \tau_0$，即时间间隔测量与参考系无关。这表明绝对时间概念是狭义相对论时间概念在低速情况下的近似。

3. 长度收缩效应

观测者相对物体沿其长度方向运动时测得的物体长度，称为物体的运动长度 L，满足

$$L = L_0\sqrt{1-\frac{u^2}{c^2}} < L_0$$

式中 L_0 为物体的原长(固有长度)，是指观测者相对物体静止时测得的物体长度。

注意：

(1) 测量运动物体的长度时，必须同时测得物体沿运动方向两端的坐标。

(2) 长度收缩效应表明，运动的长度总是比静止时的长度短。或者说，在不同惯性系中测量同一物体沿运动方向的长度，以原长最长。

(3) 长度收缩效应是相对的。比如，静止于 S 系中的尺子，在 S' 系中测得的结果变短了；反之，静止于 S' 系中的尺子，在 S 系中测得的结果也变短了。

(4) 长度收缩效应只发生在运动方向。垂直于运动方向的长度不发生长度收缩效应。

(5) 当 $u \ll c$ 时，$L = L_0$，即长度测量与参考系无关，表明绝对空间概念是狭义相对论空间概念在低速情况下的近似。

9.2.6 狭义相对论动力学

1. 相对论质量、动量、动力学方程

(1)相对论质量：

$$m = \frac{m_0}{\sqrt{1-v^2/c^2}}$$

式中 m_0 为静止质量，是指质点相对观测者静止时的质量；m 为相对论质量，是指质点相对观测者以 v 运动时的质量。上式称为质速关系。

质速关系表明，在狭义相对论中，质量与速度是有关的。速度越大，质量就越大，惯性越大；速度接近光速 c 时，质量接近无穷大。

(2) 相对论动量：

$$\boldsymbol{P} = m\boldsymbol{v} = \frac{m_0}{\sqrt{1-v^2/c^2}}\boldsymbol{v}$$

(3) 相对论动力学方程：

$$\boldsymbol{F} = \frac{\mathrm{d}\boldsymbol{P}}{\mathrm{d}t} = \frac{\mathrm{d}}{\mathrm{d}t}\left(\frac{m_0}{\sqrt{1-v^2/c^2}}\boldsymbol{v}\right)$$

当 $v \ll c$ 时，有

$$m = \frac{m_0}{\sqrt{1-v^2/c^2}} \approx m_0$$

$$\boldsymbol{P} = m\boldsymbol{v} = \frac{m_0}{\sqrt{1-v^2/c^2}}\boldsymbol{v} \approx m_0\boldsymbol{v}$$

$$\boldsymbol{F} = \frac{\mathrm{d}\boldsymbol{P}}{\mathrm{d}t} = \frac{\mathrm{d}}{\mathrm{d}t}\left(\frac{m_0}{\sqrt{1-v^2/c^2}}\boldsymbol{v}\right) \approx \frac{\mathrm{d}}{\mathrm{d}t}(m_0\boldsymbol{v}) = m_0\boldsymbol{a}$$

表明经典力学是相对论力学在低速条件下的近似。

2. 相对论动能

相对论动能表达式为

$$E_{\mathrm{k}} = mc^2 - m_0c^2$$

上式表明：

(1) 在相对论中，质点动能定理仍然适用，即质点动能是将其速率从零增大到 v 的过程中，合外力做的功。

(2) 相对论动能不同于经典力学动能，即 $E_{\mathrm{k}} \neq \frac{1}{2}m_0v^2$，并且 $E_{\mathrm{k}} \neq \frac{1}{2}\frac{m_0v^2}{\sqrt{1-v^2/c^2}}$。

(3) 当 $v \ll c$ 时，$E_{\mathrm{k}} = mc^2 - m_0c^2 \approx \frac{m_0v^2}{2}$，表明经典力学动能表达式是相对论动能在低速条件下的近似。

(4) 当 $v \to c$ 时，$E_{\mathrm{k}} \to \infty$，意味着用外力将一个静止质量不为零的粒子加速，使其速度达到光速是不可能的。

3. 质能关系

相对论总能量：

$$E = mc^2 = \frac{m_0c^2}{\sqrt{1-v^2/c^2}}$$

静止能量：

$$E_0 = m_0c^2$$

相对论动能：

$$E_{\mathrm{k}} = mc^2 - m_0c^2 = E - E_0$$

相对论动量与能量的关系：

$$E^2 = P^2c^2 + E_0^2$$

关于质能关系，注意以下几点：

(1) 质量和能量都是物体的基本属性，有不可分割的内在联系。一个系统的质量变化，必然伴随着其能量变化，反之亦然，即

$$\Delta E = (\Delta m)c^2$$

(2) 静止能量(静能) E_0，是指物体静止时本身蕴藏的能量。它是物体内能的总和。

(3) 狭义相对论中，系统的总质量和总能量总是守恒的，但静止质量和静止能量一般不守恒。

9.3 例题精析

【例题 9-1】 地面上有一长为 100 m 的跑道，运动员从起点跑到终点用时 10 s。现有一宇宙飞船以 $0.8c$ 速度沿跑道方向向前飞行，若在宇宙飞船上观测，试问：

(1) 跑道有多长?

(2) 运动员跑了多远的距离? 用了多少时间?

(3) 运动员的平均速度大小和方向如何?

【思路解析】 本题是利用洛伦兹变换分析处理狭义相对论时空问题的典型应用。同一事件的时空坐标或同一过程的时空间隔在不同惯性系中观测的结果一般是不同的。应用洛伦兹变换，首先要确定研究对象，然后选定 S 系和 S' 系，并明确题目所给的条件以及待求的物理量是哪个惯性系中测量的结果，最后再代入洛伦兹变换式计算求解。

长度收缩可视为洛伦兹变换的特例，描述的是物体的原长和运动长度之间的转换关系。应用时需注意研究对象是否满足运动长度的测量要求。

【计算详解】 设地面参考系为 S 系，飞船参考系为 S' 系。

(1) 研究对象：跑道。

由题意可知，跑道固定在 S 系中，因此在地面测得的跑道长度为其原长，即

$$L_0 = 100 \text{ m}$$

在飞船 S' 系中观测，整个跑道相对于飞船以速度 u 运动，此时的跑道长度为运动长度 L，由长度收缩效应可得

$$L = L_0\sqrt{1-\frac{u^2}{c^2}} = 60 \text{ m}$$

(2) 研究对象：运动员。

设运动员在跑道起点出发为事件 1，运动员到达跑道终点为事件 2。由题意可得，地面 S 系中测得两个事件的空间间隔和时间间隔分别为

$$\Delta x = x_2 - x_1 = 100 \text{ m}, \quad \Delta t = t_2 - t_1 = 10 \text{ s}$$

在飞船 S' 系中测得两个事件的空间间隔和时间间隔分别为

$$\Delta x' = x'_2 - x'_1, \quad \Delta t' = t'_2 - t'_1$$

由洛伦兹时空间隔变换式可得

$$\Delta x' = \frac{\Delta x - u\Delta t}{\sqrt{1-(u^2/c^2)}} = \frac{100 - 0.8c \times 10}{\sqrt{1-(0.8)^2}} \approx -4.0 \times 10^9 \text{ m}$$

$$\Delta t' = \frac{\Delta t - \frac{u}{c^2}\Delta x}{\sqrt{1-(u^2/c^2)}} = \frac{10 - \frac{0.8c}{c^2} \times 100}{\sqrt{1-(0.8)^2}} \approx 16.67 \text{ s}$$

(3) 研究对象：运动员。

飞船 S' 系中观测，运动员的平均速度为

$$\bar{v}' = \frac{\Delta x'}{\Delta t'} = \frac{-4.0 \times 10^9}{16.6} = -2.4 \times 10^8 \text{ m/s} = -0.8c$$

上式负号表示在宇宙飞船上观测的运动员的速度方向与地面上观测的运动员速度方向是相反的。

【讨论与拓展】 本题计算跑道长度用的是长度收缩效应，计算运动员所跑的距离用的是洛伦兹变换，并且由计算结果可知，地面上观测的运动员所跑的距离就等于跑道的长度(100 m)，但宇宙飞船上观测的运动员所跑的距离不等于跑道长度。宇宙飞船上测量的跑道长度相比于地面上的长度收缩了，但其测量的运动员所跑的距离远远大于地面上所跑的距离，运动方向也与地面观测的运动方向相反。这是因为，跑道属于某个客观存在的物体，对其长度的测量满足运动长度的测量要求，即同时读取跑道两端的坐标。而运动员所跑的距离是两个事件的空间间隔，并且这两个事件无论在 S 系还是 S' 系都不可能同时发生，因此不满足运动长度的测量要求，也不能应用长度收缩效应来计算，只能用洛伦兹时空间隔变换式来求解。

应用洛伦兹变换，将同一事件或同一过程在不同惯性系中的时空坐标、时空间隔或运动速度进行转换运算时的一般思路和方法如下：

(1) 确定研究对象。研究对象可以是某个物体，也可以是某个物体所经历的某个事件。

(2) 选定 S 系和 S' 系。通常选用相对运动的惯性系为 S' 系，且 S' 系相对于 S 系以恒定速度 u 沿 x 轴正方向运动，建立如图 9.1 所示的坐标系。

(3) 分别定义事件 1 和事件 2，根据题目描述，确定事件 1 和事件 2 在两个惯性系的时空坐标或时空间隔。

(4) 根据各参量之间的关系，选用合适的变换公式进行计算。

需注意，两个事件的时空间隔并非其距离或时间差的绝对值，通常定义的事件 2 的时空坐标与事件 1 的时空坐标之差，是可正可负的，其正负号反映了两个事件的位置关系以及事件发生的先后次序。

【例题 9-2】 北京和上海相距 1000 km，北京站的甲火车先于上海站的乙火车 1.0×10^{-3} s 发车。现有一艘飞船沿北京到上海的方向在高空掠过，速率恒为 $u=0.6c$。求宇航员观测的甲乙两列火车发车的时间间隔是多少？哪一列火车先发车？

【思路解析】 本题是应用洛伦兹变换判断两个事件发生的时序问题。定义两个事件时空间隔时，需注意两个惯性系中的坐标轴方向的选取。本题中飞船的飞行方向是从北京到上海，因此坐标轴宜取北京至上海方向为正方向。

【计算详解】 研究对象：北京的甲火车、上海的乙火车。

设地面为 S 系，飞船为 S' 系，以北京站为坐标原点，北京至上海的方向为 x 轴正方向，如图 9.2 所示。定义北京的甲火车发车为事件 1，上海的乙火车发车为事件 2。由题意可知在地面 S 系中，有

$$\Delta x = x_2 - x_1 = 1000\ \text{km},\ \Delta t = t_2 - t_1 = 1.0\times10^{-3}\ \text{s} > 0$$

在飞船 S' 系中，有

$$\Delta x' = x'_2 - x'_1,\ \Delta t' = t'_2 - t'_1$$

由洛伦兹时空间隔变换式可得

$$\Delta t' = \frac{\Delta t - \frac{u}{c^2}\Delta x}{\sqrt{1-u^2/c^2}} = \frac{1.0\times10^{-3} - \frac{0.6c}{c^2}\times1000\times10^3}{\sqrt{1-(0.6)^2}} = -1.25\times10^{-3}\ \text{s} < 0$$

$\Delta t'<0$ 说明在飞船上观测到上海的乙火车先发车。

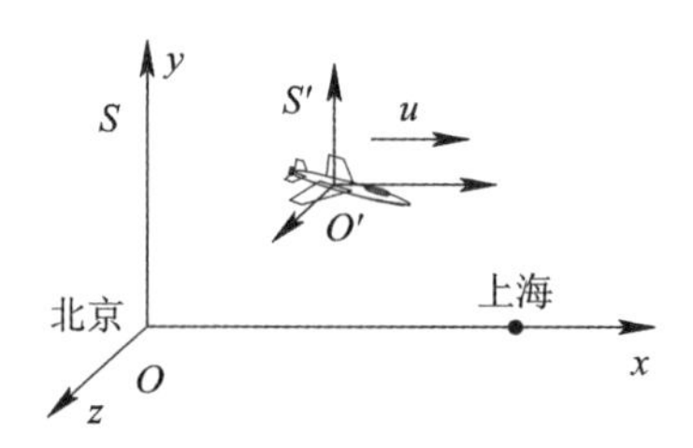

图 9.2

【讨论与拓展】 根据本题计算结果，$\Delta t>0$，说明在地面上观测到北京的甲火车先发车，上海的乙火车后发车；$\Delta t'<0$，说明在飞船上观测到上海的乙火车先发车，北京的甲火车后发车。由此可见，在不同惯性系中观测同样两个事件的时序颠倒了。

根据洛伦兹变换可以证明，两个独立事件在不同惯性系中的时序是有可能颠倒的，但有因果关系的两个事件在任何惯性系中的时序都不会颠倒。例如图 9.3 所示的打靶事件中，设研究对象为子弹，取地面为 S 系，沿射击方向飞行的飞船为 S'系，子弹出膛为事件 1，中靶为事件 2，两个事件在 S 系和 S'系中的时空坐标分别为

S 系：事件 1 为(x_1, t_1)，事件 2 为(x_2, t_2)

S'系：事件 1 为(x'_1, t'_1)，事件 2 为(x'_2, t'_2)

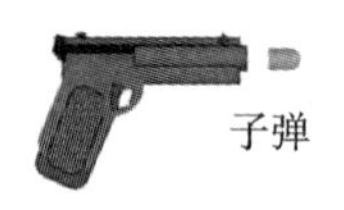

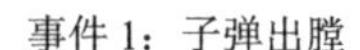

事件 2：中靶

图 9.3

洛伦兹变换的时间坐标变换式为

$$t'_1=\frac{t_1-\frac{u}{c^2}x_1}{\sqrt{1-u^2/c^2}}\quad t'_2=\frac{t_2-\frac{u}{c^2}x_2}{\sqrt{1-u^2/c^2}}$$

两式作差可得

$$t'_2-t'_1=\frac{t_2-\frac{u}{c^2}x_2}{\sqrt{1-(u^2/c^2)}}-\frac{t_1-\frac{u}{c^2}x_1}{\sqrt{1-(u^2/c^2)}}=\frac{(t_2-t_1)\left[1-\frac{u}{c^2}\frac{x_2-x_1}{t_2-t_1}\right]}{\sqrt{1-(u^2/c^2)}}$$

设$\frac{x_2-x_1}{t_2-t_1}=v$，于是有

$$t'_2-t'_1=\frac{(t_2-t_1)\left[1-\frac{uv}{c^2}\right]}{\sqrt{1-(u^2/c^2)}}$$

对于子弹打靶事件，v 表示子弹向前运动的速度，或者对于其他类似有因果关系的事件中，v 表示某种信号传递的速度，它不大于光速 c。因此有

$$|uv|<c^2$$

即

$$1-\frac{uv}{c^2}>0$$

所以当 $t_2>t_1$ 时，一定有 $t'_2>t'_1$，即有因果关系的两个事件的时序一定不会颠倒。

例 9－1 中运动员沿跑道从起点到终点的过程，尽管在飞船上观察到运动员的速度方向与地面观察的速度方向相反，但从起点出发和到达终点的事件时序并未颠倒。

若是没有因果关系的两个独立事件，v 仅仅是两事件发生的空间间隔与时间间隔的比值，不具有实际物理意义，当两个事件空间间隔足够大或时间间隔足够小时，v 可能会大于光速 c，当满足 $uv>c^2$ 时，两个事件的时序就会颠倒。

【例题 9－3】 S 系和 S' 系为坐标轴互相平行的两个惯性系，S' 系相对 S 系沿 Ox 轴正方向运动。一根刚性米尺静止在 S' 系中，并于 $O'x'$ 轴成 30°角。今在 S 系中测得该米尺与 Ox 轴成 45°角，试求 S' 系相对于 S 系的速度 u，以及 S 系中测得的米尺的长度。

【思路解析】 本题为长度收缩效应的典型应用。当物体相对于观测者运动时，其长度相比原长缩短了，但需注意，长度收缩只发生在运动方向，垂直于运动方向不发生长度收缩效应。

【计算详解】 设米尺在 S' 系中沿 x' 和 y' 轴的投影长度分别为 L'_x 和 L'_y，且有

$$\frac{L'_y}{L'_x}=\tan 30°=\frac{\sqrt{3}}{3}$$

设米尺在 S 系中沿 x 和 y 轴的投影长度分别为 L_x 和 L_y，且有

$$\frac{L_y}{L_x}=\tan 45°=1$$

由题意，S' 系相对 S 系沿 Ox 轴正方向运动，因此米尺在 x 方向的投影长度发生长度收缩效应，而 y 方向长度不变，即

$$L_x=L'_x\sqrt{1-\frac{u^2}{c^2}}$$

$$L_y=L'_y$$

以上四式联立可得

$$u=\frac{\sqrt{6}}{3}c$$

S' 系中，有

$$L'_y=L'\sin 30°=\frac{1}{2}\ \text{m}$$

因此在 S 系中，有

$$L=\frac{L_y}{\sin 45°}=\frac{L'_y}{\sin 45°}=\frac{\sqrt{2}}{2}\text{m}$$

【讨论与拓展】 由本题结论可以看出，由于长度收缩只发生在运动方向上，S 系和 S' 系中的倾斜放置的尺子总长度并不满足长度收缩关系。类似地，如果是正立方体静置于 S' 系中，在 S 系中观测到其 x 轴方向长度收缩了，而 y 轴和 z 轴方向长度不变，进而导致立方体的体积以及质量密度发生改变。

【拓展例题 9－3－1】 当一静止体积为 V_0，静止质量为 m_0 的立方体沿其一棱边方向以速率 v 运动时，计算其体积、质量和密度。

【解析】 当物体以 v 沿其一棱边运动时，沿其运动方向发生长度收缩效应，垂直运动方向长度不变，进而引起体积变化，即

$$V = V_0\sqrt{1-\frac{v^2}{c^2}}$$

由狭义相对论动力学中相对论质量知，物体质量因其速度而改变，即

$$m = \frac{m_0}{\sqrt{1-\frac{v^2}{c^2}}}$$

因此可得物体的密度为

$$\rho = \frac{m}{V} = \frac{m_0}{V_0\left(1-\frac{v^2}{c^2}\right)} = \frac{\rho_0}{1-\frac{v^2}{c^2}}$$

式中 ρ_0 为原立方体的质量密度。

【例题 9-4】 宇宙飞船以 $0.8c$ 速度远离地球(即退行速度 $u=0.8c$)，过程中飞船向地球先后发出两个光信号，其时间间隔为 Δt_E，求地球上接收到飞船发出的两个光信号的时间间隔 Δt_R。

【思路解析】 本题是时间延缓效应的典型应用问题。应用时间延缓效应分析相对论时空问题时，需特别注意对原时的判断。另外还需考虑飞船的持续远离导致第二个光信号传播距离增加而引起的附加时延。

【计算详解】 设地面为 S 系，宇宙飞船为 S' 系。定义飞船发出第一个光信号为事件 1，飞船发出第二个光信号为事件 2。由题意，在飞船 S' 系中，两个事件发生在同一地点，因此飞船上观测到发出两信号的时间间隔 Δt_E 为原时。

根据时间延缓效应，在地球 S 系中测得飞船发出两光信号的时间间隔为

$$\Delta t_{发射} = \frac{\Delta t_E}{\sqrt{1-(u^2/c^2)}} = \frac{\Delta t_E}{\sqrt{1-\beta^2}}$$

由于飞船持续以速度 u 远离地球，地球 S 系中接收这两个光信号的时间间隔等于 S 系中测得两光信号的发射时间间隔 $\Delta t_{发射}$ 加上由于飞船的运动导致的第二个光信号传播距离增加引起的附加时延，即

$$\Delta t_R = \Delta t_{发射} + \frac{u\Delta t_{发射}}{c} = \Delta t_{发射}\left(1+\frac{u}{c}\right) = \Delta t_E\sqrt{\frac{1+\beta}{1-\beta}} = 3\Delta t_E$$

【讨论与拓展】 应用时间延缓效应分析相对论时空问题时，重点是对原时的判断和确定。首先选定 S 系和 S' 系，分别定义事件 1 和事件 2，在 S 系及 S' 系中判断两个事件是否发生在同一地点，若是，则此惯性系中测得的两个事件时间间隔是原时 τ_0，若不是，则此惯性系中测得的两个事件时间间隔不是原时。如果某个惯性系中是原时 τ_0，则其他惯性系中测得的时间间隔 τ 相对于原时 τ_0 膨胀了。如果在 S 和 S' 系中两个事件都不是同一地点发生的，那这两个惯性系中测得的时间间隔都不是原时，此时不能应用时间延缓效应列方程，而应该用洛伦兹时空间隔变换来求解。

本题中，由于光信号发射源(宇宙飞船)与光信号接收器(地球地面)之间的相对运动，信号源发射信号的时间间隔并不等于接收器接收信号的时间间隔，需考虑信号源与接收器之间距离增大或减小时所引起的附加时延，这实际上是光的多普勒效应问题。

【例题 9-5】 一宇宙飞船固有长度 $L_0=90$ m，相对地面以 $u=0.8c$ 的速率从一观测站上空飞过，求：

(1) 观测站测得飞船船身通过观测站的时间间隔。

(2) 宇航员测得飞船船身通过观测站的时间间隔。

【解析】 研究对象：飞船(船身通过观测站的时间间隔)。

设地面观测站为 S 系，飞船为 S' 系。定义飞船船头经过观测站为事件 1，飞船船尾经过观测站为事件 2。

在飞船 S' 系中观测，飞船静止，地面观测站以 u 先后经过飞船的船头和船尾。因此两事件的空间间隔为

$$\Delta x' = L_0$$

时间间隔为

$$\Delta t' = \frac{L_0}{u} = \frac{90}{0.8c} = 3.75 \times 10^{-7}\ \text{s}$$

在地面观测站 S 系中观测，整个飞船以 u 经过观测站，而此时飞船长度收缩为

$$L = L_0\sqrt{1-\beta^2}$$

因此地面观测站 S 系观测到船身通过观测站的时间间隔为

$$\Delta t = \frac{L}{u} = \frac{L_0\sqrt{1-\beta^2}}{u} = 2.25 \times 10^{-7}\ \text{s}$$

【讨论与拓展】 对于匀速运动的物体，无论在 S 系或是 S' 系，速度、时间与距离的关系始终成立，但这些物理量必须是同一惯性系中的观测结果。

本题第二个问题还可以应用时间延缓效应来求解。在地面 S 系中观测的两个事件都发生在观测站上空，即同一地点发生，因此 S 系观测的船身通过观测站的时间间隔 Δt 为原时，而飞船 S' 系中观测的 $\Delta t'$ 不是原时，根据时间延缓效应，有

$$\Delta t' = \frac{\Delta t}{\sqrt{1-\beta^2}}$$

于是可得

$$\Delta t = \Delta t'\ \sqrt{1-\beta^2} = 2.25 \times 10^{-7}\ \text{s}$$

【例题 9－6】 粒子的静止质量为 m_0，当其动能等于其静止能量时，其质量和动量大小各等于多少？

【思路解析】 本题是狭义相对论动力学基本概念和常用公式的典型应用，应用狭义相对论质速关系、质能关系、狭义相对论动能及动量的定义联立求解即可。

【计算详解】 根据相对论动能定义

$$E_k = mc^2 - m_0 c^2$$

由题意知

$$E_k = m_0 c^2$$

因此

$$m = 2m_0$$

由质速关系

$$m = \frac{m_0}{\sqrt{1-\beta^2}} = 2m_0$$

求解可得

$$v=\frac{\sqrt{3}c}{2}$$

因此可得粒子动量大小为

$$P=mv=\frac{m_0 v}{\sqrt{1-\left(\frac{v}{c}\right)^2}}=\sqrt{3}m_0 c$$

【例题 9-7】 如图 9.4 所示，两个静止质量都是 m_0 的粒子，其中一个静止，另一个以速率 $v_0=0.8c$ 运动，它们对心碰撞以后黏在一起，求碰撞后合成粒子的静止质量。

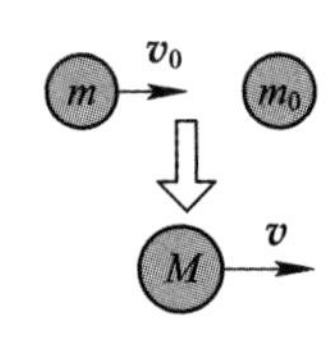

图 9.4

【思路解析】 在狭义相对论中，粒子系统的总能量和总质量总是守恒的，但静止质量和静止能量一般不守恒。本题可应用动量守恒、能量守恒以及质速关系联立求解。

【计算详解】 取两个粒子作为一个系统，碰撞前后动量、能量均守恒，设碰撞后合成粒子的静止质量为 M_0，运动速度为 v，相对论质量为 M，如图 9.4 所示。

根据动量守恒，有

$$mv_0+0=Mv$$

根据能量守恒，有

$$mc^2+m_0c^2=Mc^2$$

由合成粒子的质速关系，有

$$M=\frac{M_0}{\sqrt{1-\frac{v^2}{c^2}}}$$

以上三式联立可得合成粒子的静止质量为

$$M_0=M\sqrt{1-\frac{v^2}{c^2}}=\frac{8}{3}m_0\sqrt{1-0.5^2}=2.31m_0$$

模块 10　量子物理基础

10.1　教学要求

（1）了解黑体辐射规律和普朗克量子假设。

（2）理解光电效应和康普顿效应的实验规律以及爱因斯坦的光量子理论对这两个效应的解释，了解光的波粒二象性。

（3）理解氢原子光谱的实验规律及玻耳的氢原子理论。

（4）了解德布罗意波及实验证明，了解实物粒子的波粒二象性。

（5）理解描述物质波动性的物理量（波长、频率）和粒子性的物理量（动量、能量）之间的关系。

（6）理解波函数及其统计解释，了解一维坐标动量不确定关系，了解能量时间不确定关系，理解一维定态薛定谔方程及其在典型一维势场中的简单应用。

（7）了解氢原子的量子力学描述，了解施特恩-格拉赫实验及微观粒子的自旋。

（8）理解描述原子中电子运动状态的四个量子数，了解泡利不相容原理和原子的电子壳层结构。

（9）了解激光的形成、特性及主要应用。

（10）了解固体能带的形成，并能用能带观点区分导体、半导体和绝缘体。了解本征半导体、n 型半导体和 p 型半导体以及 pn 结的形成。

10.2　内容精讲

量子力学和相对论是近代物理的两大支柱。相对论将物理学扩展到高速领域，量子力学则将物理学引申到原子尺度以下的微观领域。随着科学技术的发展，到 20 世纪初，人们从实验中发现了许多用经典物理理论无法解释的新现象，对这些实验现象的解释推动了一系列量子化概念的发展，并以此为基础，逐步建立了量子力学。本模块主要讨论了黑体辐射、光电效应、康普顿效应和氢原子光谱等几个典型实验以及为解释实验现象而提出的量子化概念，量子力学基本理论——薛定谔方程，量子力学在原子结构、固体物理等领域的典型应用。

本模块的主要内容包括：黑体辐射和普朗克量子假设；光电效应和爱因斯坦光量子理论；康普顿效应；氢原子光谱和玻耳氢原子理论；微观粒子波粒二象性和不确定关系；波函数和薛定谔方程；电子自旋和四个量子数；原子的电子壳层结构；激光；固体的能带结构。

10.2.1 黑体辐射和普朗克量子假设

1. 热辐射基本概念

热辐射基本概念如下:

(1) 热辐射。任何物体在任何温度下,都在不断地向周围空间辐射各种波长的电磁波,这种由温度所决定的辐射称为热辐射。温度不同时,辐射的能量不同,波长分布也不同。

(2) 平衡热辐射。加热一物体,物体的温度恒定时,物体所吸收的能量等于在同一时间内辐射的能量,这时的热辐射称为平衡热辐射。在热平衡状态下,辐射本领大的物体吸收本领也大。

(3) 绝对黑体。能够全部吸收各种波长辐射能而完全不发生反射和透射的物体称为绝对黑体,简称黑体。黑体是一种理想的辐射体。相同温度下,黑体的吸收本领最大,辐射本领也最大。

(4) 单色辐出度。在一定温度 T 下,物体单位表面积在单位时间内发射的、波长在 $\lambda\sim\lambda+\mathrm{d}\lambda$ 范围内的辐射能 $\mathrm{d}M_\lambda$ 与波长间隔 $\mathrm{d}\lambda$ 的比值,称为单色辐射出射度,简称单色辐出度,即

$$M_\lambda(T)=\frac{\mathrm{d}M_\lambda}{\mathrm{d}\lambda}$$

(5) 辐出度。在一定温度 T 下,物体单位表面积在单位时间内发出的辐射能,称为该物体在温度 T 的辐射出射度,简称辐出度,即

$$M(T)=\int_0^\infty M_\lambda(T)\mathrm{d}\lambda$$

2. 黑体辐射实验规律

黑体辐射的实验曲线如图 10.1 所示,温度越高,曲线峰值就越高,峰值波长越短。

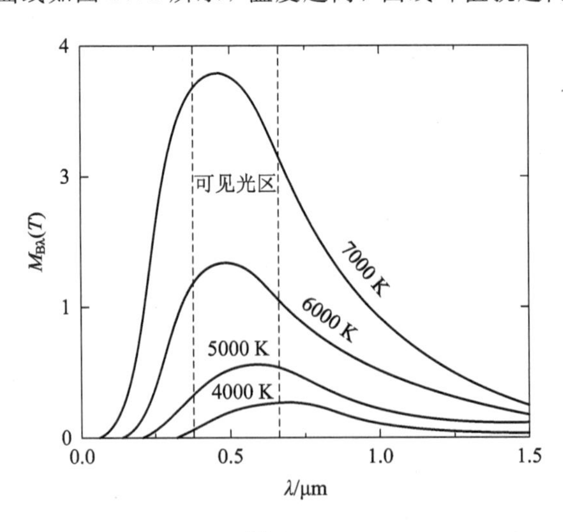

图 10.1

(1) 斯忒藩-玻耳兹曼定律。

黑体的辐出度与其绝对温度 T 的四次方成正比,即

$$M_B(T) = \sigma T^4$$

式中，$\sigma=5.67\times10^{-8}\ \mathrm{W\cdot m^{-2}\cdot K^{-4}}$，称为斯忒藩-玻耳兹曼常量。

（2）维恩位移定律。

黑体辐射的峰值波长 λ_m 与其绝对温度 T 成反比，即

$$T\lambda_m=b$$

式中，$b=2.898\times10^{-3}\ \mathrm{m\cdot K}$，称为维恩常量。

3. 普朗克量子假设

（1）普朗克黑体辐射公式：

$$M_{B\lambda}(T) = \frac{2\pi hc^2\lambda^{-5}}{e^{hc/\lambda kT}-1}$$

式中，c 是光速；k 是玻耳兹曼常量；h 称为普朗克常量，$h=6.626\times10^{-34}\ \mathrm{J\cdot s}$。

（2）普朗克量子假设：构成物体的带电粒子在各自平衡位置附近振动成为带电的谐振子，这些谐振子可以发射、吸收辐射能。这些带电谐振子的能量不能连续变化，频率为 ν 的谐振子的能量 E 只能取 $h\nu$ 的整数倍，即

$$E = nh\nu$$

式中，n 为正整数，称为量子数。

由普朗克量子假设可知：

① 频率为 ν 的谐振子的能量只能取 $h\nu$，$2h\nu$，$3h\nu$，…，$nh\nu$，…一系列不连续的值。因此能量是量子化的。

② 频率为 ν 的谐振子的最小能量是 $E=h\nu$，称为能量子，因此存在能量的最小单元。

10.2.2　光电效应和爱因斯坦光量子理论

1. 光电效应实验中的基本概念

金属及其化合物在光的照射下发射电子的现象称为光电效应。此时发射的电子也称为光电子。

光电效应实验的伏安特性曲线如图 10.2 所示。

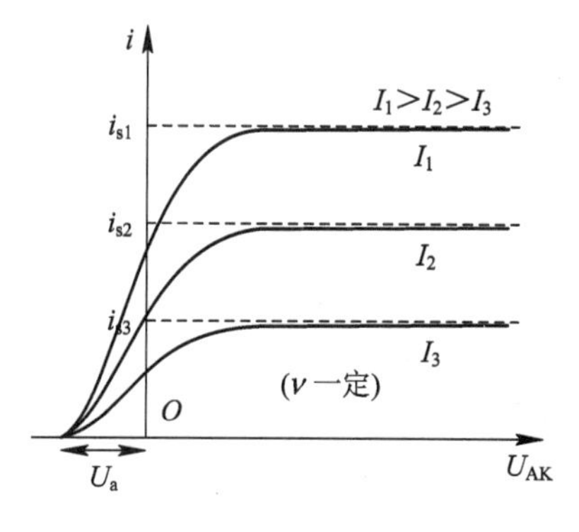

图 10.2

饱和电流 i_s：当正向电势差 U_{AK} 足够大时，从阴极发射的电子全部到达阳极，光电流达到饱和。饱和电流 i_s 与单位时间内从阴极发射出的光电子总数成正比。

遏止电压U_a：当反向电势差大于某一临界值时，电流为零，此临界值称为遏止电压。遏止电压与光电子的最大初动能的关系为

$$eU_a = \frac{1}{2}mv_m^2$$

式中，m 和 e 分别是电子的质量和电量，v_m 是光电子逸出金属表面时的最大速率。

截止频率ν_0：对一定的金属阴极，能够发生光电效应的最低频率，也称为红限频率，其对应的波长称为红限波长λ_0。截止频率与阴极金属材料有关。截止频率ν_0与金属逸出功A之间的关系为

$$\nu_0 = \frac{A}{h}$$

2. 光电效应实验规律

光电效应实验规律如下：

(1) 频率ν一定时，饱和电流i_s正比于入射光光强I。

(2) 对一定的金属阴极，存在截止频率ν_0。当入射光频率$\nu<\nu_0$时，无论光强多大，照射时间多长，都不会发生光电效应。

(3) 遏止电压U_a或光电子的最大初动能与入射光光强I无关，与入射光频率ν成正比。

(4) 无论入射光强度如何，只要其频率大于截止频率$\nu\geqslant\nu_0$，光电子立即发射，滞后时间$\Delta t\leqslant10^{-9}$ s。

3. 爱因斯坦光子假说

爱因斯坦扩展了普朗克量子假设，认为电磁辐射在传播过程中，其能量也是量子化的。爱因斯坦光子假说：

(1) 一束光就是一束以光速c运动的粒子流，这些粒子称为光子；

(2) 频率为ν的一束光中的每一个光子所具有的能量$E=h\nu$，光子能量不能再分割，只能整个地被吸收或释放出来。

由爱因斯坦光子假说可知：

(1) 不同频率的光子具有不同的能量，频率ν越高，光子能量越高。

(2) 照射光的强度I就是单位时间到达被照物单位垂直表面积的能量，取决于每个光子的能量$h\nu$和单位时间内到达单位垂直面积的光子数N，即

$$I=Nh\nu$$

因此频率ν一定时，光强I越大，照到金属上的光子数就越多。若光强I一定时，频率ν越高，照射到金属上的光子数就越少。

4. 光电效应方程

光电效应的物理过程：入射光照到金属表面上，金属内一个电子吸收一个光子后，获得能量$h\nu$，一部分用来克服逸出功，一部分转化为电子的初动能。根据能量守恒与转化定律，有

$$h\nu=A+\frac{1}{2}mv_m^2$$

此式称为爱因斯坦光电效应方程。式中$A=h\nu_0$为金属的逸出功，即金属内部电子脱离金

属表面时为克服表面阻力所做的功。$\frac{1}{2}mv_m^2$ 为光电子的最大初动能，即电子从金属表面逸出时所具有的最大初动能。内部电子逸出时所做功需大于逸出功 A，因而初动能较小。

5. 光的波粒二象性

光具有波动性，又具有粒子性，即光具有波粒二象性。

关于光的波粒二象性，需注意：

(1) 一般来说，当光与物质相互作用时，主要表现为光的粒子性；当光在介质中传播时，主要表现为光的波动性。

(2) 光子不仅具有能量，而且具有质量和动量。对于频率为 ν，波长为 λ 的单色光，光子能量为

$$E = h\nu = \frac{hc}{\lambda}$$

光子质量为

$$m = \frac{E}{c^2} = \frac{h\nu}{c^2} \quad \left(m = \frac{m_0}{\sqrt{1-(v^2/c^2)}},\ m_0 = 0\right)$$

光子动量为

$$P = \frac{E}{c} = \frac{h\nu}{c} = \frac{h}{\lambda}$$

能量、质量和动量反映了光的粒子属性，而波长和频率则反映了光的波动属性，它们通过普朗克常量 h 紧密联系。

10.2.3　康普顿效应

1. 康普顿散射实验规律

康普顿效应：单色 X 射线被物质散射后，散射射线中有两种波长成分，即波长与入射波长相同的射线，波长比入射波长更长的射线，这种波长变长的散射现象称为康普顿散射或康普顿效应。

设入射波长为 λ_0 的单色 X 射线经物质散射，则康普顿散射实验规律包括：

(1) 任一散射角 $\theta(\theta\neq 0)$ 方向上都能测量到 λ_0 和 $\lambda>\lambda_0$ 两种波长的散射线。

(2) 波长改变量 $\Delta\lambda=\lambda-\lambda_0$ 随散射角 θ 的增大而增大，与散射物质无关，与入射波长 λ_0 无关。

(3) 康普顿散射的相对强度与散射物质有关。对于轻物质，波长变长的散射线相对较强，而对于重物质，波长变长的散射线相对较弱。

2. 光量子理论对康普顿效应的解释

康普顿散射的物理过程：如图 10.3 所示，光子与散射物质中的近似静止的自由电子发生弹性碰撞，满足能量守恒和动量守恒，即

$$h\nu_0 + m_0c^2 = h\nu + mc^2$$

$$\begin{cases} \dfrac{h\nu_0}{c} = \dfrac{h\nu}{c}\cos\theta + mv\cos\varphi \\ \dfrac{h\nu}{c}\sin\theta = mv\sin\varphi \end{cases}$$

式中，ν_0 为入射光子频率，ν 为散射光子的频率，θ 和 φ 分别为碰撞后散射光子和反冲电子运动方向所对应的散射角，m_0 为电子的静止质量，m 和 v 为碰撞后电子的相对论质量和速度，且有

$$m=\frac{m_0}{\sqrt{1-v^2/c^2}}$$

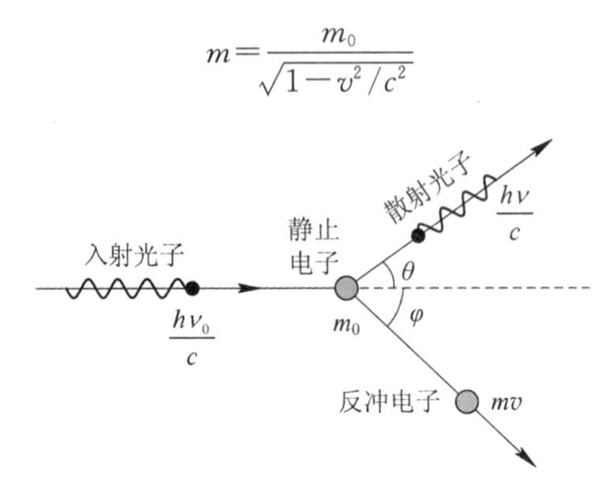

图 10.3

关于康普顿效应的光量子理论解释，还需注意：

(1) 自由电子吸收一个入射光子的能量，并发射出一个能量较小的光子(散射光子)。电子能量增加，光子能量 $h\nu$ 减小，因此波长变长。

(2) 波长改变量为

$$\Delta\lambda=\lambda-\lambda_0=\lambda_c(1-\cos\theta)$$

式中，λ_0 和 λ 分别为入射光子和散射光子的波长；θ 为散射光子的散射角；λ_c 为一常量，称为康普顿波长，且有

$$\lambda_c=\frac{h}{m_0 c}=0.0024\ \text{nm}$$

由此式可见，波长改变量只与散射角有关，与入射波长和散射物质无关。因此在散射角 $\theta=90°$方向上，$\Delta\lambda=\lambda_c$，散射射线的波长成分包括 λ_0 和 $\lambda_0+\lambda_c$；在 $\theta=180°$方向上，$\Delta\lambda=2\lambda_c$，散射射线的波长成分包括 λ_0 和 $\lambda_0+2\lambda_c$。

(3) 当光子与强束缚状态下的内层电子相互作用时，可认为是光子与整个原子相互碰撞。光子碰撞前后，能量几乎不变，因此散射后波长不变。

(4) 由能量守恒定律可得，碰撞前后，反冲电子获得的能量等于入射光子与散射光子能量之差，即

$$E_k = mc^2 - m_0c^2 = h\nu_0 - h\nu$$

3. 光电效应与康普顿效应的对比

光电效应与康普顿效应对比如下：

相同点：都是电磁波与物质相互作用的过程，都用爱因斯坦光量子理论成功解释。

不同点：

(1) 入射光子能量不同。

光电效应：入射光为可见光，光子能量较低，无需考虑相对论效应，光电子最大初动能为

$$E_k=\frac{1}{2}mv^2\ \text{(经典动能)}$$

康普顿效应：入射光为X射线，光子能量较高，必须考虑相对论效应，散射光子的动能为

$$E_k = mc^2 - m_0c^2 \text{（相对论动能）}$$

（2）相互作用过程不同。

光电效应：金属中被束缚的电子将光子能量全部吸收，逸出金属表面成为自由电子。

康普顿效应：外层自由电子与光子的弹性碰撞，使其吸收一个光子，又放出一个能量较低的光子。

（3）守恒量不同。

光电效应：电子吸收光子的能量，一部分克服金属表面逸出功，一部分转化为自身动能，能量守恒，但动量不守恒。

康普顿效应：自由电子与光子弹性碰撞，能量守恒，动量也守恒。

10.2.4　氢原子光谱和玻耳氢原子理论

1. 氢原子光谱的实验规律

氢原子光谱的实验规律：

（1）氢原子光谱是彼此分立的线状光谱，每一条谱线具有确定的波长。

（2）氢原子光谱公式：

$$\frac{1}{\lambda} = R_H\left(\frac{1}{k^2} - \frac{1}{n^2}\right)$$

式中，k 和 n 均为正整数，且 $n>k$；$R_H = 1.097\ 373\ 1\times10^7\ \text{m}^{-1}$ 称为里德伯常量。

（3）当整数 k 取一定值时，n 取大于 k 的各整数所对应的谱线构成一谱线系，例如：

① 莱曼系：$k=1$（$n=2, 3, 4, \cdots$），属于紫外光谱线系。

② 巴耳末系：$k=2$（$n=3, 4, 5, \cdots$），属于可见光谱线系。

③ 帕邢系：$k=3$（$n=4, 5, 6, \cdots$），属于红外谱线系。

2. 玻耳氢原子理论

玻耳在卢瑟福核式模型的基础上提出氢原子结构的三条假设：

（1）定态假设：原子只能处在一系列具有不连续能量的稳定状态，简称为定态。相应于定态，核外电子只能在一系列不连续的稳定圆轨道上运动，但并不辐射电磁波。

（2）跃迁假设：原子能量的任何变化，都只能在两个定态之间以跃迁的方式进行。当原子从一个能量为 E_k 的定态跃迁到另一个能量为 E_n 的定态时，会发射或吸收一个频率为 ν_{kn} 的光子，光子频率满足

$$\nu_{kn} = \frac{|E_k - E_n|}{h}$$

此式称为辐射频率公式。式中 h 为普朗克常量。当 $E_k > E_n$ 时，原子从高能态向低能态跃迁，发射一个光子；当 $E_k < E_n$ 时，原子从低能态向高能态跃迁，吸收一个光子。

（3）角动量量子化条件：电子在稳定的圆轨道上运动时，其轨道角动量 $L = mvr$ 必须等于 $\frac{h}{2\pi}$ 的整数倍，即

$$L = mvr = n\frac{h}{2\pi} = n\hbar \qquad n = 1, 2, 3, \cdots$$

式中，n 称为量子数，$\hbar=\dfrac{h}{2\pi}$称为约化普朗克常量。

3. 氢原子结构和氢原子光谱

(1) 氢原子处于第 n 个定态时，电子的轨道半径为

$$r_n=n^2\left(\frac{\varepsilon_0 h^2}{\pi me^2}\right)=r_1 n^2 \quad n=1,\ 2,\ 3,\ \cdots$$

式中，r_1 是氢原子中电子的最小轨道半径，称为玻耳半径，其值为

$$r_1=\frac{\varepsilon_0 h^2}{\pi me^2}=0.529\times10^{-10}\ \text{m}$$

上式表明，电子的轨道半径不能连续变化。

(2) 氢原子处在量子数为 n 的定态时，原子能量为

$$E_n=-\frac{1}{n^2}\frac{me^4}{8\varepsilon_0^2 h^2}=\frac{E_1}{n^2} \quad n=1,\ 2,\ 3,\ \cdots$$

由此可见，氢原子的定态能量只能取一系列不连续的值，即氢原子的定态能量是量子化的，这些量子化的定态能量称为能级。$n=1$ 的定态称为氢原子的基态，$n\geqslant 2$ 的定态称为受激态或激发态。

上式中令 $n=1$，可得氢原子的基态能量 E_1 为

$$E_1=\frac{me^4}{8\varepsilon_0^2 h^2}=-13.6\ \text{eV}$$

基态能级是整个原子系统能量最低、最稳定的状态，此时核外电子处于原子最内层轨道。n 越大，能量越高，电子轨道离原子核越远。当 $n\to\infty$时，$E_n\to 0$，原子趋于电离。

大量氢原子从不同受激态跃迁到同一能级状态所发射出的谱线属于同一谱线系，如图 10.4 所示。

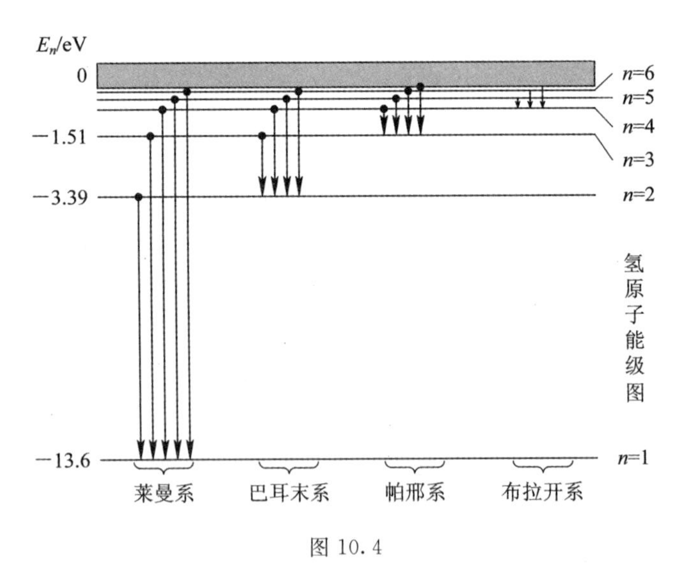

图 10.4

(3) 电离和电离能。

电离：被原子核束缚的电子吸收能量后被释放出来成为自由态的过程。

电离能：使原子或分子电离所需要的能量，如基态氢原子的电离能为 13.6 eV。

10.2.5 微观粒子波粒二象性和不确定关系

1. 德布罗意波

德布罗意假设：不仅光具有波粒二象性，一切实物粒子如电子、原子、分子等也都具有波粒二象性。

对于质量为 m，速度为 v 的实物粒子，描述其粒子性的物理量质量 m、能量 E、动量 P 与描述其波动性的物理量波长 λ、频率 ν 的关系为

$$\begin{cases} E=mc^2=h\nu \\ P=mv=\dfrac{h}{\lambda} \end{cases}$$

也可写成

$$\begin{cases} \lambda = \dfrac{h}{P} = \dfrac{h}{mv} = \dfrac{h}{m_0 v}\sqrt{1-\dfrac{v^2}{c^2}} \\ \nu = \dfrac{E}{h} = \dfrac{mc^2}{h} = \dfrac{m_0 c^2}{h\sqrt{1-\dfrac{v^2}{c^2}}} \end{cases}$$

此式称为德布罗意关系式。这种与实物粒子相联系的波称为德布罗意波或物质波，其波长称为德布罗意波长。

对于光子，$m_0=0$，$v=c$，$\nu\lambda=c$。但对于实物粒子，$m_0\neq 0$，$v<c$，因此 $\nu\lambda=\dfrac{c^2}{v}>c$。

2. 德布罗意波的实验证明

德布罗意波有如下实验证明：

(1) 1927 年，戴维孙-革末进行了电子束在晶体表面的散射实验。

(2) 1927 年，汤姆孙在电子束透过晶体薄片的衍射实验中，得到衍射图样。

(3) 1961 年，约恩孙在电子束通过单缝、双缝……五缝的衍射实验中，得到衍射图样。

3. 德布罗意波的统计解释

以电子束的衍射实验为例，对单个电子而言，其打到屏幕上的位置是完全偶然的，但大量的电子打到屏幕上，其空间分布显示出确定的统计规律，如稳定的衍射图样。

德布罗意波不是某个振动物理量在空间的传播，是运动粒子在空间分布概率的统计描述。德布罗意波的强度表示粒子在该处邻近出现的概率，因此德布罗意波又称为概率波。

4. 不确定关系

由于微观粒子具有波动性，致使它的某些成对的物理量不可能同时具有确定的值。比如位置坐标和动量、能量和时间等，其中一个量确定越准确，另一个量的不确定程度就越大。不确定关系也称为测不准关系。

(1) 位置和动量的不确定关系：

$$\Delta x \Delta P_x \geqslant \frac{\hbar}{2}$$

式中，Δx 和 ΔP_x 分别表示粒子在某方向上的位置坐标的不确定量和同一方向上动量的不确定量。

上式表明，微观粒子的位置坐标和同一方向的动量不可能同时具有确定值。减小 Δx，将使 ΔP_x 增大，即位置确定越准确，动量确定就越不准确。若 $\Delta x=0$，粒子位置完全确定，则 $\Delta P_x=\infty$，粒子动量完全不确定。反之亦然。因此具有波粒二象性的微观粒子，不能用某一时刻的位置和动量来描述其运动状态，轨道概念已失去意义。经典力学规律不适用。

(2) 能量和时间的不确定关系：

$$\Delta E\Delta t \geqslant \frac{\hbar}{2}$$

式中，ΔE 和 Δt 分别为能量的不确定量和时间的不确定量。

上式表明，原子各受激态的能级宽度 ΔE 越宽，该能级的平均寿命 Δt 就越短。反之亦然。受激态的能级宽度 ΔE 使得两个能级间跃迁所产生的光谱的谱线也有一定宽度。

需注意，不确定关系通常用于数量级估算，有时不等号右端也可以写成 $\hbar$ 或 h，即

$$\Delta x\Delta P_x \geqslant \hbar \quad 或 \quad \Delta x\Delta P_x \geqslant h$$

10.2.6 波函数和薛定谔方程

1. 波函数

波函数 $\Psi(\boldsymbol{r}, t)$是量子力学用来描述微观粒子运动状态的物理量，它是空间坐标和时间的函数，它本身不代表任何可观测的物理量。

波函数的模的平方 $|\Psi(\boldsymbol{r}, t)|^2$ 表示在 t 时刻、粒子出现在 $\boldsymbol{r}$ 处的单位体积中的概率，即概率密度。

波函数必须满足的标准条件：单值、有限、连续。

波函数必须满足的归一化条件：

$$\int_V |\Psi|^2 \mathrm{d}V = 1$$

式中，V 表示粒子可能达到的整个空间。上式表明某时刻粒子在空间各点出现的概率总和等于 1。

2. 薛定谔方程

质量为 m 的粒子在势能函数为 $V(\boldsymbol{r}, t)$的外场中运动，其波函数所满足的薛定谔方程为

$$\left[-\frac{\hbar^2}{2m}\left(\frac{\partial^2}{\partial x^2}+\frac{\partial^2}{\partial y^2}+\frac{\partial^2}{\partial z^2}\right)+V(\boldsymbol{r}, t)\right]\Psi(\boldsymbol{r}, t) = \mathrm{i}\hbar\frac{\partial \Psi(\boldsymbol{r}, t)}{\partial t}$$

薛定谔方程是一个关于 $\boldsymbol{r}$ 和 t 的二阶线性偏微分方程，是薛定谔提出的适用于低速情况的、描述微观粒子在外力场中运动的微分方程，也就是物质波的波函数 $\Psi(\boldsymbol{r}, t)$所满足的微分方程。薛定谔方程是量子力学的基本方程。

若势能函数不含时间 t，粒子在稳定的一维外场中运动，薛定谔方程可简化为

$$\frac{\mathrm{d}^2}{\mathrm{d}x^2}\Psi(x)+\frac{2m}{\hbar^2}(E-V)\Psi(x) = 0$$

式中 E 为粒子能量，是不随时间变化的定值。$\Psi(x)$称为定态波函数。此方程称为一维定态薛定谔方程，是一个二阶线性常微分方程。

10.2.7 电子自旋和四个量子数

1. 氢原子的量子力学描述

应用氢原子系统的势能函数，求解定态薛定谔方程，可得有关氢原子的如下描述：

(1) 氢原子的能量是量子化的，即

$$E_n=-\frac{1}{n^2}\frac{me^4}{8\varepsilon_0^2h^2}=-13.6\,\frac{1}{n^2}(\mathrm{eV})\quad n=1,\ 2,\ \cdots$$

式中，n 称为主量子数。此结论与玻耳氢原子理论得到的能级公式是一致的。

(2) 氢原子中电子绕核运动的角动量的大小是量子化的，即

$$L=\sqrt{l(l+1)}\,\hbar\quad l=0,\ 1,\ 2,\ \cdots,\ n-1$$

式中，l 称为副量子数或角量子数，取值为小于主量子数 n 的非负整数。此结论与玻耳氢原子理论不同，尽管两者都指出轨道角动量是量子化的，但量子力学得出的角动量最小值可为零，而玻耳氢原子理论的角动量最小值为 $\hbar$。实验证明量子力学的结论是正确的。

(3) 氢原子中电子绕核运动的角动量的空间取向是量子化的，即

$$L_z=m_l\hbar\quad m_l=0,\ \pm1,\ \pm2,\ \cdots,\ \pm l$$

式中，L_z表示角动量 $\boldsymbol{L}$ 沿外磁场方向的投影，m_l称为磁量子数。磁量子数的取值受副量子数 l 的限制，对于确定的副量子数 l，磁量子数可取$(2l+1)$个不连续的值，即在角动量大小确定的情况下，$\boldsymbol{L}$ 在外磁场方向的投影有$(2l+1)$个不连续值。

2. 电子自旋

乌伦贝克和古兹密特根据施特恩-格拉赫的实验结果提出电子具有自旋的假设。电子自旋角动量的大小为 $S=\sqrt{s(s+1)}\,\hbar$，$s=1/2$ 称为自旋量子数。电子自旋角动量在外磁场方向的投影为 $S_z=m_s\hbar$，$m_s=\pm1/2$ 称为自旋磁量子数。

由此可见，电子自旋角动量的大小 S 及其在外磁场方向的投影 S_z 分别为

$$S=\sqrt{\frac{3}{4}}\,\hbar,\ S_z=\pm\frac{1}{2}\hbar$$

3. 四个量子数

电子的稳定运动状态可由四个量子数来表征：

(1) 主量子数 $n(n=1,\ 2,\ 3,\ \cdots)$，大体上决定了原子中电子的能量；

(2) 副量子数 $l(l=0,\ 1,\ 2,\ \cdots,\ n-1)$，决定了原子中电子的轨道角动量大小，对能量也有少许影响；

(3) 磁量子数 $m_l(m_l=0,\ \pm1,\ \pm2,\ \cdots,\ \pm l)$，决定了电子轨道角动量 $\boldsymbol{L}$ 在外磁场中的取向；

(4) 自旋磁量子数 $m_s(m_s=\pm1/2)$，决定了电子自旋角动量 $\boldsymbol{S}$ 在外磁场中的取向。

10.2.8 原子的电子壳层结构

多电子原子中，每个电子的运动状态都可以用四个量子数$(n,\ l,\ m_l,\ m_s)$来表征。

1. 电子壳层结构

(1) 主量子数 n 相同的电子组成一个壳层。

对应于 $n=1$，2，3，4，5，6，…的各壳层分别记作 K，L，M，N，O，P，…，n 越小的壳层，能级越低。

(2) n 相同的同一壳层中，按副量子数 l 的不同，又分成分壳层或支壳层，见表 10.1。

对应于 $l=0$，1，2，3，4，5，…，$n-1$ 的各支壳层分别记作 s，p，d，f，g，h，…，n 相同的同一壳层中，l 越小的支壳层，能级越低，但相差甚微。

表 10.1 壳 层 结 构

n	1	2	3	4
l	0	0，1	0，1，2	0，1，2，3
壳层结构	1s	2s，2p	3s，3p，3d	4s，4p，4d，4f

2. 泡利不相容原理

在一个原子中不能有两个或两个以上的电子处在完全相同的量子态，或者说，同一个原子中任何两个电子都不可能有完全相同的四个量子数(n，l，m_l，m_s)。

(1) 若给定某些量子数，根据泡利不相容原理可以确定可能出现的量子态数和量子态。

当 n，l，m_l，m_s确定时，可能出现的量子态数为 1。

当 n，l，m_l确定时，可能出现的量子态数为 2。

当 n，l 确定时，可能出现的量子态数为 $2(2l+1)$。

当 n 确定时，可能出现的量子态数为 $\sum_{0}^{n-1} 2(2l+1) = 2n^2$。

(2) 根据泡利不相容原理，可以确定每个壳层或支壳层最多所能容纳的电子数。

副量子数为 l 的支壳层最多可容纳 $2(2l+1)$个电子。比如所有的 s 支壳层($l=0$)最多容纳 2 个电子，p 层($l=1$)最多容纳 6 个电子，d 层($l=2$)最多容纳 10 个电子……

主量子数为 n 的壳层最多可容纳 $2n^2$ 个电子。比如 K($n=1$)层最多容纳 2 个电子，L 层($n=2$)最多容纳 8 个电子，M 层($n=3$)最多容纳 18 个电子……

3. 能量最小原理

原子处于正常稳定状态时，每个电子都趋向占据可能出现的最低能级，即能级越低或离核越近的壳层首先被填满，其余电子依次向未被占据的最低能级填充。

主量子数 n 和副量子数 l 都不同时，能量高低可由($n+0.7l$)值的大小来比较，其值越大能级越高。各个支壳层按能级由低到高的排列次序为：1s，2s，2p，3s，3p，4s，3d，4p，5s，4d，5p，…

10.2.9 激光

世界上第一台激光器是 1960 年发明的红宝石激光器。

激光的主要特性：高定向性、高单色性、高相干性、高亮度。

原子在不同能级间跃迁的三种方式：自发辐射、受激辐射、受激吸收。

(1) 自发辐射：处于高能级的原子在不受外界因素影响的条件下，自发地由高能级向低能级跃迁，并发出一个光子，这个过程称为自发辐射。自发辐射是光放大过程，但光的单色性和相干性差。

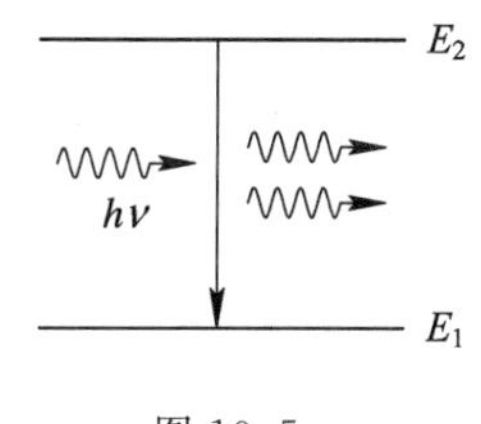

图 10.5

(2) 受激辐射：处于高能级 E_2 的原子，在频率 $\nu=\dfrac{E_2-E_1}{h}$ 的外来光子激励下，由高能级 E_2 向低能级 E_1 跃迁，同时发射一个与入射光子完全相同的光子，如图 10.5 所示，这个过程称为受激辐射。受激辐射是光放大过程，且光的单色性和相干性好。

(3) 受激吸收：处于低能级 E_1 的原子，在频率 $\nu=\dfrac{E_2-E_1}{h}$ 的外来光子激励下，吸收这部分能量跃迁至高能级 E_2 上，此过程称为受激吸收。

激光的理论基础是 1916 年爱因斯坦提出的受激辐射理论。

实现光放大、产生激光的必要条件是粒子数反转(高能级上的原子数多于低能级上的原子数)。

激光器的组成部分包括：工作物质、激励能源、谐振腔。

谐振腔的作用如下：① 产生并维持光振荡，提高光强；② 提高激光的方向性；③ 提高激光的单色性(选频)。

10.2.10 固体的能带结构

1. 能带的形成

电子共有化：由于晶体中原子的周期排列，使价电子不再为单个原子所具有，而是属于整个晶体离子所共有，这种现象称为电子共有化。电子能量越高，共有化程度就越高，外层电子共有化程度高于内层电子。

在晶体中，由于电子共有化，使原来自由状态下的原子能级发生分裂。当 N 个相同原子组成晶体时，原来单个原子的每一个能级都分裂成 N 个能级。新能级排列密集，连成一片，称为能带，如图 10.6 所示。

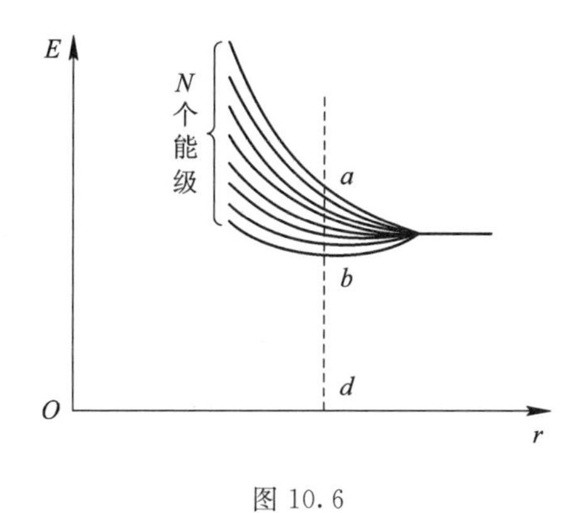

图 10.6

能带形成后，电子仍按泡利不相容原理和能量最小原理填入能带内的各能级。例如孤立原子 l 支壳层最多容纳 $2(2l+1)$ 个电子，而 N 个原子组成的晶体中 l 支壳层最多容纳 $2(2l+1)N$ 个电子。

禁带：相邻两能带之间的能量间隔。在此间隔中，电子不能处于稳定状态，从而形成一个禁区，如图 10.7 所示。若相邻的能带有重叠，则无禁带。

满带：能带中所有能级均被电子填满。通常情况下，满带中的电子没有导电作用。

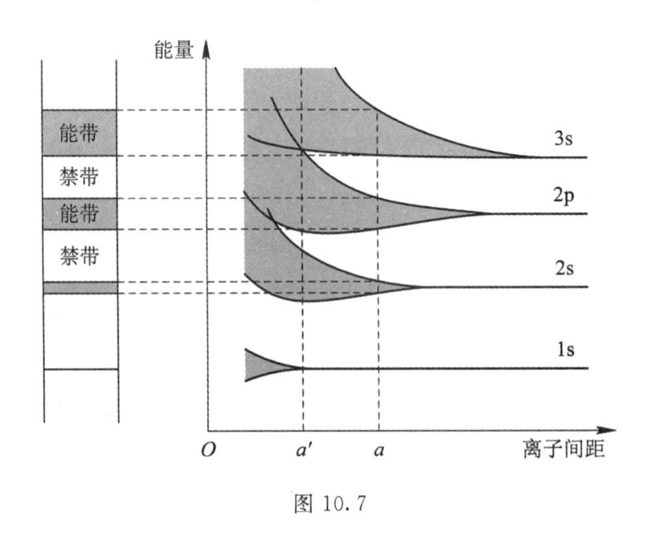

图 10.7

空带：能带中所有能级都没有电子填入。

价带：最外层电子所在的能带。价带可以是满带，也可以不是满带。

导带：空带和未被电子填满的能带统称为导带。电子受激发而进入空带后可表现出导电作用，因此空带也是导带。

2. 导体、绝缘体、半导体的能带结构

固体导电性能由其能带结构决定。

(1) 绝缘体。如图 10.8 所示，价带被电子填满成为满带，且与相邻的空带之间的禁带宽度 ΔE_g 较宽。绝缘体在外电场作用，或者热激发、光激发等作用下只能使满带中的极个别电子跃迁到空带中去，导电性极弱。

(2) 半导体。半导体导电性能介于导体和绝缘体之间。半导体能带结构与绝缘体能带结构相似，如图 10.9 所示，价带是满带，但满带与相邻空带之间的禁带宽度 ΔE_g 很小，电子相对容易从满带中被激发到空带中去。空带中电子导电，原本填满的价带中空穴导电。

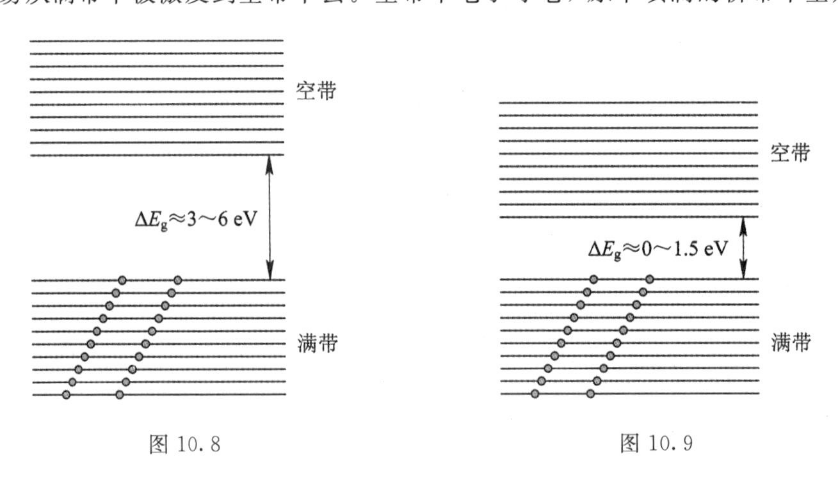

图 10.8　　图 10.9

(3) 导体。如图 10.10 所示，价带未被电子填满(如金属锂)，或是虽被填满，但满带与相邻的空带重叠(如金属镁)，又或者价带未填满还与相邻的空带重叠(如金属铜)。图(a)价带未填满故能导电；图(b)价带是满带，但禁带宽度为零，满带中的电子能够占据空带，因此也能导电。

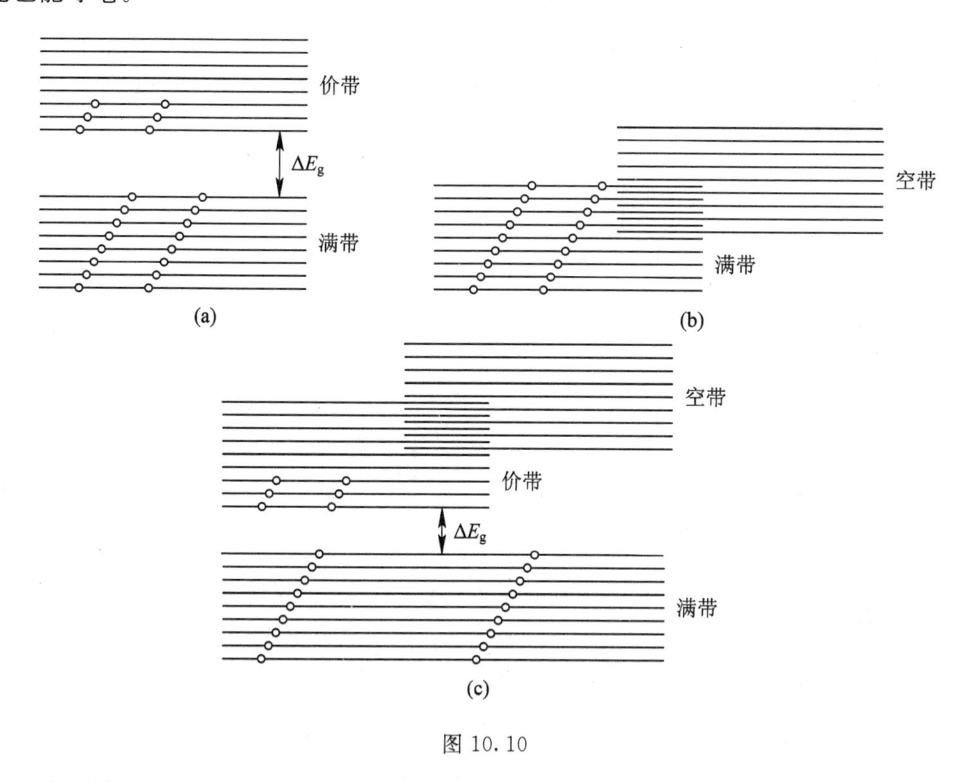

图 10.10

3. 杂质半导体的能带结构

半导体有两类：本征半导体和杂质半导体。本征半导体具有导电性，但导电性能很弱。本征半导体中掺入少量其他元素的原子，可显著提高半导体导电性。

(1) n 型半导体(电子型半导体)。

n 型半导体指在四价元素半导体中掺入少量五价杂质元素。多余价电子的杂质能级称为施主能级，位于禁带区域，且靠近导带下边缘，如图 10.11 所示。杂质能级中的电子受到激发很容易跃迁到导带中，大大提升了空带中电子的导电能力。

(2) p 型半导体(空穴型半导体)。

p 型半导体指在四价元素半导体中掺入少量三价杂质元素。多余空穴的杂质能级称为受主能级，位于禁带区域，且靠近满带的上边缘，如图 10.12 所示。满带中的电子受到激发很容易跃迁到杂质能级中，同时在满带中形成空穴，大大提升了满带中空穴的导电能力。

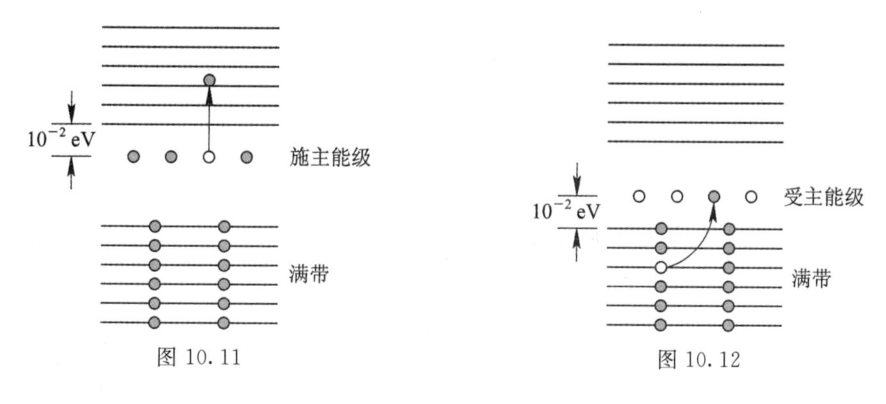

图 10.11　　图 10.12

4. pn 结

n 型半导体和 p 型半导体直接接触后，n 型半导体中的电子和 p 型半导体中的空穴向对方扩散，导致交界面附近电荷累积，产生电场，形成势垒，如图 10.13 所示，这就是 pn 结。

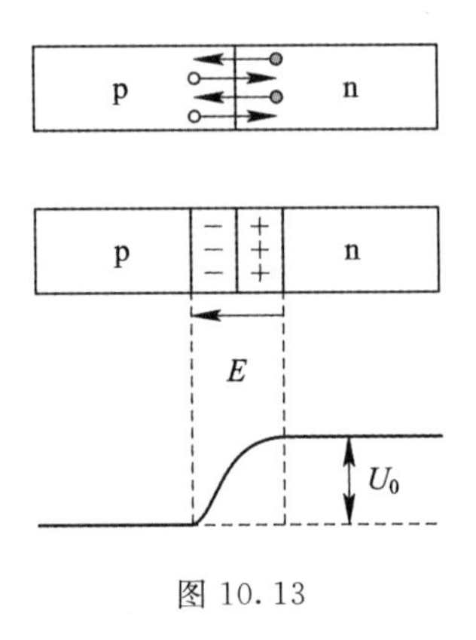

图 10.13

pn 结具有单向导电性。若 p 区接电源正极，n 区接负极，势垒被削弱，形成正向电流；反之，若 p 区接电源负极，n 区接正极，势垒增大，致使反向电流极小。

利用 pn 结的单向导电性可以制成半导体二极管、光电二极管等。

10.3 例题精析

【例题 10-1】 已知铝的逸出功 $A=4.2$ eV，今用波长 $\lambda=200$ nm 的紫外光照射到铝的表面上。试求：

(1) 发射的电子的最大初动能是多少?

(2) 遏止电压为多大?

(3) 铝的红限波长是多大?

【思路解析】 光电效应方程可以全面说明光电效应的实验规律，可以定量计算光电效应所涉及的各个相关物理量，比如入射光子能量、截止频率、红限波长、电子最大初动能、遏止电压、金属逸出功等等。

【计算详解】 (1) 根据光电效应方程：

$$h\nu=A+\frac{1}{2}mv_{\mathrm{m}}^{2}$$

可得电子的最大初动能为

$$E_{\mathrm{km}}=\frac{1}{2}mv_{\mathrm{m}}^{2}=h\nu-A=h\frac{c}{\lambda}-A$$

$$=3.23\times10^{-19}\ \mathrm{J}=2.0\ \mathrm{eV}$$

(2) 由遏止电压与电子最大初动能的关系：

$$eU_{\mathrm{a}}=\frac{1}{2}mv_{\mathrm{m}}^{2}$$

可得

$$U_a=\frac{\frac{1}{2}mv_m^2}{e}=\frac{2.0\ \text{eV}}{e}=2.0\ \text{V}$$

（3）由截止频率与逸出功的关系：

$$h\nu_0=A$$

可得铝的红限波长

$$\lambda_0=\frac{c}{\nu_0}=\frac{hc}{A}=2.96\times10^{-7}\ \text{m}=296\ \text{nm}$$

【例题 10－2】 单色光照射在某种金属上，若在光强不变的条件下增大照射光的频率，光电效应的伏安特性曲线将如何变化？

【思路解析】 饱和电流 i_s 和遏止电压 U_a 是光电效应伏安特性曲线的重要特性参量，伏安特性曲线的变化主要取决于这两个参量的变化。

【计算详解】 从伏安特性曲线上看，饱和电流 i_s 是正向电势差足够大时光电流的饱和值，与单位时间内从阴极金属发射出的光电子总数成正比。当入射光频率 ν 大于该金属的临界频率 ν_0 时，一个电子吸收一个光子能量，然后逸出金属表面，单位时间内从阴极发射出的光电子总数等于单位时间入射到金属上的光子的总数。

由爱因斯坦光量子理论，入射光强度可表示为

$$I=Nh\nu$$

可见光强 I 不变而频率 ν 增大时，光子流密度 N 减小，致使单位时间入射到金属上的光子总数减少，因而饱和电流 i_s 减小。

从伏安特性曲线上看，遏止电压 U_a 是电流为零时的反向电势差的绝对值，与光电子的最大初动能的关系为

$$eU_a=\frac{1}{2}mv_m^2$$

根据光电效应方程：

$$h\nu=A+\frac{1}{2}mv_m^2=A+eU_a$$

可见，对于同一金属，频率 ν 增大时，光电子的最大初动能增大，因此遏止电压 U_a 增大。

当饱和电流 i_s 减小而遏止电压 U_a 增大时，光电效应伏安特性曲线如图 10.14 所示虚线。

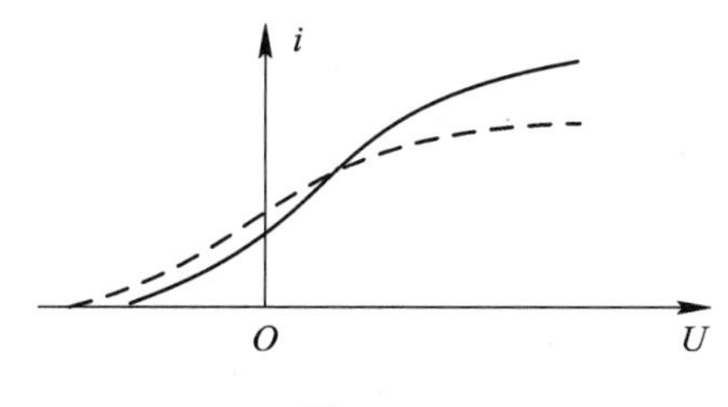

图 10.14

【例题 10－3】 波长 $\lambda_0=0.0708$ nm 的 X 射线在石蜡上受到康普顿散射，试求在 90°和 180°方向上所散射的 X 射线的波长以及反冲电子所获得的能量。

【思路解析】 本题是康普顿散射中波长改变量 $\Delta\lambda$ 和能量守恒方程的典型应用。

【计算详解】 波长改变量 $\Delta\lambda$ 与散射角 θ 的关系为

$$\Delta\lambda=\lambda-\lambda_0=\lambda_c(1-\cos\theta)$$

因此当 $\theta=90°$时，有

$$\Delta\lambda=\lambda_c=0.0024\ \text{nm}$$

$$\lambda=\lambda_0+\Delta\lambda=0.0708+0.0024=0.0732\ \text{nm}$$

根据能量守恒定律：

$$h\nu_0+m_0c^2=h\nu+mc^2$$

反冲电子所获得的能量等于入射光子与散射光子能量之差，即

$$\begin{aligned}E_k&=mc^2-m_0c^2=h\nu_0-h\nu\\&=h\frac{c}{\lambda_0}-h\frac{c}{\lambda}=\frac{hc}{\lambda_0\lambda}\Delta\lambda\\&=9.21\times10^{-17}\ \text{J}=576\ \text{eV}\end{aligned}$$

当 $\theta=180°$时，有

$$\Delta\lambda=2\lambda_c=0.0048\ \text{nm}$$

$$\lambda=\lambda_0+\Delta\lambda=0.0708+0.0048=0.0756\ \text{nm}$$

$$\begin{aligned}E_k&=h\frac{c}{\lambda_0}-h\frac{c}{\lambda}=\frac{hc}{\lambda_0\lambda}\Delta\lambda\\&=1.82\times10^{-16}\ \text{J}=1140\ \text{eV}\end{aligned}$$

【例题 10-4】 已知 X 射线光子能量为 0.6 MeV，经康普顿散射后波长改变了 20%，求反冲电子获得的能量和动量大小。

【思路解析】 康普顿散射中入射光子能量较高，致使反冲电子的速度较大，所以电子的质量、能量及动量等动力学参量需考虑相对论效应。

【计算详解】 由题意，入射光子能量为

$$h\nu_0=0.6\ \text{MeV}$$

并且 $\Delta\lambda=0.2\lambda_0$，即

$$\lambda=\lambda_0+\Delta\lambda=1.2\lambda_0$$

由能量守恒公式可得反冲电子获得的能量为

$$\begin{aligned}E_k&=h\nu_0-h\nu=h\frac{c}{\lambda_0}-h\frac{c}{\lambda}=\frac{hc}{\lambda_0}\left(1-\frac{1}{1.2}\right)=\frac{1}{6}\left(\frac{hc}{\lambda_0}\right)\\&=0.10\ \text{MeV}=1.6\times10^{-14}\ \text{J}\end{aligned}$$

由相对论动量和能量的关系：

$$P^2c^2=E^2-E_0^2$$

其中，$E=E_0+E_k$，$E_0=m_0c^2$，可得

$$P=\frac{\sqrt{E^2-E_0^2}}{c}=\frac{\sqrt{E_k^2+2E_kE_0}}{c}=1.79\times10^{-22}\ \text{kg}\cdot(\text{m/s})$$

【例题 10-5】 在气体放电管中，高速电子轰击原子发光。若高速电子的能量为 12.2 eV，轰击处于基态的氢原子，试求：

(1) 基态氢原子被轰击后最高能跃迁到 n 等于几的能级？

(2) 氢原子被轰击后最多可以发射几个谱线系？几条谱线？

(3) 氢原子被轰击后发射的谱线中波长最长和最短的分别是哪条？波长各是多少？

【思路解析】 本题是利用玻耳氢原子理论中的跃迁假设分析氢原子光谱的问题。基态

氢原子吸收电子能量向高能态跃迁，由于受激态不稳定，因此高能态原子会自动向下跃迁到低能态，并发射光子。各高能态原子向下跃迁到同一能级所发出的光子谱线形成同一谱系。

【计算详解】 (1) 设基态氢原子受到12.2 eV的电子轰击后，氢原子所具有的最高能级的能量值为E_n，根据能量守恒定律：

$$E_n - E_1 = 12.2\ \text{eV}$$

因此有

$$E_n = E_1 + 12.2 = -13.6 + 12.2 = -1.4\ \text{eV}$$

由氢原子的能级公式：

$$E_n = \frac{E_1}{n^2}$$

可得氢原子的最高能级级次为

$$n = \sqrt{\frac{E_1}{E_n}} = \sqrt{\frac{-13.6}{-1.4}} = 3.49$$

因此取$n=3$，即基态氢原子被电子轰击后最高可跃迁到$n=3$的能级。

(2) 由跃迁条件可知，可能的跃迁有2个谱线系，3条谱线，如图10.15所示。

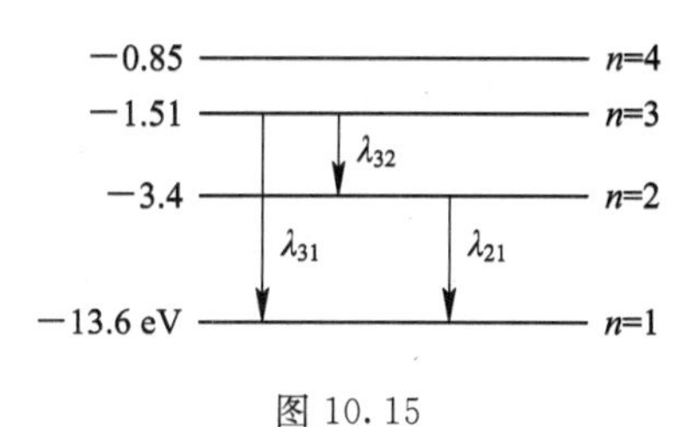

图 10.15

其中，$E_3 \to E_1$和$E_2 \to E_1$的谱线同属紫外光谱系(莱曼系)，$E_3 \to E_2$的谱线属于可见光谱系(巴耳末系)。

(3) 根据能级间跃迁公式：

$$h\nu = |E_n - E_k|$$

可知两能级差越大，高能态向低能态跃迁时发射光子的频率就越高，波长就越短。反之，两能级差越小，高能态向低能态跃迁时发射光子的频率就越低，波长就越长。

因此，$E_3 \to E_1$能级差最大，跃迁时发射的光子波长最短，且有

$$\lambda_{31} = \frac{c}{\nu} = \frac{hc}{E_3 - E_1} = 102.8\ \text{nm}$$

$E_3 \to E_2$能级差最小，跃迁时发射的光子波长最长，且有

$$\lambda_{32} = \frac{c}{\nu} = \frac{hc}{E_3 - E_2} = 657.7\ \text{nm}$$

【例题10-6】 设光子和电子的波长都是0.2 nm，试求它们的动量、动能和总能量。

【思路解析】 本题是光的波粒二象性和实物粒子的波粒二象性的典型应用。光子和电子的波动性参量与粒子性参量之间的转换公式是相同的。但需注意光子静止质量为零，速度为c，而电子静止质量不为零，速度小于c。特别地，当电子速度$v \ll c$，可不考虑相对论效应。

【计算详解】 由德布罗意公式：

$$P=\frac{h}{\lambda}$$

可得，若光子和电子的波长相等，其动量也相等，即

$$P_{光子}=P_{电子}=\frac{h}{\lambda}=3.32\times10^{-24}\ \text{kg}\cdot(\text{m/s})$$

由相对论动量和能量的关系：

$$P^2c^2=E^2-E_0^2$$

可得

$$E=\sqrt{P^2c^2+E_0^2}$$

对于光子，其静止质量 $m_0=0$，静止能量 $E_0=0$，因此光子总能量等于其动能，即

$$E=E_k=Pc=9.96\times10^{-16}\ \text{J}=6.23\ \text{keV}$$

对于电子，其静止能量 $E_0=m_0c^2$，由于电子的 $Pc\ll m_0c^2$，因此电子总能量为

$$E=\sqrt{P^2c^2+m_0^2c^4}\approx m_0c^2=8.199\times10^{-24}\ \text{J}=0.512\ \text{MeV}$$

电子的动能为

$$E_k=E-E_0$$

由于电子总能量 $E\approx E_0$，故可以不考虑相对论效应，即

$$E_k=\frac{1}{2}m_0v^2=\frac{P^2}{2m_0}=6.03\times10^{-18}\ \text{J}=37.7\ \text{eV}$$

【例题 10-7】 一电子的速率为 3×10^6 m/s，如果测定速率的不确定度为 1%，则

(1) 其德布罗意波长的不确定度多少？

(2) 同时测定电子位置的不确定量是多少？

(3) 如果这是原子中的电子，可以认为它做轨道运动吗？(忽略相对论效应)

【思路解析】 本题是位置和动量的不确定关系式的典型应用。由速率的不确定度可知电子动量的不确定度，利用德布罗意公式即可将动量不确定度转化成波长的不确定度，利用位置和动量的不确定关系可求得电子位置的不确定量。若电子位置不确定量与电子活动空间的线度相当，则不能视为轨道运动。

【计算详解】 (1) 设电子质量为 m，由题意可知电子速率的不确定度为

$$\frac{\Delta v_x}{v}=1\%$$

可得电子动量的不确定度为

$$\frac{\Delta P_x}{P}=\frac{m\Delta v_x}{mv}=\frac{\Delta v_x}{v}=1\%$$

由德布罗意公式：

$$P=\frac{h}{\lambda}$$

可得

$$\Delta P_x=\frac{h}{\lambda^2}\Delta\lambda=\frac{P}{\lambda}\Delta\lambda$$

因此电子的德布罗意波长的不确定度为

$$\frac{\Delta\lambda}{\lambda}=\frac{\Delta P_x}{P}=\frac{\Delta v_x}{v}=1\%$$

(2) 由不确定关系：

$$\Delta x \Delta P_x \geqslant \frac{\hbar}{2}$$

可得电子位置的不确定量为

$$\Delta x \geqslant \frac{\hbar}{2\Delta P_x} = \frac{\hbar}{2m\Delta v_x} = 1.92 \times 10^{-9}\ \text{m}$$

(3) 如果这个电子是原子中的电子，由玻耳氢原子理论可知，玻耳轨道半径 $r=0.529\times 10^{-10}$ m，可见电子位置的不确定量与原子线度数量级相近，因此不能认为电子做轨道运动。

【例题 10－8】 若纳黄光谱线($\lambda=589$ nm)的自然宽度为 $\Delta\nu/\nu=1.6\times 10^{-8}$，试问纳原子相应的激发态的平均寿命约为多少？

【思路解析】 本题是能量与时间的不确定关系式的典型应用。由光谱的频率或波长的自然宽度可知光子能量的不确定量以及原子激发态的能级宽度，根据不确定关系即可求得相应激发态的平均寿命。

【计算详解】 由能级间的跃迁公式可得，与该谱线相应的钠原子激发态的能级宽度为

$$\Delta E = h\Delta\nu$$

根据能量和时间的不确定关系：

$$\Delta E \Delta t \geqslant \frac{\hbar}{2}$$

可得该激发态的平均寿命为

$$\Delta t \approx \frac{\hbar}{2\Delta E} = \frac{\hbar}{2h\Delta\nu} = \frac{\lambda}{4\pi c \dfrac{\Delta\nu}{\nu}} = 9.8\times 10^{-9}\ \text{s}$$

【例题 10－9】 设质量为 m 的粒子在一维空间运动，其势能函数分布为

$$V(x) = \begin{cases} 0 & 0<x<a \\ \infty & x\leqslant 0,\ x\geqslant a \end{cases}$$

势能曲线如图 10.16 所示，试求该粒子的定态能量 E_n、定态波函数 $\Psi_n(x)$和概率密度。

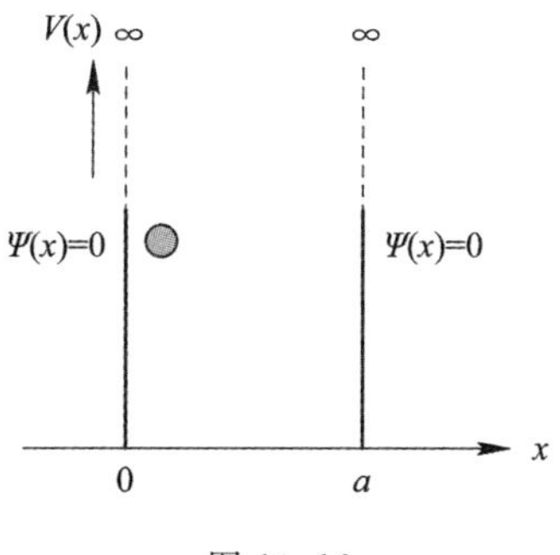

图 10.16

【思路解析】 本题是一维定态薛定谔方程的典型应用。由题意，势能函数 $V(x)$不含时间 t，所以属于定态问题，可运用一维定态薛定谔方程来求解。在求解微观粒子的各种定态问题时，将势能函数的具体形式代入定态薛定谔方程中，利用波函数的单值、有限、连续及归一化条件，求解薛定谔微分方程，即可获得微观粒子的定态能量、定态波函数以及概

率密度分布等。

【计算详解】 由题意，$x\leqslant 0$ 或 $x\geqslant a$ 时，势能趋于无限大，表明势阱内的粒子不可能越出 $0<x<a$ 的势阱区域。因此粒子在 $x\leqslant 0$ 及 $x\geqslant a$ 的区域内出现的概率必为零，即

$$\Psi(x)=0 \qquad x\leqslant 0 \text{ 或 } x\geqslant a$$

在 $0<x<a$ 区域，$V(x)=0$，将势能函数代入一维定态薛定谔方程可得

$$\frac{\mathrm{d}^2\Psi(x)}{\mathrm{d}x^2}+\frac{2mE}{\hbar^2}\Psi(x)=0$$

式中，E 表示粒子的定态能量。

不妨令

$$k=\sqrt{\frac{2mE}{\hbar^2}} \tag{10-1}$$

于是薛定谔方程可以写成

$$\frac{\mathrm{d}^2\Psi(x)}{\mathrm{d}x^2}+k^2\Psi(x)=0$$

求解微分方程，其通解可以写成

$$\Psi(x)=A\sin(kx)+B\cos(kx)$$

式中，A、B 为待定常数，可根据波函数必须满足的单值、有限、连续和归一化条件来确定。

在 $x=0$ 处，由波函数的连续条件可知 $\Psi(0)=0$，于是有

$$\Psi(0)=A\sin(k\cdot 0)+B\cos(k\cdot 0)=0$$

可得

$$B=0$$

因此

$$\Psi(x)=A\sin kx \tag{10-2}$$

在 $x=a$ 处，由波函数的连续条件可知 $\Psi(a)=0$，于是有

$$\Psi(a)=A\sin(ka)=0$$

可得

$$k=\frac{n\pi}{a} \quad n=1,\ 2,\ 3,\ \cdots \tag{10-3}$$

式中，n 为正整数，称为量子数。上式表明常数 k 只能取由正整数 n 和势阱宽度 a 所确定的一系列不连续的值。且 $k\neq 0$，否则将导致波函数处处为零，与题意不符。

将式(10-3)中 k 的取值代入式(10-1)，可得粒子定态能量的可能取值为

$$E_n=n^2\,\frac{h^2}{8ma^2} \quad n=1,\ 2,\ 3,\ \cdots \tag{10-4}$$

将式(10-3)中 k 的取值代入式(10-2)，可得量子数为 n 的定态波函数为

$$\Psi_n(x)=A\sin\left(\frac{n\pi}{a}x\right) \quad n=1,\ 2,\ 3,\ \cdots$$

由归一化条件

$$\int_{-\infty}^{+\infty}|\Psi_n(x)|^2\mathrm{d}x=1$$

有

$$\int_0^a A^2\sin^2\left(\frac{n\pi}{a}x\right)\mathrm{d}x = A^2\cdot\frac{a}{2} = 1$$

可得

$$A=\sqrt{\frac{2}{a}}$$

因此粒子的定态波函数为

$$\Psi_n(x)=\sqrt{\frac{2}{a}}\sin\frac{n\pi}{a}x \quad n=1,\ 2,\ 3,\ \cdots \tag{10-5}$$

粒子在势阱内各处出现的概率密度为

$$f_n(x)=|\Psi_n(x)|^2=\frac{2}{a}\sin^2\left(\frac{n\pi}{a}x\right) \quad n=1,\ 2,\ 3,\ \cdots$$

【讨论与拓展】 用薛定谔方程可求解微观粒子运动的实际问题，本题中势能函数的分布形式称为一维无限深方势阱。这是一种理想模型，薄金属片内的单电子运动的近似解可看作无限深方势阱。

根据本题所得结论，量子数 $n=1$，2，3 时，各量子态所对应的能级以及波函数 $\Psi_n(x)$、概率密度 $|\Psi_n(x)|^2$ 在势阱内的分布曲线如图 10.17 所示。由此可见，一维无限深方势阱中粒子的运动特征主要表现如下：

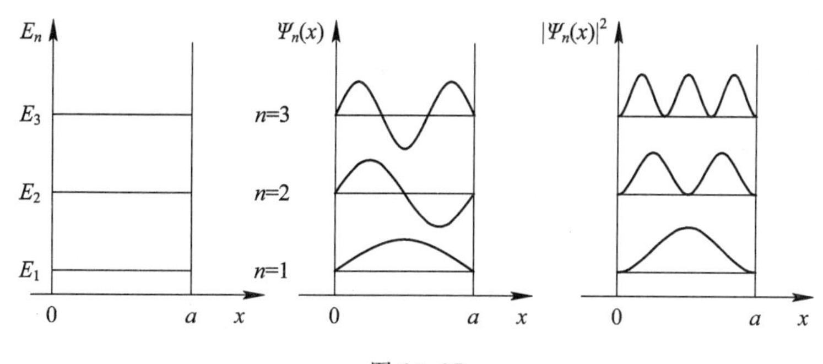

图 10.17

(1) 势阱内粒子的能量是量子化的。由式(10-4)可以看出，一维无限深方势阱中粒子的能量只能取一系列不连续的值，即能量是量子化的，式中，n 称为量子数，E_n 称为能量的本征值。当 $n=1$ 时，粒子的基态能量为

$$E_1=\frac{h^2}{8ma^2}$$

E_1 是粒子在势阱中具有的最小能量，该能量也称为零点能。粒子的零点能 $E_1\neq0$ 表明束缚在势阱中的粒子不可能静止。粒子质量越大，或势阱宽度 a 越大，粒子的零点能就越低。当 $n>1$ 时，粒子的其他各受激态能量可表示为

$$E_n=n^2E_1$$

相邻两能级之间的能级间隔 ΔE 为

$$\Delta E=E_{n+1}-E_n=(2n+1)\frac{h^2}{8ma^2}$$

上式表明相邻能级之间的能级间隔 ΔE 随量子数 n 的增大而增加，并且与粒子质量 m 和势阱宽度 a 有关。当粒子质量 m 或势阱宽度 a 在普通宏观尺度范围内时，则能级之间的间隔很小，能量量子化不显著，此时可将粒子能量视为连续变化。

(2) 粒子的定态波函数具有驻波形式，且波长 λ_n 满足

$$a=n\frac{\lambda_n}{2}\quad n=1, 2, 3, \cdots$$

这与德布罗意关于粒子定态对应于驻波的概念是一致的。设 λ_n 为粒子的德布罗意波长，则粒子动量为

$$P_n=\frac{h}{\lambda_n}=\frac{nh}{2a}$$

忽略相对论效应，可得粒子能量为

$$E_n=\frac{P_n^2}{2m}=n^2\ \frac{h^2}{8ma^2}$$

可见，应用驻波概念所得一维无限深方势阱中粒子能量与式(10－4)结果相同。

(3) 粒子在势阱内各处出现的概率分布不均匀。当粒子处于 $n=1$ 的基态时，在势阱中部(即 $x=a/2$ 附近)出现的概率最大，在势阱两端出现的概率为零。这一点与经典力学很不相同。并且量子数 n 不同，粒子在势阱内出现的概率密度分布不同，粒子出现概率最大的位置也随之不同。随着量子数 n 的增大，概率密度分布曲线的峰值个数逐渐增多，粒子在势阱内出现概率最大的位置个数也随之增多。直至 n 趋于无穷大时，粒子在势阱内的概率密度分布趋向均匀，此时则过渡到经典力学情况。

本例题利用已知的势能函数求解一维定态薛定谔方程，进而获得势场中粒子的能量、波函数以及概率密度的思路和方法具有一定普适性，同样的方法也可求解其他类似的势场中粒子的运动情况，比如一维方势垒

$$V(x)=\begin{cases}0, & x<0,\ x>a\\ V_0, & 0\leqslant x\leqslant a\end{cases}$$

和线性谐振子

$$V(x)=\frac{1}{2}kx^2=\frac{1}{2}m\omega^2x^2$$

还需注意，由于波函数和概率密度都是位置坐标的函数，因此势能函数的坐标形式不同，求解中波函数的边界连续条件就不同，最后求得的波函数及概率密度的形式自然也不同。比如同样是一维无限深方势阱，若其势函数的形式为

$$V(x)=\begin{cases}0, & -a<x<a\\ \infty, & x\leqslant -a,\ x\geqslant a\end{cases}$$

或者

$$V(x)=\begin{cases}0, & -\dfrac{a}{2}<x<\dfrac{a}{2}\\ \infty, & x\leqslant -\dfrac{a}{2},\ x\geqslant \dfrac{a}{2}\end{cases}$$

运用与本例题相同的解题方法，所得波函数却与本例题式(10－5)的数学形式不同。

【例题 10－10】 已知一维运动的粒子的波函数

$$\Psi(x)=\begin{cases}Ax\,\mathrm{e}^{-\lambda x}, & x\geqslant 0\\ 0, & x<0\end{cases}$$

式中常数 $\lambda>0$，试求：

(1) 归一化常数 A 和归一化波函数 $\Psi(x)$；

(2) 粒子的概率密度；

(3) 粒子在何处出现的概率最大。

【思路解析】 本题是波函数及其统计意义的典型应用问题。波函数除了满足单值、有限、连续的条件，还必须满足归一化条件，归一化条件可用于求解波函数中的待定常数，由归一化波函数可进一步求解概率密度、概率最大或最小的位置、粒子在某有限区域内出现的概率等问题。

【计算详解】 (1) 波函数的归一化条件为

$$\int_{-\infty}^{\infty} |\Psi(x)|^2 \mathrm{d}x = 1$$

将波函数表达式代入归一化条件，可得

$$\int_0^{\infty} A^2 x^2 \mathrm{e}^{-2\lambda x} \mathrm{d}x = \frac{A^2}{4\lambda^3} = 1$$

因此

$$A = 2\lambda^{3/2}$$

经归一化的波函数为

$$\Psi(x) = \begin{cases} 2\lambda^{3/2} x \mathrm{e}^{-\lambda x}, & x \geqslant 0 \\ 0, & x < 0 \end{cases}$$

(2) 粒子位置坐标的概率密度为

$$f(x) = |\Psi(x)|^2 = \begin{cases} 4\lambda^3 x^2 \mathrm{e}^{-2\lambda x}, & x \geqslant 0 \\ 0, & x < 0 \end{cases}$$

(3) 令 $\frac{\mathrm{d}f(x)}{\mathrm{d}x} = 0$，可得

$$4\lambda^3 x^2 (-2\lambda) \mathrm{e}^{-2\lambda x} + 8\lambda^3 x \mathrm{e}^{-2\lambda x} = 0$$

于是有

$$x = 0,\ x = \infty,\ x = \frac{1}{\lambda}$$

经判断，$x=0$ 和 $x=\infty$ 处概率密度 $f(x)=0$，粒子出现概率为零。

在 $x=\frac{1}{\lambda}$ 处，概率密度的二阶导数 $\frac{\mathrm{d}^2 f(x)}{\mathrm{d}x^2} < 0$，因此 $f(x)$ 有极大值，即粒子在 $\frac{1}{\lambda}$ 处出现的概率最大。

【例题 10-11】 试写出 $n=4$，$l=3$ 的壳层各电子可能的量子态。

【思路解析】 本题为四个量子数(n，l，m_l，m_s)的可能取值及其描述的量子态问题。只有满足四个量子数的各自取值条件的组合才能描述电子可能的量子态。

【计算详解】 根据四个量子数的取值条件，当 $n=4$，$l=3$ 时，磁量子数 m_l 的可能取值为 0，±1，±2，±3，共 7 种。自旋磁量子数 m_s 的可能取值为 $\pm\frac{1}{2}$。

因此 $n=4$，$l=3$ 的壳层各电子可能的量子态共有 14 种，分别为

$\left(n=4,\ l=3,\ m_l=0,\ m_s=\frac{1}{2}\right)$，$\left(n=4,\ l=3,\ m_l=0,\ m_s=-\frac{1}{2}\right)$

$\left(n=4,\ l=3,\ m_l=1,\ m_s=\frac{1}{2}\right)$，$\left(n=4,\ l=3,\ m_l=1,\ m_s=-\frac{1}{2}\right)$

$\left(n=4,\ l=3,\ m_l=-1,\ m_s=\frac{1}{2}\right)$，$\left(n=4,\ l=3,\ m_l=-1,\ m_s=-\frac{1}{2}\right)$

$\left(n=4,\ l=3,\ m_l=2,\ m_s=\frac{1}{2}\right)$，$\left(n=4,\ l=3,\ m_l=2,\ m_s=-\frac{1}{2}\right)$

$\left(n=4,\ l=3,\ m_l=-2,\ m_s=\frac{1}{2}\right)$，$\left(n=4,\ l=3,\ m_l=-2,\ m_s=-\frac{1}{2}\right)$

$\left(n=4,\ l=3,\ m_l=3,\ m_s=\frac{1}{2}\right)$，$\left(n=4,\ l=3,\ m_l=3,\ m_s=-\frac{1}{2}\right)$

$\left(n=4,\ l=3,\ m_l=-3,\ m_s=\frac{1}{2}\right)$，$\left(n=4,\ l=3,\ m_l=-3,\ m_s=-\frac{1}{2}\right)$

【例题 10-12】 硅与金刚石的能带结构相似，只是禁带宽度不同，已知硅的禁带宽度为 1.14 eV，金刚石的禁带宽度为 5.33 eV，试根据它们的禁带宽度求它们能吸收的最大辐射波长各是多少？

【思路解析】 本题是能级跃迁公式在能带结构中的典型应用。禁带是相邻两能带之间的能量间隔，在此间隔中，电子不能处于稳定状态，从而形成一个禁区。晶体所吸收的辐射波能量必须超过禁带宽度 ΔE_g 才能发生能级跃迁。

【计算详解】 设辐射波的频率为 ν，因此有

$$h\nu \geqslant \Delta E_g$$

即

$$\lambda \leqslant \frac{hc}{\Delta E_g}$$

于是可得

$$\lambda_{max}=\frac{hc}{\Delta E_g}$$

对于硅，$\Delta E_g=1.14$ eV，$\lambda_{max}=10.9\times10^{-7}$ m。

对于金刚石，$\Delta E_g=5.33$ eV，$\lambda_{max}=2.33\times10^{-7}$ m。

附录 模拟试题及参考答案

大学物理Ⅱ期中模拟试题一

一、选择题(每小题 3 分，共 30 分)

1. 在静电场中，下列说法正确的是(　　)。

(1) 电场强度 $\boldsymbol{E}=\boldsymbol{0}$ 的点，电势也一定为零

(2) 同一条电场线上各点的电势不可能相等

(3) 在电场强度相等的空间内，电势也处处相等

(4) 在电势相等的三维空间内，电场强度处处为零

A. (3)(4)　　B. (1)(2)　　C. (1)(3)　　D. (2)(4)

2. 如图 F1.1 所示，4 个导体线圈 a、b、c、d，边长或为 L 或为 $2L$，它们以相同的速度 v 进入均匀磁场，磁感应强度为 $\boldsymbol{B}$，则当各线圈穿入磁场为 $\frac{L}{2}$ 时，下列关于感应电动势的大小排序描述正确的是(　　)。

A. $\mathscr{E}_c>\mathscr{E}_d=\mathscr{E}_b>\mathscr{E}_a$　　B. $\mathscr{E}_c=\mathscr{E}_d>\mathscr{E}_a=\mathscr{E}_b$　　C. $\mathscr{E}_b=\mathscr{E}_c>\mathscr{E}_a>\mathscr{E}_d$　　D. $\mathscr{E}_b=\mathscr{E}_c>\mathscr{E}_d>\mathscr{E}_a$

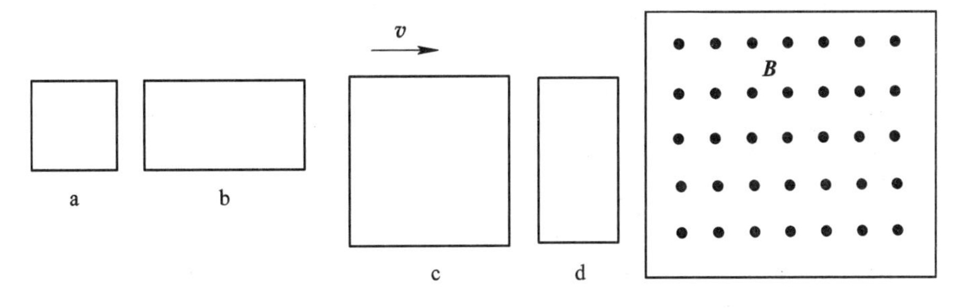

图 F1.1

3. 一充电后与电源断开的平行板电容器，当用绝缘手柄将电容器两极板间距离拉大，则两极板间的电势差 Δu、电场强度的大小 E、电场能量 W 将发生如下变化：(　　)。

A. Δu 减小，E 减小，W 减小　　B. Δu 增大，E 增大，W 增大

C. Δu 增大，E 不变，W 增大　　D. Δu 减小，E 不变，W 不变

4. 真空中两块互相平行的无限大均匀带电平板，其中一块的电荷面密度为 $+\sigma$，另一块的电荷面密度为 $+2\sigma$，两板间的距离为 d，两板间的电势差为(　　)。

A. 0　　B. $\frac{3\sigma}{2\varepsilon_0}d$　　C. $\frac{\sigma}{\varepsilon_0}d$　　D. $\frac{\sigma}{2\varepsilon_0}d$

5. 一内外半径分别为 R_1 和 R_2 的同心球形电容器，其间充满相对电容率为 ε_r 的电介质，当内球带电量为 Q 时，电容器中的储能为(　　)。

A. $W=\frac{Q^2}{16\pi\varepsilon_0\varepsilon_r}\left(\frac{1}{R_1}-\frac{1}{R_2}\right)$　　B. $W=\frac{Q^2}{8\pi\varepsilon_0\varepsilon_r}\left(\frac{1}{R_1}-\frac{1}{R_2}\right)$

C. $W=\dfrac{Q^2}{8\pi\varepsilon_0\varepsilon_r}\ln\dfrac{R_2}{R_1}$　　　　D. $W=\dfrac{Q^2}{32\pi\varepsilon_0\varepsilon_r}(R_1-R_2)$

6. 图 F1.2 所示为一沿 x 轴放置的“无限长”分段均匀带电直线，电荷线密度分别为 $+\lambda$($x<0$ 处)和 $-\lambda$($x>0$ 处)，则 Oxy 坐标面上 P 点处的电场强度 $\boldsymbol{E}$ 为(　　)。

A. $\dfrac{\lambda}{2\pi\varepsilon_0 a}\boldsymbol{i}$　　B. $\dfrac{\lambda}{4\pi\varepsilon_0 a}\boldsymbol{i}$　　C. $\dfrac{\lambda}{4\pi\varepsilon_0 a}(\boldsymbol{i}+\boldsymbol{j})$　　D. $\boldsymbol{0}$

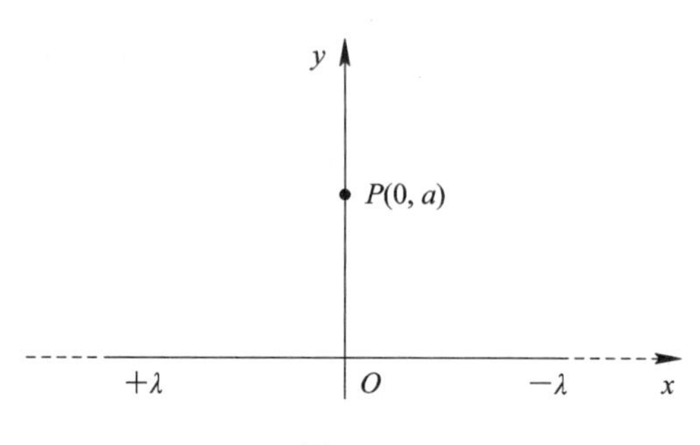

图 F1.2

7. 如图 F1.3 所示，一载流螺线管的旁边有一圆形线圈，欲使线圈产生图示方向的感应电流 i，下列哪一种情况可以做到？(　　)

A. 载流螺线管向线圈靠近　　　　B. 载流螺线管离开线圈

C. 载流螺线管中电流增大　　　　D. 载流螺线管中插入铁芯

8. 有两个半径相同的圆环形载流导线 A、B，它们可以自由转动和移动，把它们放在相互垂直的位置上，如图 F1.4 所示，将发生以下哪一种运动？(　　)

A. A、B 均发生转动和平动，最后两线圈电流同方向并紧靠一起

B. A 不动，B 在磁力作用下发生转动和平动

C. A、B 都在运动，但运动的趋势不能确定

D. A 和 B 都在转动，但不平动，最后两线圈磁矩同方向平行

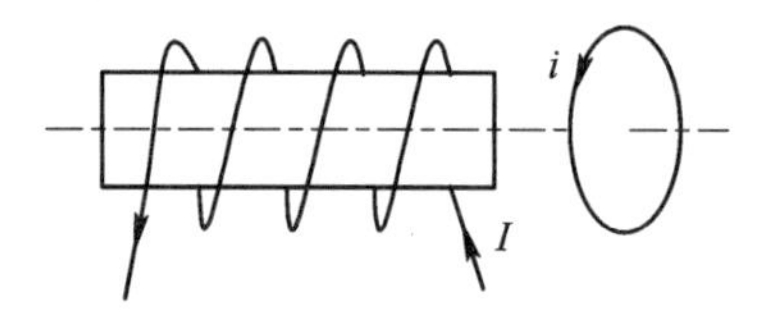

图 F1.3

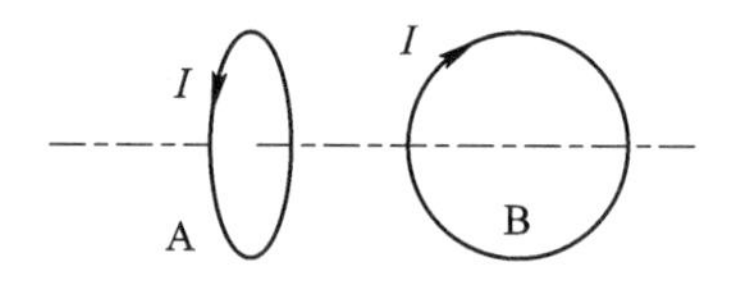

图 F1.4

9. 直径为 2.0 cm 的线圈，匝数为 300，线圈内通过 10 mA 的电流，同时放在 0.05 T 的恒定磁场中，那么磁场作用于该线圈的最大力矩为(　　) N·m。

A. 4.7×10^{-8}　　B. 4.7×10^{-5}

C. 4.7×10^{-4}　　D. 4.7×10^{-2}

10. 如图 F1.5 所示，通有电流 I 的金属薄片，置于垂直于薄片的均匀磁场(磁感应强度为 $\boldsymbol{B}$)中，则金属薄片上 a，b 两端点的电势相比为(　　)。

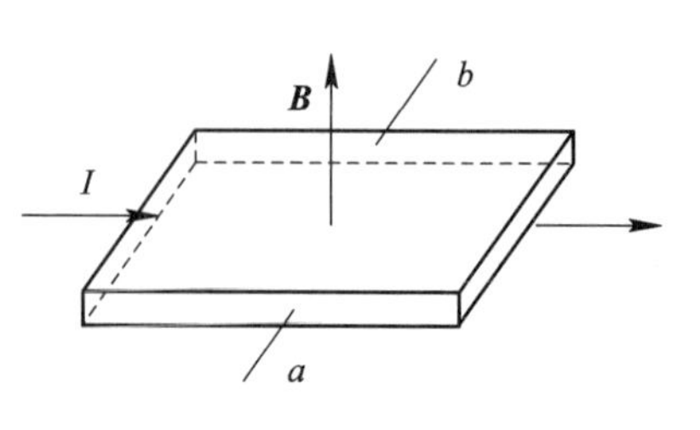

图 F1.5

A. $u_a>u_b$　　B. $u_a=u_b$

C. $u_a<u_b$　　D. 无法确定

二、填空题(每小题 3 分，共 30 分)

1. 一点电荷 Q 位于边长为 a 的正方形平面并过其中心的垂线上，Q 与平面中心 O 点相距 $a/2$，则通过正方形平面的电通量为________。

2. A、B 为两导体大平板，面积均为 S，正对平行放置。A 板带电荷 $+Q_1$，B 板带电荷 $+Q_2$，如果使 B 板接地，则 AB 间电场强度的大小 E 为________。

3. 如图 F1.6，一平行板电容器，极板面积为 S，两极板间距为 a，极板上电荷面密度为 σ。若在极板间插入一厚度为 b 的电介质平行板，介质板的相对电容率为 ε_r，则两极板间的电势差 $\Delta u=$________，插入介质板后电容器储能 $W=$________。

4. 三条无限长直导线等距离并排安放，导线Ⅰ、Ⅱ、Ⅲ分别载有 1A、2A、3A 同方向的电流。由于磁相互作用的结果，导线Ⅰ、Ⅱ、Ⅲ单位长度上分别受力 F_1、F_2 和 F_3，如图 F1.7 所示，则 F_1 与 F_2 的比值是________。

5. 如图 F1.8 所示，在点电荷 q 的电场中，选取以 q 为中心、R 为半径的球面上一点 P 作为电势零点，则与点电荷 q 距离为 r 的 P'点的电势为________。

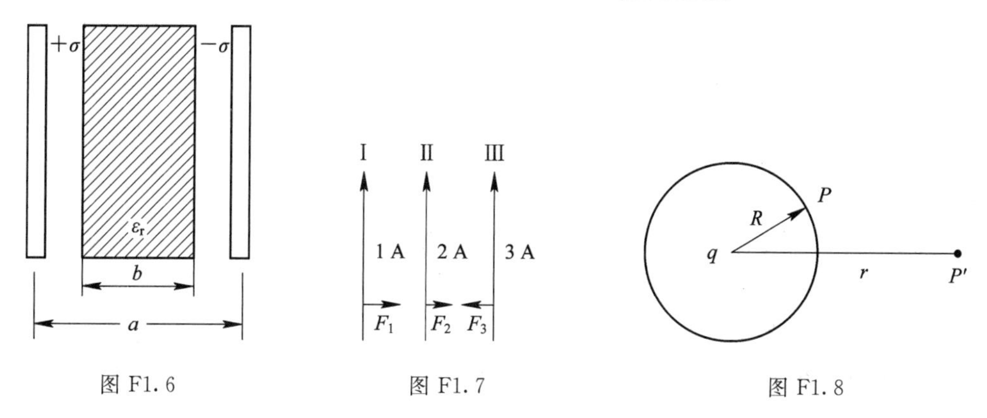

图 F1.6　　图 F1.7　　图 F1.8

6. 半径为 R 的均匀带电球面上，电荷密度为 σ，在球面上取一小面元 ΔS，则 ΔS 上的电荷受到的电场力为________。

7. 一半径为 R 的薄塑料圆盘，在盘面均匀分布着电荷 q，若圆盘绕通过圆心，且与盘面垂直的轴以角速度 ω 作匀速转动时，在盘心处的磁感应强度大小 $B=$________。

8. 载流的圆形线圈(半径为 a_1)与正方形线圈(边长为 a_2)通有相同电流 I。若两个线圈的中心 O_1、O_2 处的磁感应强度大小相同，则 $a_1 : a_2$ 为________。

9. 一电子以速率 v 绕原子核旋转，若电子旋转的等效轨道半径为 r_0，则在等效轨道中心处产生的磁感应强度大小 $B=$________。如果将电子绕原子核运动等效为一圆电流，则等效电流 $I=$________，其磁矩大小 $p_m=$________。

10. 一个无限长通电螺线管由表面绝缘的导线在铁棒上密绕而成，每厘米绕 10 匝。当导线中的电流 I 为 2.0 A 时，测得铁棒内的磁感应强度的大小 B 为 1.0 T，则铁棒内的相对磁导率 μ_r 为________。

三、计算题(每小题 10 分，共 40 分)

1. 如图 F1.9 所示，无限长带电圆柱面的电荷密度为 $\sigma=\sigma_0\cos\theta$，其中 θ 是小面元的法线方向与 x 轴正向之间的夹角。试求圆柱轴线 z 上的电场强度分布。

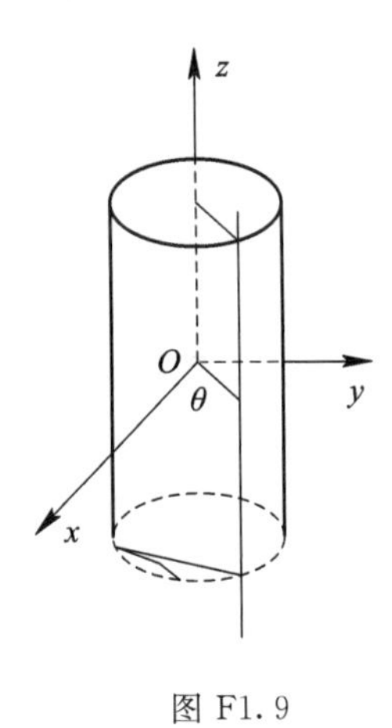

图 F1.9

2. 如图 F1.10 所示，半径为 R_1 的导体球带有电荷 $+q$，球外有一个内、外半径分别为 R_2、R_3 的同心导体球壳，壳上带有电荷 $+Q$。

(1) 计算系统的静电能量；

(2) 若外球壳接地，计算此时球和球壳各自的电势。

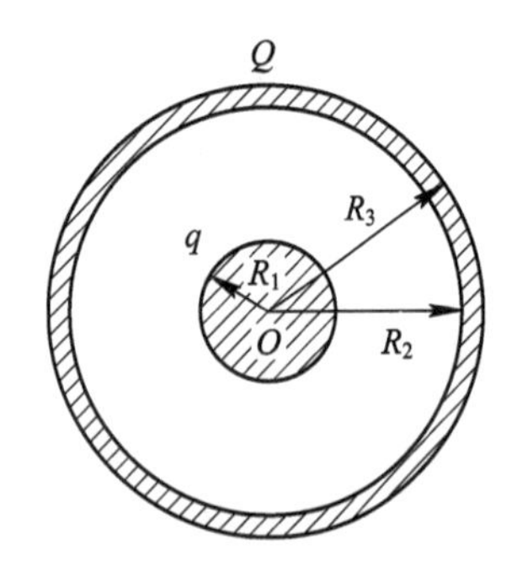

图 F1.10

3. 如图 F1.11 所示，半径为 R 的木球上，绕有细导线 N 匝，若导线通有电流 I，求在球心处的磁感应强度。(设所绕线圈彼此平行且紧密相靠，并以单层覆盖住半个球面)

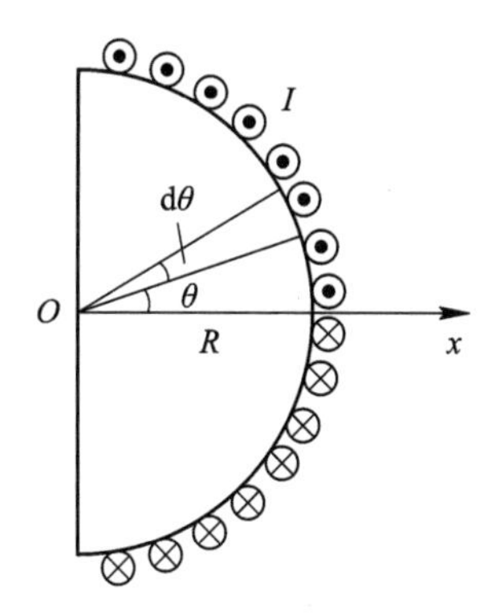

图 F1.11

4. 如图 F1.12 所示，盘面与均匀磁场之间的夹角为 φ。已知该圆盘带正电，半径为 R，电荷量 Q 均匀分布在圆盘表面上。圆盘以角速度 ω 通过盘心，且绕与盘面垂直的轴转动。求：此带电旋转圆盘在磁场中所受的磁力矩。

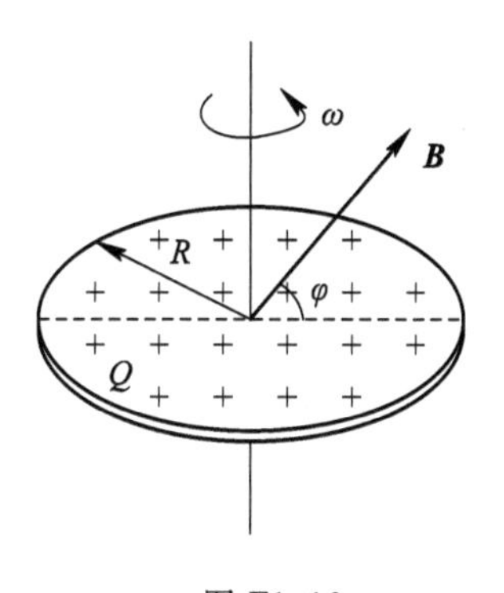

图 F1.12

大学物理Ⅱ期中模拟试题一答案

一、选择题

1.D 2.B 3.C 4.D 5.B 6.A 7.B 8.A 9.B 10.C

二、填空题

1. $\dfrac{Q}{6\varepsilon_0}$

2. $\dfrac{Q_1}{\varepsilon_0 S}$

3. $\dfrac{\sigma}{\varepsilon_0}(a-b)+\dfrac{\sigma}{\varepsilon_0\varepsilon_r}b, \dfrac{\sigma^2}{2\varepsilon_0}S\left(a-b+\dfrac{b}{\varepsilon_r}\right)$

4. 7/8

5. $\dfrac{q}{4\pi\varepsilon_0}\left(\dfrac{1}{r}-\dfrac{1}{R}\right)$

6. $\dfrac{\sigma^2\Delta S}{2\varepsilon_0}$

7. $\dfrac{\mu_0 q\omega}{2\pi R}$

8. $\sqrt{2}\pi : 8$

9. $\dfrac{\mu_0 ev}{4\pi r_0^2}$，$\dfrac{ev}{2\pi r_0}$，$\dfrac{1}{2}evr_0$

10. $u_r=398$

三、计算题

1. $\boldsymbol{E}=-\dfrac{\sigma_0}{2\varepsilon_0}\boldsymbol{i}$，方向沿 x 轴负方向

2. (1) $W=\dfrac{q^2}{8\pi\varepsilon_0}\left(\dfrac{1}{R_1}-\dfrac{1}{R_2}\right)+\dfrac{(q+Q)^2}{8\pi\varepsilon_0 R_3}$

   (2) 球壳电势为 0，导体球的电势为

   $$u=\frac{q}{4\pi\varepsilon_0}\left(\frac{1}{R_1}-\frac{1}{R_2}\right)$$

3. $B=\dfrac{\mu_0 NI}{4R}$，方向沿 x 轴正向

4. $M=\dfrac{1}{4}\omega QR^2 B\cos\varphi$，方向由 $\boldsymbol{M}=\boldsymbol{p}_m\times\boldsymbol{B}$ 决定，垂直于 $\boldsymbol{p}_m$ 和 $\boldsymbol{B}$ 所组成的平面

大学物理Ⅱ期中模拟试题二

一、选择题(每小题 3 分，共 30 分)

1. 关于高斯定理，下列说法正确的是(　　)。

A. 高斯面内不包含自由电荷，则穿过高斯面的电位移通量与电场强度通量均为零

B. 高斯面上的电位移处处为零，则面内自由电荷的代数和必为零

C. 高斯面上各点电位移仅由面内自由电荷决定

D. 穿过高斯面的电位移通量仅与面内自由电荷有关，而穿过高斯面的电场强度通量与高斯面内外的自由电荷均有关

2. 空气平行板电容器接通电源后，将相对介电常数为 ε_r 的介质板插入电容器两极板之间。比较插入介质板前后，电容 C，场强 E 和极板上的电荷面密度 σ 的变化情况(　　)。

A. C 不变，E 不变，σ 不变　　B. C 增大，E 不变，σ 增大

C. C 增大，E 增大，σ 增大　　D. C 不变，E 增大，σ 不变

3. 如图 F2.1 所示的电场中，有 M、N 两点，其场强分别为 E_M 与 E_N，电势分别为 u_M 与 u_N，由图可知(　　)。

A. $E_M > E_N$，$u_M > u_N$　　B. $E_M > E_N$，$u_M < u_N$

C. $E_M < E_N$，$u_M > u_N$　　D. $E_M < E_N$，$u_M < u_N$

4. 如图 F2.2 所示，平行板电容器与电压为 U 的电源相连，电极板间距离为 d。电容器中充满两块介电常数分别为 ε_1 和 ε_2 的均匀电介质板。忽略电介质板的边缘效应，则两介质中的电位移 $\boldsymbol{D}$ 的大小分别为(　　)。

A. $D_1 = D_2 = \varepsilon_0 U/d$　　B. $D_1 = \varepsilon_1 U/d$，$D_2 = \varepsilon_2 U/d$

C. $D_1 = \varepsilon_0 \varepsilon_1 U/d$，$D_2 = \varepsilon_0 \varepsilon_2 U/d$　　D. $D_1 = U/\varepsilon_1 d$，$D_2 = U/\varepsilon_2 d$

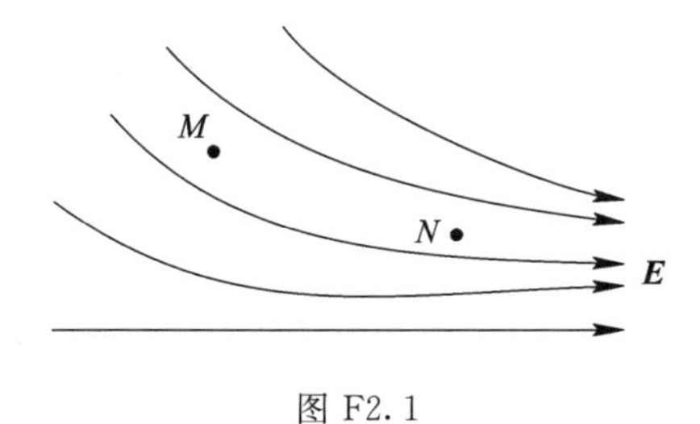

图 F2.1

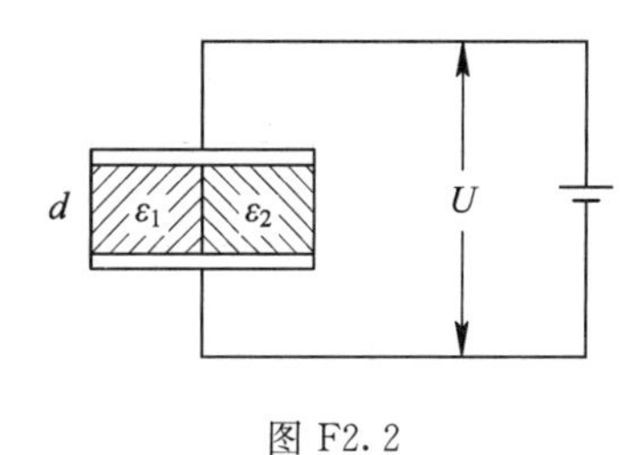

图 F2.2

5. 若将条形磁铁竖直插入绝缘的木质圆环，则环中(　　)。

A. 产生感生电动势，也产生感应电流　　B. 产生感生电动势，不产生感应电流

C. 不产生感生电动势，不产生感应电流　　D. 不产生感生电动势，产生感应电流

6. 图 F2.3 表示具有球对称性分布的静电场的 $E-r$ 关系曲线，请指出该静电场是由下列哪种带电体产生的(　　)。

A. 半径为 R 的均匀带电球面

B. 半径为 R 的均匀带电球体

C. 半径为 R、电荷体密度 $\rho = Ar$(A 为常量)的非均匀带电球体

D. 半径为 R、电荷体密度 $\rho = A/r$(A 为常量)的非均匀带电球体

7. 有一无限长通电流的扁平铜片，宽度为 a，厚度不计，电流 I 在铜片上均匀分布，在铜片外与铜片共面，且离铜片右边缘 b 处的 P 点(如图 F2.4 所示)的磁感应强度 $\boldsymbol{B}$ 的大小为(　　)。

A. $\dfrac{\mu_0 I}{2\pi(a+b)}$　　B. $\dfrac{\mu_0 I}{2\pi a}\ln\dfrac{a+b}{b}$　　C. $\dfrac{\mu_0 I}{2\pi b}\ln\dfrac{a+b}{b}$　　D. $\dfrac{\mu_0 I}{\pi(a+2b)}$

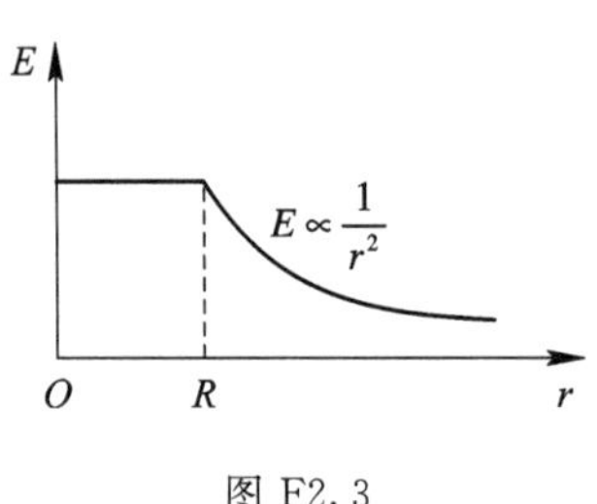

图 F2.3

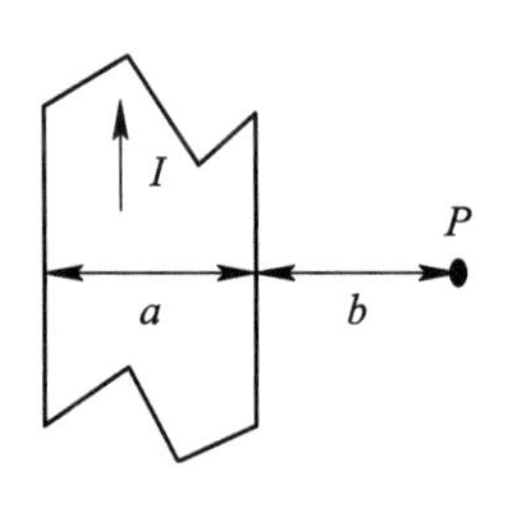

图 F2.4

8. 用细导线均匀密绕长为 l、半径为 a ($l \gg a$)、总匝数为 N 的螺线管，管内充满相对磁导率为 μ_r 的均匀磁介质。若线圈中载有稳恒电流 I，则管中任意一点的(　　)。

A. 磁感应强度大小为 $B=\mu_0\mu_r NI$　　B. 磁感应强度大小为 $B=\mu_r NI/l$

C. 磁场强度大小为 $H=\mu_0 NI/l$　　D. 磁场强度大小为 $H=NI/l$

9. 一导体球外充满相对电容率为 ε_r 的均匀电介质，若测得导体表面附近场强为 E，则导体球面上的自由电荷面密度为(　　)。

A. $\varepsilon_0 E$　　B. $\varepsilon_0\varepsilon_r E$　　C. $\varepsilon_r E$　　D. $(\varepsilon_0\varepsilon_r-\varepsilon_0)E$

10. 在空间中选取闭合回路 L。其附近有电流为 $I_1 \sim I_5$ 的 5 个稳恒电路，电路导线环绕方向和电流的走向如图 F2.5 所示。则由安培环路定理可知(　　)。

A. $\oint \boldsymbol{B}\cdot d\boldsymbol{l} = 4\mu_0 i$

B. $\oint \boldsymbol{B}\cdot d\boldsymbol{l} = 5\mu_0 i$

C. $\oint \boldsymbol{B}\cdot d\boldsymbol{l} = 9\mu_0 i$，且环路上任意一点 B 为常量

D. $\oint \boldsymbol{B}\cdot d\boldsymbol{l} = 5\mu_0 i$，且环路上任意一点 B 为常量

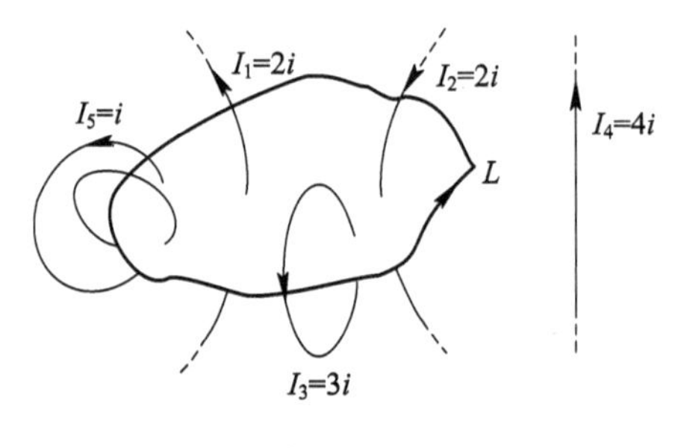

图 F2.5

二、填空题(每小题 3 分，共 30 分)

1. 有两个金属球，一个是半径为 $2R$ 的空心球，另一个是半径为 R 的实心球，两球间距离 $r \gg R$。空心球原来电势为 u_1，实心球原来电势为 u_2。若用导线将它们连接起来，那么两球的电势为________。

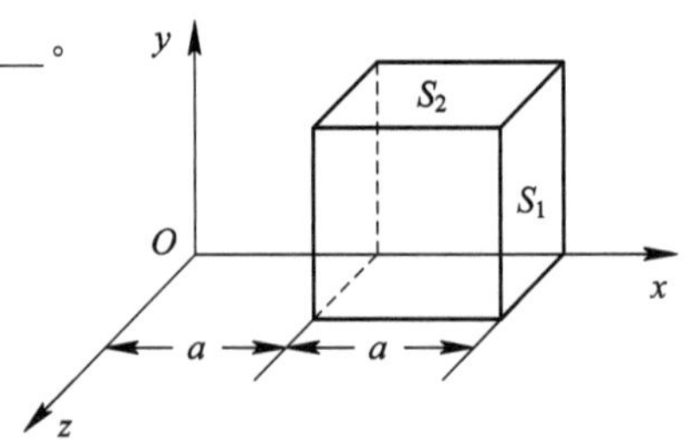

图 F2.6

2. 真空中，沿 Ox 轴正方向分布着电场，电场强度为 $\boldsymbol{E}=bx\boldsymbol{i}$($b$ 为正的常量)，如图 F2.6 所示，作一边长为 a 的正方形高斯面，则通过高斯面右侧面 S_1 的电场强度通量 $\Phi_{e1}=$________。通过上表面 S_2 的电场强度通量 $\Phi_{e2}=$________。正立方体内的净电荷量 $Q=$________。

3. 一空气电容器充电后电容器储能为 W_0。若此时切断电源，然后在极板间充入相对电容率为 ε_r 的煤油，

则电容器储能变为W_0的________倍。如果灌煤油时电容器一直与电源相连接，则电容器储能将是W_0的________倍。

4. 一电子质量为m，电荷量为e，以速度大小v飞入磁感应强度为$\boldsymbol{B}$的均匀磁场中，$\boldsymbol{v}$与$\boldsymbol{B}$的夹角为θ，电子作螺旋线运动，螺旋线螺距$h=$________，半径$R=$________。

5. 如图 F2.7 所示，电流I由半无限长直导线沿垂直bc边方向经a点流入。其下方为电阻均匀的导线构成的正三角形线框。然后电流由b点沿半无限长直导线沿cb延长线方向流出。若正三角形边长为l，则其中心O点的磁感应强度的大小为________。

6. 在磁感应强度大小$B=0.02$ T 的均匀磁场中，有一半径为 10 cm 圆线圈，线圈磁矩与磁感线同向平行，回路中通有$I=1$ A 的电流。若圆线圈绕某个直径旋转 180°，使其磁矩与磁感线反向平行，且线圈转动过程中电流I保持不变，则外力做功$A=$________。

7. 半径为a的圆线圈置于磁感应强度为$\boldsymbol{B}$的均匀磁场中。线圈平面与磁场方向垂直，其法线指向$\boldsymbol{B}$的方向。线圈电阻为R。现将线圈转动使其法向与$\boldsymbol{B}$的夹角增至 60°。若该过程所用时间为t，则线圈中已通过的电荷量为________。

8. 一线圈中通过的电流I随时间t变化的曲线如图 F2.8 所示。试定性画出自感电动势ε_L随时间变化的曲线(以I的正向作为$\mathscr{E}_L$的正向)。

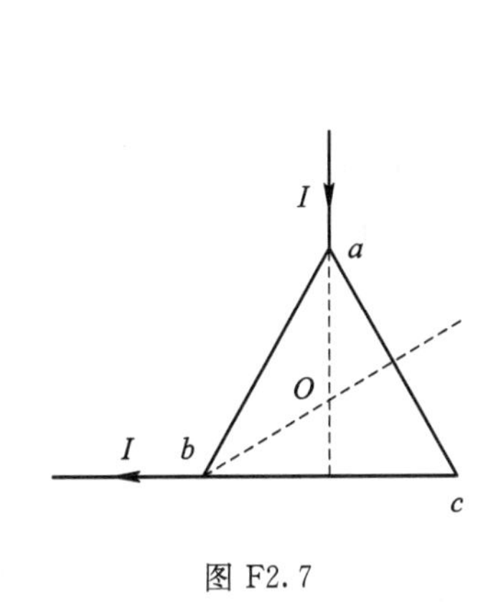

图 F2.7

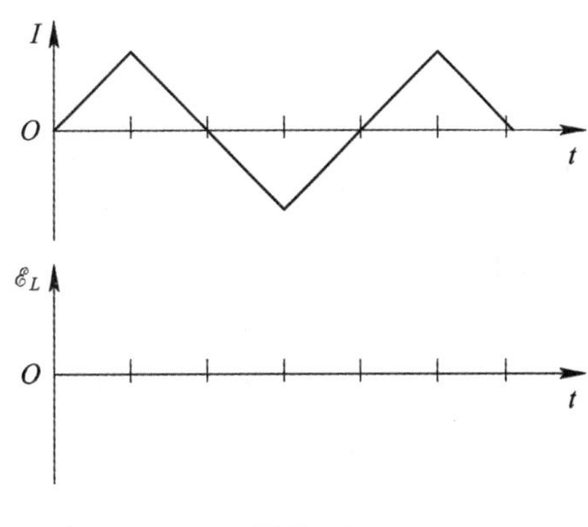

图 F2.8

9. 在半径为R的圆柱形空间中，存在着均匀磁场，$\boldsymbol{B}$的方向与圆柱的轴线平行(如图 F2.9 所示)。有一长为l的金属棒放在磁场中，若$\boldsymbol{B}$的变化率$\mathrm{d}B/\mathrm{d}t$为一恒量，则金属棒上感生电动势大小为________。

10. 如图 F2.10 所示，A、B 为真空中两块平行无限大带电平板，已知两平板间的电场

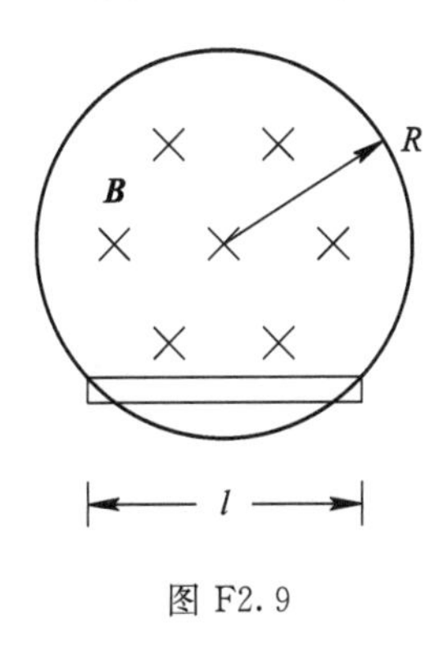

图 F2.9

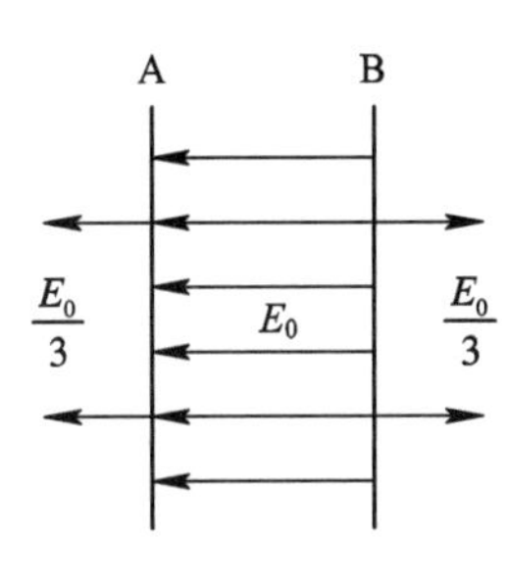

图 F2.10

强度大小为 E_0，两平板外侧电场强度大小都是 $E_0/3$，则 A、B 两平板上的电荷面密度分别为________和________。

三、计算题(每小题 10 分，共 40 分)

1. 一半径为 R 的带电球体，在 $r \leqslant R$ 范围内电荷体密度 $\rho = qr/(\pi R^4)$。求：

(1) 带电球体的总电荷；

(2) 球内、外各点的电场强度；

(3) 球内、外各点的电势。

2. 在半径为 R_3 的实心大球形导体中，挖出一个半径为 R_2 的球形空腔。并在空腔中放入半径为 R_1 的小球形导体，令 R_1 与 R_2 同心，如图 F2.11 所示。现使大球形导体带电 Q，小球形导体带电 q。

(1) 计算体系的电场分布和电场储能；

(2) 若将大球形导体接地，电场分布如何？

(3) 若将小球形导体接地，电场分布如何？

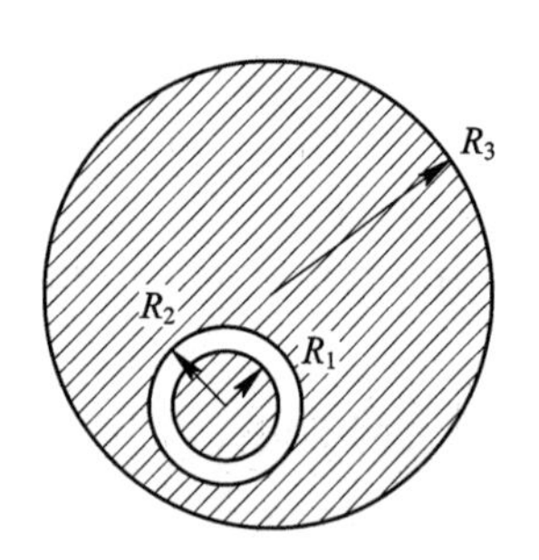

图 F2.11

3. 如图 F2.12 所示，长为 $2a$ 的载流正方形线圈，电流为 I，求：此线圈轴线上距离中心 x 处的磁感应强度。

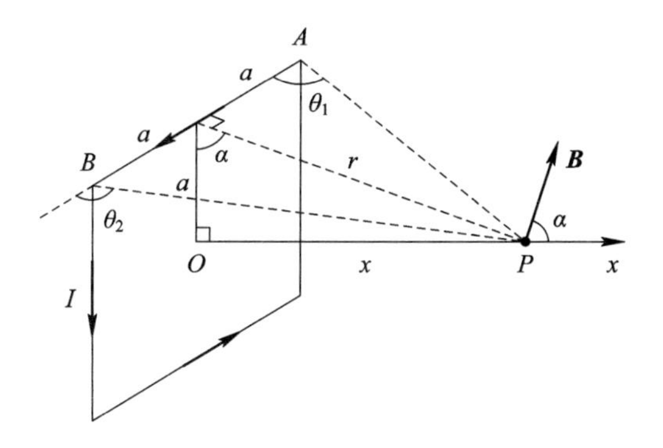

图 F2.12

4. 在两块无限大的导体平板上，均匀地流有电流，每块导体平板单位宽度的电流均为 I，两块导体平板上电流互相平行，方向相反。两块导体平板之间插有两块相对磁导率为 μ_{r1} 及 μ_{r2} 的顺磁质，如图 F2.13 所示，求两导体平板之间的磁场强度及磁感应强度。

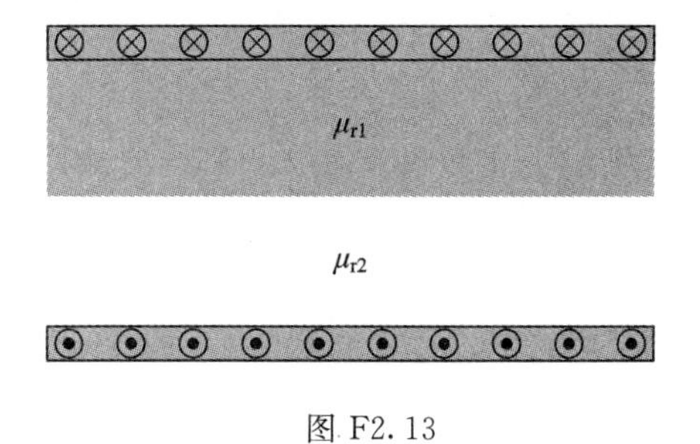

图 F2.13

大学物理Ⅱ期中模拟试题二答案

一、选择题

1.B 2.B 3.C 4.B 5.B 6.D 7.B 8.D 9.B 10.B

二、填空题

1. $\frac{1}{3}(2u_1+u_2)$

2. $2a^3b$，0，$\varepsilon_0 a^3 b$

3. $1/\varepsilon_r$，ε_r

4. $\frac{2\pi mv\cos\theta}{|e|B}$，$\frac{mv\sin\theta}{|e|B}$

5. $\frac{\sqrt{3}\mu_0 I}{2\pi l}\left(1-\frac{\sqrt{3}}{2}\right)$

6. 1.26×10^{-3} J

7. $\frac{\pi Ba^2}{2R}$

8.

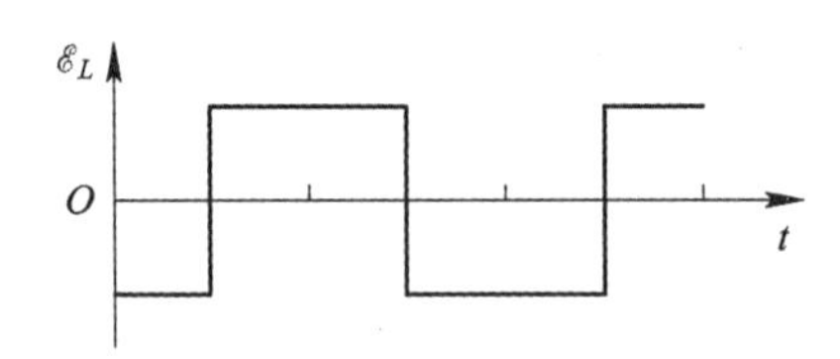

9. $\frac{l\mathrm{d}B}{2\mathrm{d}t}\sqrt{R^2-l^2/4}$

10. $-\frac{2}{3}\varepsilon_0 E_0$，$\frac{4}{3}\varepsilon_0 E_0$

三、计算题

1. (1) $Q=q$

(2) $E_1=\frac{qr_1^2}{4\pi\varepsilon_0 R^4}(r_1\leqslant R)$，$\boldsymbol{E}_1$ 方向沿半径向外

$E_2=\frac{q}{4\pi\varepsilon_0 r_2^2}(r_2>R)$，$\boldsymbol{E}_2$ 方向沿半径向外

(3) 球内电势：

$$u_1=\frac{q}{12\pi\varepsilon_0 R}\left(4-\frac{r_1^3}{R^3}\right),\quad r_1\leqslant R$$

球外电势：

$$u_2=\frac{q}{4\pi\varepsilon_0 r_2},\quad r_2>R$$

2. (1) 空腔区电场：

$$E_{\mathrm{I}}=\frac{q}{4\pi\varepsilon_0 r^2}$$

R_3外电场：

$$E_{\mathrm{II}}=\frac{(Q+q)}{4\pi\varepsilon_0 r^2}$$

电场储能：

$$W=\frac{q^2}{8\pi\varepsilon_0}\left(\frac{1}{R_1}-\frac{1}{R_2}\right)+\frac{(Q+q)^2}{8\pi\varepsilon_0 R_3}$$

(2) E_{I}不变，$E_{\mathrm{II}}=0$。

(3) 设小球形导体接地后带电量为 Q'，有

$$Q'=\frac{-Q/R_3}{\dfrac{1}{R_1}-\dfrac{1}{R_2}+\dfrac{1}{R_3}}$$

$$E_{\mathrm{I}}=\frac{Q'}{4\pi\varepsilon_0 r^2},\quad E_{\mathrm{II}}=\frac{Q+Q'}{4\pi\varepsilon_0 r^2}$$

3. $B=\dfrac{2\mu_0 I a^2}{\pi(x^2+a^2)\sqrt{x^2+2a^2}}$，方向沿 x 方向

4. $H_1=I$，$B_1=\mu_{r1}\mu_0 H_1=\mu_{r1}\mu_0 I$

$H_2=I$，$B_2=\mu_{r2}\mu_0 H_2=\mu_{r2}\mu_0 I$

大学物理Ⅱ期中模拟试题三

一、选择题(每小题 3 分，共 30 分)

1. 根据高斯定理的数学表达式$\oint_S \boldsymbol{E} \cdot \mathrm{d}\boldsymbol{S} = \sum q/\varepsilon_0$，下列说法中，正确的是(　　)。

A. 闭合面内的电荷代数和为零时，闭合面上各点场强一定为零

B. 闭合面内的电荷代数和不为零时，闭合面上各点场强一定处处不为零

C. 闭合面内的电荷代数和为零时，闭合面上各点场强不一定处处为零

D. 闭合面上各点场强均为零时，闭合面内一定处处无电荷

2. 图 F3.1 所示为某电场的电场线分布情况，一负电荷从 M 点移到 N 点，那么(　　)。

A. 电场强度 $E_M > E_N$　　B. 电势 $u_M > u_N$

C. 电势能 $W_M < W_N$　　D. 电场力做的功 $A > 0$

3. 如图 F3.2 所示，半径为 R_1 的导体球带有正电荷 q，球外有一内、外半径分别为 R_2、R_3 的同心导体球壳，壳上带有正电荷 q。将内球接地，待重新静电平衡后，内球带电 Q_1，球壳内表面带电 Q_2 和外表面带电 Q_3，则 Q_1、Q_2、Q_3 的情况是(　　)。

A. $Q_1 = Q_2 = 0$，$Q_3 = q$　　B. $Q_1 > 0$，$Q_2 = -Q_1$，$Q_3 = q + Q_1$

C. $Q_1 < 0$，$Q_2 = -Q_1$，$Q_3 = q + Q_1$　　D. $Q_2 = -Q_1$，$Q_3 = 0$

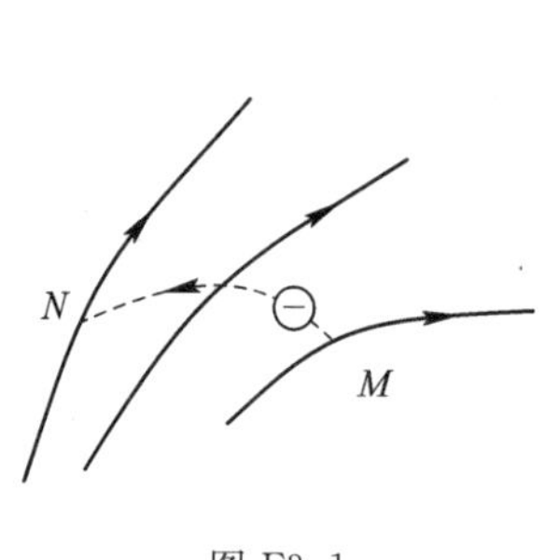

图 F3.1

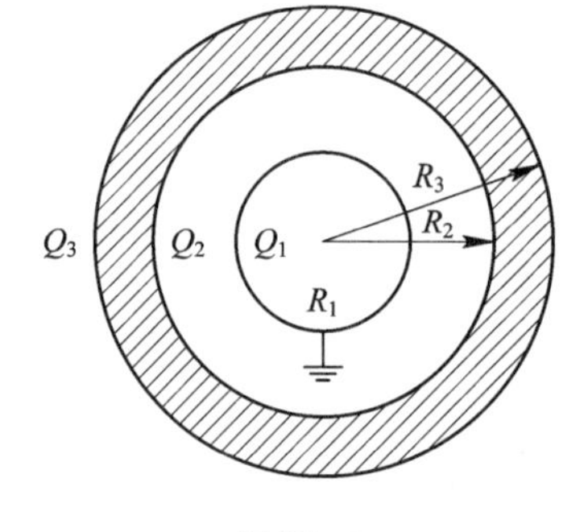

图 F3.2

4. 有两个金属球，一个是半径为 $2R$ 的空心球，另一个是半径为 R 的实心球，两球间距离 $r \gg R$。空心球原来电势为 u_1，实心球原来电势为 u_2。若用导线将它们连接起来，那么两球的电势为(　　)。

A. $u_1 + u_2$　　B. $\dfrac{1}{2}(u_1 + u_2)$　　C. $\dfrac{2}{3}u_1 + \dfrac{1}{3}u_2$　　D. $\dfrac{1}{3}u_1 + \dfrac{2}{3}u_2$

5. 一空气平行板电容器充电后与电源断开，然后在两极板间充满各向同性均匀电介质，则场强的大小 E、电容 C、电势差 Δu、电场能量 W 四个量各自与充入介质前相比较，增大(用↑表示)或减小(用↓表示)的情形为(　　)。

A. E↓，C↑，Δu↑，W↓　　B. E↑，C↓，Δu↓，W↑

C. E↑，C↑，Δu↑，W↑　　D. E↓，C↑，Δu↓，W↓

6. 一个电子以速率 v 作半径为 R 的圆周运动，其磁矩大小 p_m 为(　　)。

A. 0　　B. $\pi R^2 ev$　　C. $\frac{1}{2}evR$　　D. evR

7. 三根长直载流导线 A、B、C 平行地置于同一平面内，分别载有稳恒电流 I、$2I$、$3I$，电流流向如图 F3.3 所示。导线 A 与 C 的距离为 d，若使导线 B 受力为零，则导线 B 与 A 之间的距离应为(　　)。

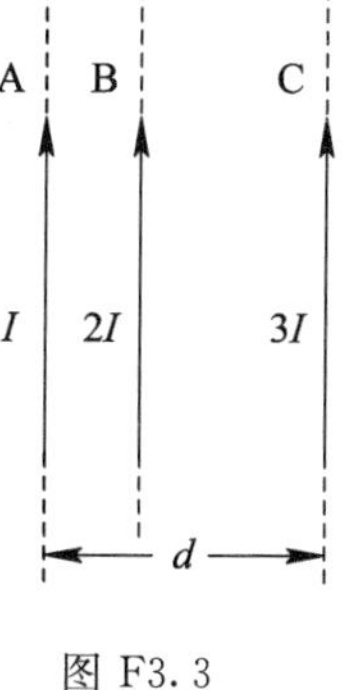

图 F3.3

A. $d/4$　　B. $3d/4$

C. $d/3$　　D. $2d/3$

8. 在均匀磁场中，有两个平面线圈，其面积 $A_1=2A_2$，通有电流，$I_1=2I_2$，它们所受的最大磁力矩之比 M_1/M_2 等于(　　)。

A. 1　　B. 2

C. 4　　D. 1/4

9. 如图 F3.4 所示，有一个等腰直角三角形的闭合导线，它的两个直角边的长度都为 b，闭合导线处在磁场之中，磁感应强度随空间位置坐标 x 和 y 以及时间 t 变化的关系为：$\boldsymbol{B}=B_0x^2y\mathrm{e}^{-\alpha t}\boldsymbol{k}$，其中 B_0 和 α 都是常数，$\boldsymbol{k}$ 是沿 z 轴方向的单位矢量。则导线中的电动势的大小和方向分别为(　　)。

A. $\frac{1}{60}B_0\alpha\mathrm{e}^{-\alpha t}b^5$，顺时针　　B. $\frac{1}{60}B_0\alpha\mathrm{e}^{-\alpha t}b^5$，逆时针

C. $\frac{1}{120}B_0\alpha\mathrm{e}^{-\alpha t}b^7$，顺时针　　D. $\frac{1}{120}B_0\alpha\mathrm{e}^{-\alpha t}b^7$，逆时针

10. 如图 F3.5 所示，一个半径为 a_1 的圆形载流线圈与边长为 a_2 的正方形载流线圈，通有同样大小的电流。若两线圈的中心 O_1 和 O_2 位置处的磁感应强度的大小相同，则圆形载流线圈的半径与正方形载流线圈的边长之比为(　　)。

A. $2^{\frac{1}{2}}\pi:1$　　B. $2^{\frac{1}{2}}\pi:4$　　C. $2^{\frac{1}{2}}\pi:8$　　D. $1:1$

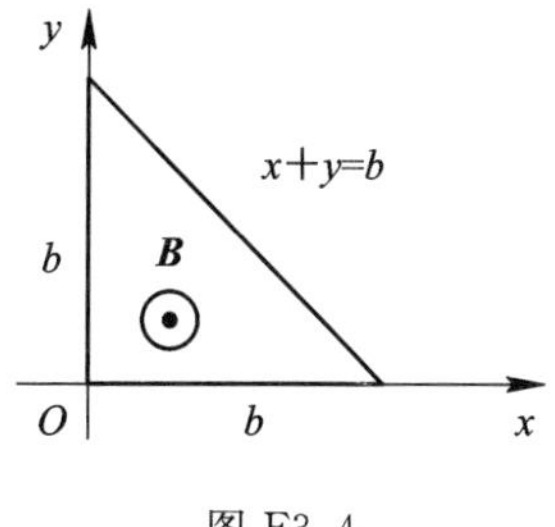

图 F3.4

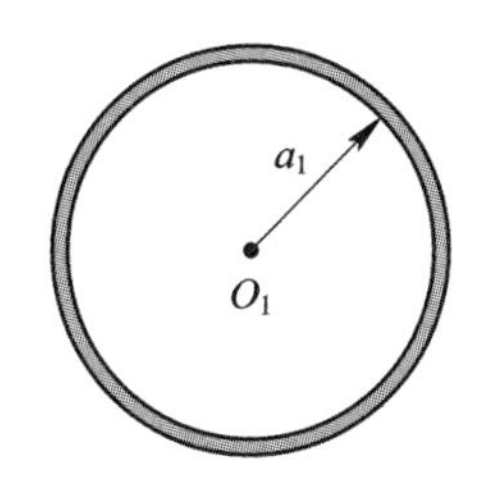

O_2　a_2

图 F3.5

二、填空题(每小题 3 分，共 30 分)

1. 真空中平行放置两块大金属平板，板面积均为 S，板间距离为 d(d 远小于板面线度)，板上分别带电 $+Q$ 和 $-Q$，则两板间相互作用力的大小为________。

2. 一无限大均匀带电电介质板 A，电荷密度为 σ_1，将介质板移近一导体板 B 后，此时导体板 B 表面上靠近 P 点处的电荷面密度为 σ_2，P 点是极靠近导体 B 表面的一点，如图 F3.6所示，则 P 点的电场强度为________。

3. 在点电荷 q 的电场中，若取图 F3.7 中 P 点处为电势零点，则图中 M 点的电势为________。

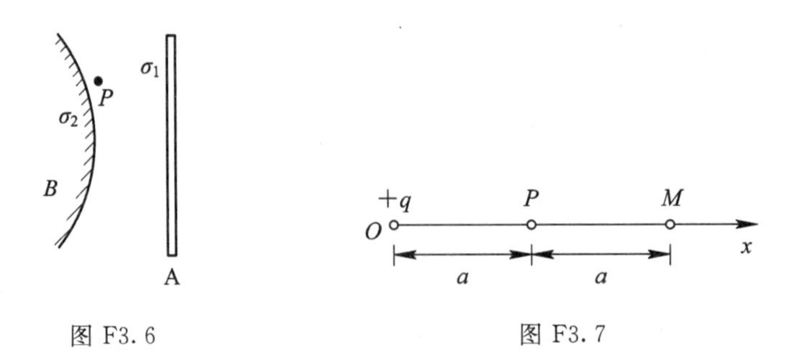

图 F3.6　　图 F3.7

4. 边长为 a 的等边三角形的三个顶点上，放置着三个正的点电荷，电荷量分别为 q、$2q$、$3q$。若将另一正的点电荷 Q 从无穷远处移到三角形的中心 O 处，外力克服电场力所做的功为________。

5. 两个电容器 1 和 2，串联以后接上电动势恒定的电源充电。在电源保持连接的情况下，若把电介质充入电容器 2 中，则电容器 1 上的电势差________，电容器 1 极板上的电荷量________。(填增大、减小、不变)

6. 一半径为 R 的薄塑料圆盘，盘面均匀分布着电荷 q，若圆盘绕通过圆心且与盘面垂直的轴以角速度 ω 作匀速转动时，在盘心处的磁感应强度大小 $B=$________。

7. 有半导体通以电流 I，放在均匀磁场(磁感应强度大小为 B)中，其上下表面累积的电荷如图 F3.8 所示。试判断它们各是什么类型的半导体?

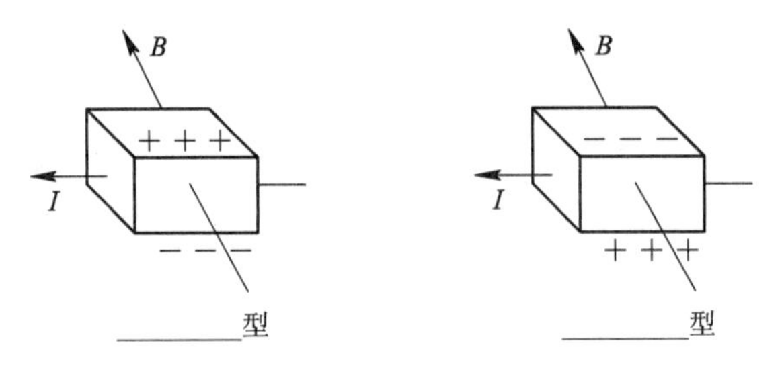

图 F3.8

8. 一电子质量为 m，电荷量为 e，以速度大小 v 飞入磁感应强度为 B 的匀强磁场中，$\boldsymbol{v}$ 与 $\boldsymbol{B}$ 的夹角为 θ，电子作螺旋线运动，螺旋线螺距 $h=$________，半径 $R=$________。

9. 如图 F3.9 所示，在圆形均匀分布的磁场中，磁场的磁感应强度变化率 $\frac{\mathrm{d}B}{\mathrm{d}t}<0$，在磁场中有三条导线，分别为直线 $\overline{ab}$，曲线 $\widehat{acb}$ 和折线 acb，导线中感应电动势最大的是________，最小的是________。

10. 长为 l 的导体棒，放在磁感应强度为 $\boldsymbol{B}$ 的均匀磁场中，导体棒与磁场垂直，如图 F3.10 所示。(1) 当棒在垂直于磁场平面内，与选定的参考线成 45°角，且以速度大小 v 平行于参考线向右运动时，棒两端的动生电动势 $\mathscr{E}_{ab}$ 为________；(2) 当棒以角速度 ω 绕 a 点运动时，棒两端的动生电动势 $\mathscr{E}_{ab}$ 为________。

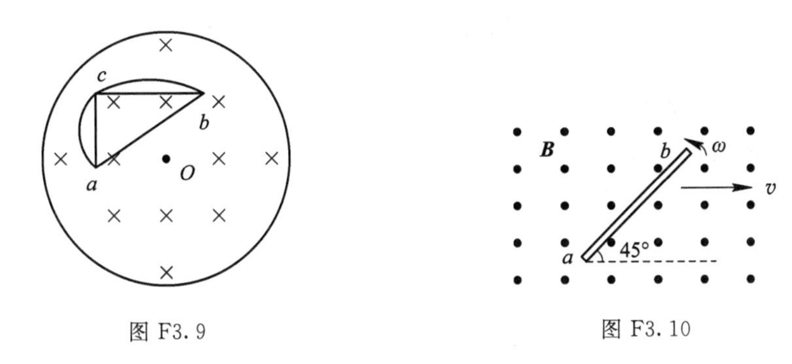

图 F3.9　　　　图 F3.10

三、计算题(每小题 10 分，共 40 分)

1. 如图 F3.11 所示，一无限大均匀带电平面，电荷面密度为$+\sigma$，其上挖去一半径为 R 的圆孔。通过圆孔中心 O，并垂直于平面的 x 轴上有一点 P，$OP=x$。试求 P 点处的场强。

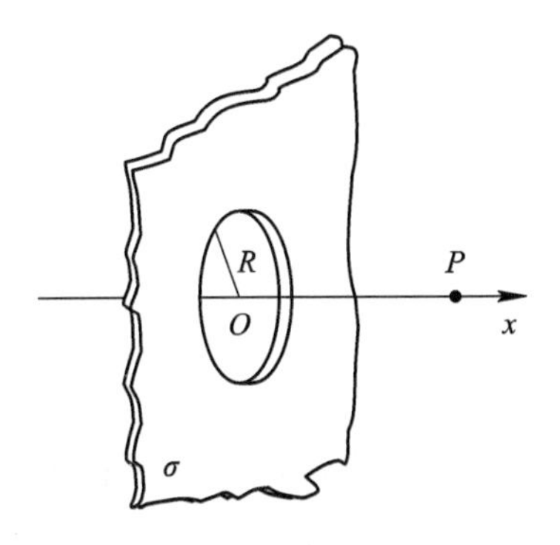

图 F3.11

2. 莱顿瓶是早期的一种储能电容器，它是一内、外均贴有金属薄膜的圆柱形玻璃瓶，如图 F3.12 所示，设玻璃瓶内、外半径分别为 R_1 和 R_2，内、外所贴金属薄膜长为 L，$L\geqslant(R_2-R_1)$。已知玻璃的相对电容率为 ε_r，其击穿场强为 E_k，忽略边缘效应，试计算：

(1) 莱顿瓶的电容值；

(2) 它最多储存多少电荷？最大储能是多少？

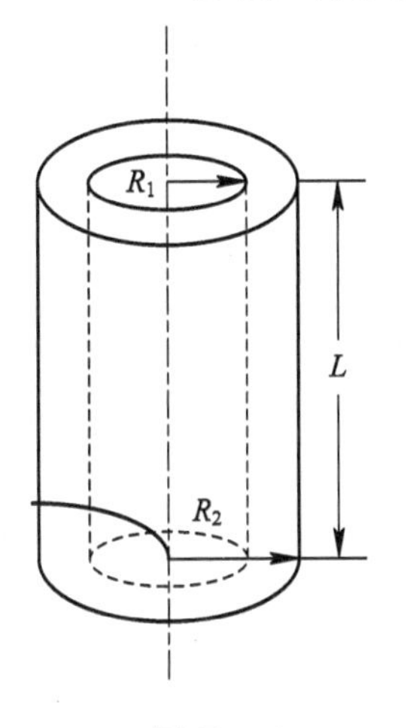

图 F3.12

3. 如图 F3.13 所示，半径为 a、电荷线密度为 λ ($\lambda>0$)的半圆形均匀带电棒，以匀角速度 ω 绕轴 $O'O''$旋转。求：

(1) O 点的磁感应强度 $\boldsymbol{B}$；

(2) 带电棒的磁矩 $\boldsymbol{p}_m$。

(提示：积分公式 $\int_0^{\pi}\sin^2\theta\mathrm{d}\theta=\pi/2$)

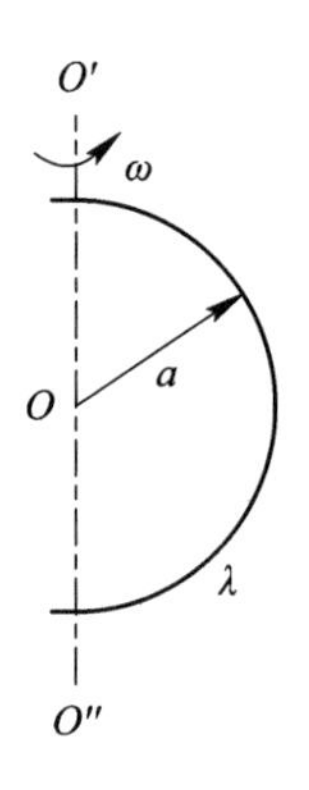

图 F3.13

4. 一半径为 R 的长圆柱形导体，在其中距其轴线 d 处挖去一半径为 r($r<R$)，轴线与大圆柱形导体平行的小圆柱，形成圆柱形空腔，导体中沿轴均匀通有电流 I，如图 F3.14 所示。证明空腔内的磁场是匀强磁场，并求出磁感应强度大小 B。

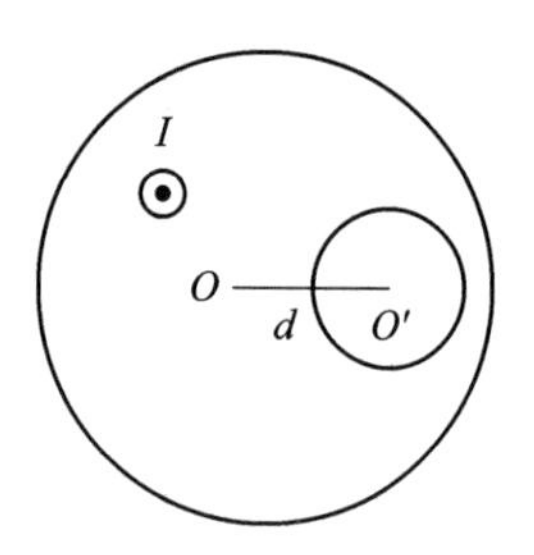

图 F3.14

大学物理Ⅱ期中模拟试题三答案

一、选择题

1. C　2. D　3. C　4. C　5. D　6. C　7. A　8. C　9. B　10. C

二、填空题

1. $\dfrac{Q^2}{2\varepsilon_0 S}$

2. $\dfrac{\sigma_2}{\varepsilon_0}$

3. $-\dfrac{q}{8\pi\varepsilon_0 a}$

4. $\dfrac{3\sqrt{3}Qq}{2\pi\varepsilon_0 a}$

5. 增大，增大

6. $\dfrac{\mu_0 q\omega}{2\pi R}$

7. n 型，p 型

8. $\dfrac{2\pi mv\cos\theta}{|e|B}$，$\dfrac{mv\sin\theta}{|e|B}$

9. 曲线$\overset{\frown}{acb}$，直线$\overline{ab}$

10. $-\dfrac{\sqrt{2}}{2}vBl$　$\dfrac{1}{2}\omega Bl^2$

二、计算题

1. $E=\dfrac{\sigma x}{2\varepsilon_0\sqrt{R^2+x^2}}$，电场强度方向沿 x 轴正方向

2. $C=\dfrac{2\pi\varepsilon_0\varepsilon_r L}{\ln\dfrac{R_2}{R_1}}$

$Q_{\max}=2\pi\varepsilon_0\varepsilon_r LR_1E_k$

$W_{\max}=\pi\varepsilon_0\varepsilon_r LR_1^2E_k^2\ln\dfrac{R_2}{R_1}$

3. $B=\dfrac{\mu_0\omega\lambda}{8}$，方向竖直向上

$p_m=\dfrac{\omega\lambda\pi a^3}{4}$，方向竖直向上

4. $B=\dfrac{\mu_0 Id}{2\pi(R^2-r^2)}$

大学物理Ⅱ期末模拟试题一

一、选择题(每小题 3 分,共 30 分)

1. 图 F4.1 中实线为某电场中的电场线,虚线表示等势面,由图可看出(　　)。

A. $E_A>E_B>E_C$, $u_A>u_B>u_C$　　B. $E_A<E_B<E_C$, $u_A<u_B<u_C$

C. $E_A>E_B>E_C$, $u_A<u_B<u_C$　　D. $E_A<E_B<E_C$, $u_A>u_B>u_C$

2. 如图 F4.2 所示,两空气电容器 C_1 和 C_2 并联起来接上电源充电后,将电源断开,再把一电介质板插入 C_1 中,则(　　)。

A. C_1 和 C_2 极板上电荷量都不变

B. C_1 极板上电荷量增多,C_2 极板上电荷量不变

C. C_1 极板上电荷量增多,C_2 极板上电荷量减少

D. C_1 极板上电荷量减少,C_2 极板上电荷量增多

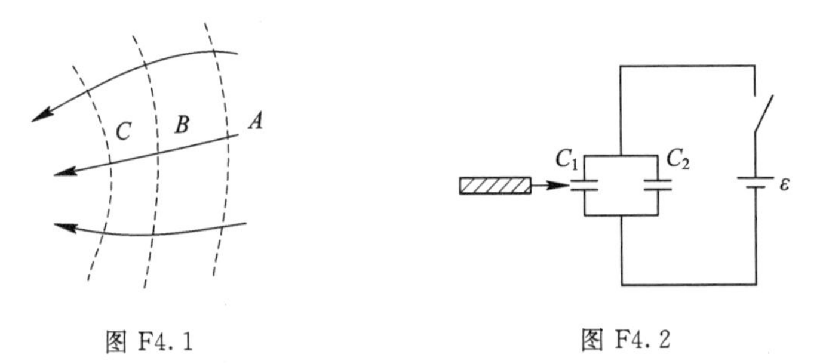

图 F4.1　　图 F4.2

3. 在图 F4.3(a)和(b)中各有一半径相同的圆形回路,回路长度分别为 L_1、L_2,圆周内有电流 I_1、I_2,其分布相同,且均在真空中,但在图(b)中 L_2 回路外有电流 I_3,P_1、P_2 为两圆形回路上的对应点,则(　　)。

A. $\oint_{L_1} \boldsymbol{B}\cdot \mathrm{d}\boldsymbol{l}=\oint_{L_2} \boldsymbol{B}\cdot \mathrm{d}\boldsymbol{l}$, $B_{P_1}=B_{P_2}$

B. $\oint_{L_1} \boldsymbol{B}\cdot \mathrm{d}\boldsymbol{l}\neq\oint_{L_2} \boldsymbol{B}\cdot \mathrm{d}\boldsymbol{l}$, $B_{P_1}=B_{P_2}$

C. $\oint_{L_1} \boldsymbol{B}\cdot \mathrm{d}\boldsymbol{l}=\oint_{L_2} \boldsymbol{B}\cdot \mathrm{d}\boldsymbol{l}$, $B_{P_1}\neq B_{P_2}$

D. $\oint_{L_1} \boldsymbol{B}\cdot \mathrm{d}\boldsymbol{l}\neq\oint_{L_2} \boldsymbol{B}\cdot \mathrm{d}\boldsymbol{l}$, $B_{P_1}\neq B_{P_2}$

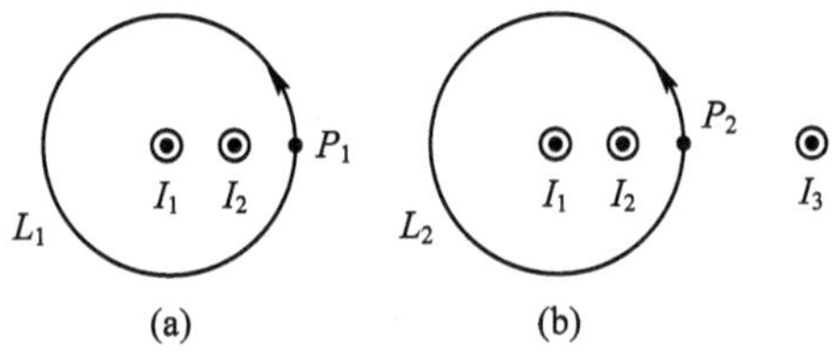

图 F4.3

4. 一线圈载有电流 I,处在均匀磁场(磁感应强度为 $\boldsymbol{B}$)中,线圈形状及磁场方向如图 F4.4 所示,线圈受到磁力矩的大小和转动情况为(转动方向以从 O_1 看向 O'_1 或从 Q_2 看向 Q'_2 为准)(　　)。

A. $M_{\mathrm{m}}=\dfrac{5}{2}\pi R^2 IB$,绕 $O_1O'_1$ 轴逆时针转动

B. $M_{\mathrm{m}}=\dfrac{5}{2}\pi R^2 IB$,绕 $O_1O'_1$ 轴顺时针转动

C. $M_{\mathrm{m}}=\dfrac{3}{2}\pi R^2 IB$,绕 $O_2O'_2$ 轴顺时针转动

D. $M_m=\frac{3}{2}\pi R^2 IB$，绕 $O_2O'_2$ 轴逆时针转动

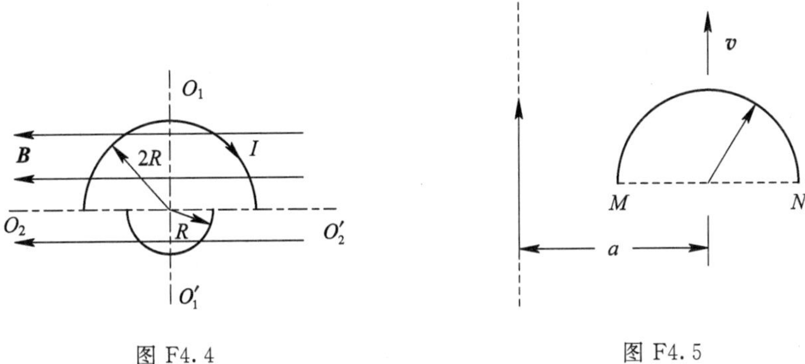

图 F4.4　　图 F4.5

5. 如图 F4.5 所示，一载有电流 I 的长直导线附近有一段导线 MN。导线被弯成直径为 $2b$ 的半圆环，半圆环与长直导线共面，半圆中心到长直导线的距离为 a。当半圆环以速度大小 v 平行于长直导线向上运动时，其两端的电压 U_{MN} 为(　　)。

A. $\frac{\mu_0 Ivb}{\pi a}$　　B. $\frac{\mu_0 Iva}{\pi b}$　　C. $\frac{\mu_0 Iv}{2\pi}\ln\frac{a+b}{a-b}$　　D. $\frac{\mu_0 Iv}{2\pi}\ln\frac{a-b}{a+b}$

6. 已知平行板电容器的电容为 C，两极板间的电势差 U 随时间变化，其间的位移电流为(　　)。

A. $C\frac{dU}{dt}$　　B. $\frac{dD}{dt}$　　C. CU　　D. 0

7. 在惯性系 S 系中某一地点先后发生两个事件 A 和 B，其中事件 A 超前于 B，在另一惯性系 S'系上来观察，则(　　)。

A. 事件 A 和 B 仍发生在同一地点

B. 事件 A 和 B 发生在不同的地点，除非 S'系相对于 S 系以光速运动

C. 事件 A 和 B 发生在不同的地点，除非 S'系相对于 S 系的速度为零

D. 发生在同一地点，但事件先后有了变化

8. 一艘飞船的固有长度为 L，相对于地面以速度 v_1 做匀速直线飞行，某一时刻从飞船的后端向飞船的前端的一个靶子发射一颗相对于飞船速度为 v_2 的子弹，在飞船上测得子弹从射击到击中靶子的时间间隔是(c 表示真空中光速)(　　)。

A. $\frac{L}{v_1+v_2}$　　B. $\frac{L}{v_2-v_1}$　　C. $\frac{L}{v_2}$　　D. $\frac{L}{v_1\sqrt{1-(v_1/c)^2}}$

9. 康普顿散射实验中，在与入射方向成 120°角的方向上的散射光波长与入射光波长之差为$\left(\text{其中 }\lambda_c=\frac{h}{m_0c}\right)$(　　)。

A. $1.5\lambda_c$　　B. $0.5\lambda_c$　　C. $-1.5\lambda_c$　　D. $2\lambda_c$

10. 若 α 粒子(电荷量为 $2e$)在磁感应强度大小为 B 的均匀磁场中沿半径为 R 的圆形轨道运动，则粒子的德布罗意波长是(　　)。

A. $h/(2eRB)$　　B. $h/(eRB)$　　C. $1/(2eRBh)$　　D. $1/(eRBh)$

二、填空题(每小题 3 分，共 30 分)

1. 两个金属球半径分别为 R_1 和 R_2，所带电荷量分别为 q_1 和 q_2。两球相距很远，将两

球用导线连接，设导线很长，两球上电荷仍可视为均匀分布。在静电平衡时，两球上电荷面密度之比 $\sigma_1/\sigma_2=$________。

2. 一球形导体，所带电荷量为 q，置于一任意形状的空腔导体中。当用导线将两者连接后，则与未连接前相比系统静电场能将________。(增加、减少或不变)

3. 一长直螺线管，每米绕 1000 匝。当管内为空气时，要使管内的磁感应强度大小 $B=4.2\times10^{-4}$ T，则螺线管中需通 $I=$________ A 的电流。若螺线管是绕在一铁芯上，设铁芯的相对磁导率 $\mu_r=5000$，通以上述大小的电流，则此时管内的磁感应强度大小 $B=$____ T。($\mu_0=4\pi\times10^{-7}$ N · A^{-2})

4. 一均匀静电场，电场强度 $\boldsymbol{E}=(400\boldsymbol{i}+600\boldsymbol{j})$ V/m，则点 $a(2, 3)$ 和点 $b(1, 0)$ 之间的电势差为 $u_{ab}=$________。

5. 真空中有一边长为 l 的正三角形导体框架。另有相互平行并与三角形的 bc 边平行的长直导线 1 和 2，分别在 a 点和 b 点与三角形导体框架相连(如图 F4.6 所示)。已知直导线中的电流为 I，三角形导体框架的每一边长为 l，则正三角形中心点 O 处的磁感应强度 $\boldsymbol{B}$ 为________。

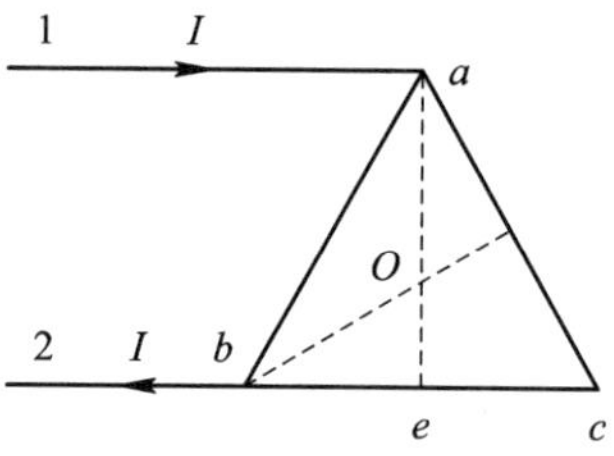

图 F4.6

6. 欲使氢原子能发射巴耳末系中波长为 486.13 nm 的谱线，最少要给基态氢原子提供________ eV 的能量。

7. 钾的截止频率为 4.62×10^{14} Hz，今以波长为 435.8 nm 的光照射，则钾放出的光子的初速度为________。

8. 在电子单缝衍射实验中，若缝宽为 $a=0.1$ nm，电子束垂直射在单缝上，则衍射的电子横向动量的最小不确定量 $\Delta P_y=$________ N · s。(普朗克常量 $h=6.63\times10^{-34}$ J · s)

9. 波函数 $|\Psi(\boldsymbol{r}, t)|^2\mathrm{d}V$ 的物理意义是________________________________。

10. 氢原子内电子的量子态由 n、l、m_l 及 m_s 四个量子数表征。当 n、l、m_l 一定时，不同的量子态数目为________；当 n、l 一定时，不同的量子态数目为________；当 n 一定时，不同的量子态数目为________。

三、计算题(每小题 8 分，共 40 分)

1. 如图 F4.7 所示，半径为 R_1 的导体球带有电荷 $+q$，球外有一个内、外半径分别为 R_2、R_3 的同心导体球壳，壳上带有电荷 $+Q$。设外球壳离地面很远，若内球接地，试求两球的电势 u_1、u_2 及两球的电势差。

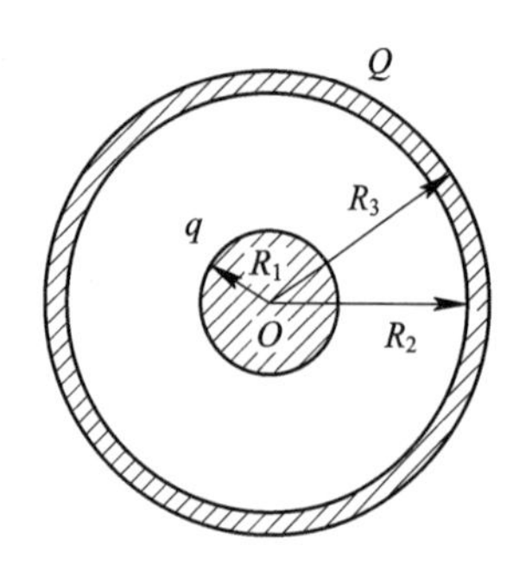

图 F4.7

2. 平面螺旋线中流有电流 I，它被密绕成如图 F4.8 所示的形状，螺旋线的内、外半径被限制在 R_1 和 R_2 的两圆之间，共有 N 匝，求：中心处 O 点的磁感应强度。

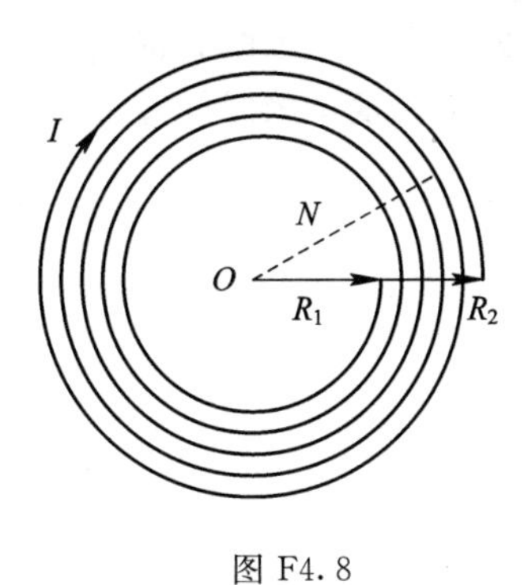

图 F4.8

3. 如图 F4.9 所示，质量为 M，长度为 l 的金属棒 ab 从静止开始沿倾斜的绝缘框架下滑，设磁场的方向竖直向上，均匀分布且磁感应强度为 $\boldsymbol{B}$。

(1) 求金属棒内的动生电动势与时间的函数关系，摩擦可忽略不计。

(2) 如果金属棒 ab 沿光滑的金属框架下滑，求金属棒下滑时达到稳定的速度为多大？设回路的电阻 R 已知，金属棒受力不变，且达到稳定速度前金属棒仍在绝缘框架及磁场范围内。

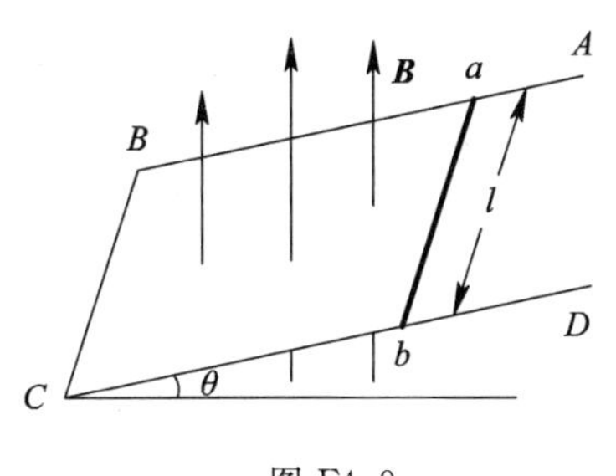

图 F4.9

4. 北京至上海的距离为 1463 km，甲、乙两列火车分别从北京站和上海站相向开出，已知乙车比甲车晚开 3.5×10^{-3} s。今有一宇宙飞船以 $0.9c$ 的速度从北京至上海的上空飞过。试求飞船上的宇航员测得两列火车发车的时间差。若北京站另一列开往上海方向的丙火车发车时间比甲车也晚 3.5×10^{-3} s，则宇航员测得甲、丙两列火车的发车的时间差又是多少？

大学物理Ⅱ期末模拟试题一答案

一、选择题

1. D　2. C　3. C　4. A　5. C　6. A　7. C　8. C　9. A　10. A

二、填空题

1. R_2/R_1
2. 减少
3. 0.334，2.1
4. -2200 V
5. $B=\frac{3\mu_0 I}{4\pi l}(\sqrt{3}-1)$，方向垂直纸面向里
6. 12.75
7. 5.74×10^5 m/s
8. 1.06×10^{-24}或6.63×10^{-24}或0.53×10^{-24}
9. $|\boldsymbol{\Psi}(\boldsymbol{r},t)|^2\mathrm{d}V$ 表示 t 时刻粒子在 $\boldsymbol{r}$ 处 $\mathrm{d}V$ 体积内出现的概率
10. 2，$2(2l+1)$，$2n^2$

三、计算题

1. $u_1=0$，$u_2=\frac{Q}{4\pi\varepsilon_0}\cdot\frac{R_2-R_1}{R_1R_2+R_2R_3-R_1R_3}$，$\Delta u=u_2$
2. $B=\frac{\mu_0 NI}{2(R_2-R_1)}\ln\frac{R_2}{R_1}$
3. $\mathscr{E}_i=Blg\sin\theta\cos\theta\cdot t$

   $v=\frac{MgR\sin\theta}{(Bl\cos\theta)^2}$
4. $\Delta t'_1=-2.04\times10^{-3}$ s，$\Delta t'_2=8.03\times10^{-3}$ s

大学物理Ⅱ期末模拟试题二

一、选择题(每小题 3 分，共 30 分)

1. 在一点电荷 q 产生的静电场中，放置一块电介质，如图 F5.1 所示，以点电荷所在处为球心作一球形闭合面 S，则对此球形闭合面(　　)。

A. 高斯定理成立，且可用它求出闭合面上各点的场强

B. 高斯定理成立，但不能用它求出闭合面上各点的场强

C. 由于电介质不对称分布，高斯定理不成立

D. 即使电介质对称分布，高斯定理也不成立

图 F5.1

2. 在真空中，将一带电荷量为 q、半径为 r_A 的金属球 A，放置在内、外半径分别为 r_B 和 r_C 的不带电的金属球壳 B 内，若用导线将 A 、B 连接，则 A 球的电势为(设无限远处电势为 0)(　　)。

A. 0　　B. $\frac{1}{4\pi\varepsilon_0}\frac{q}{r_A}$　　C. $\frac{1}{4\pi\varepsilon_0}\frac{q}{r_B}$　　D. $\frac{1}{4\pi\varepsilon_0}\frac{q}{r_C}$

3. 在一个塑料圆筒上紧密绕有两个完全相同的线圈，分别为 L_1 和 L_2，如果将线圈的端口 2 和 3 相连接，记为连接方式(a)，将线圈的端口 2 和 4 相连接，记为连接方式(b)，如图 F5.2 所示，则所得线圈之间的自感系数的关系为(　　)。

A. 连接方式(a)得到的线圈之间的自感系数大

B. 连接方式(b)得到的线圈之间的自感系数大

C. 两种连接方式得到的线圈之间的自感系数一样大

D. 无法确定

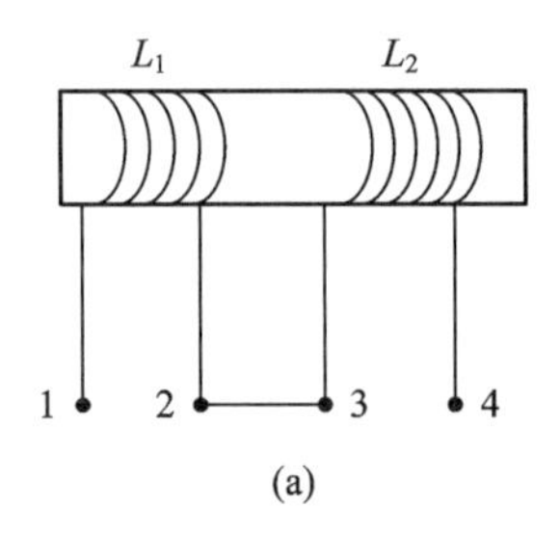

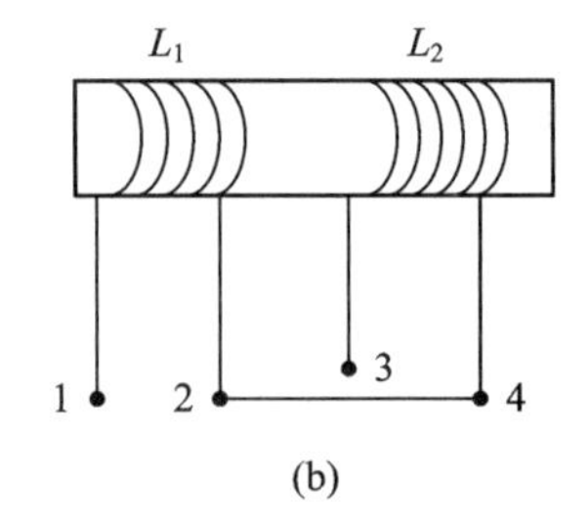

图 F5.2

4. 设某微观粒子的总能量是其静止能量的 k 倍，则其运动速度的大小为(c 表示真空中的光速)(　　)。

A. $\frac{c}{k-1}$　　B. $\frac{c}{k}\sqrt{k^2-1}$　　C. $\frac{c}{k}\sqrt{1-k^2}$　　D. $\frac{c}{k+1}\sqrt{k(k+2)}$

5. 如图 F5.3 所示，导体棒在均匀磁场中，绕通过 C 点的垂直于导体棒且沿磁场方向的轴 OO' 转动(角速度 $\boldsymbol{\omega}$ 与 $\boldsymbol{B}$ 同方向)，BC 的长度为导体棒长的 $\frac{1}{3}$，则(　　)。

A. A 点比 B 点电势高　　B. A 点与 B 点电势相等

C. A 点比 B 点电势低　　D. 有稳恒电流从 A 点流向 B 点

6. 在圆柱形空间内有一磁感应强度为 $\boldsymbol{B}$ 的均匀磁场，如图 F5.4 所示，$\boldsymbol{B}$ 的大小以速率 $\mathrm{d}B/\mathrm{d}t$ 变化。有一长度为 l_0 的金属棒先后放在磁场的位置 1(ab)和 2($a'b'$)上，则金属棒在这两个位置时棒内的感应电动势的大小关系为（　　）。

A. $\mathscr{E}_2=\mathscr{E}_1\neq 0$　　B. $\mathscr{E}_2>\mathscr{E}_1$　　C. $\mathscr{E}_2<\mathscr{E}_1$　　D. $\mathscr{E}_2=\mathscr{E}_1=0$

7. 半径为 R 的两块金属圆板构成平行板电容器，如图 F5.5 所示，给电容器匀速充电时，极板间的电场强度变化率为 $\mathrm{d}E/\mathrm{d}t$，两极板间距离两板中心连线 $r(r<R)$处 P 点的磁感应强度大小为(　　)。

A. 0　　B. $\dfrac{\varepsilon_0\mu_0}{2}r\dfrac{\mathrm{d}E}{\mathrm{d}t}$　　C. $\dfrac{\varepsilon_0\mu_0}{2}\dfrac{R^2}{r}\dfrac{\mathrm{d}E}{\mathrm{d}t}$　　D. $\dfrac{\varepsilon_0\mu_0}{2}\dfrac{r^2}{R}\dfrac{\mathrm{d}E}{\mathrm{d}t}$

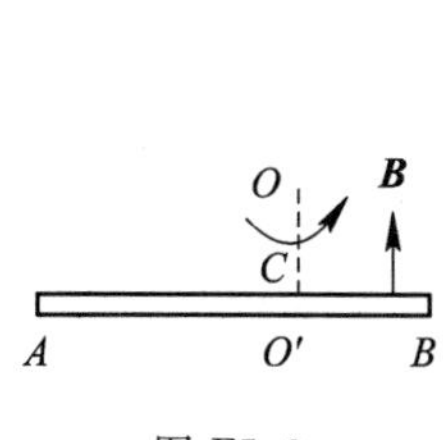

图 F5.3

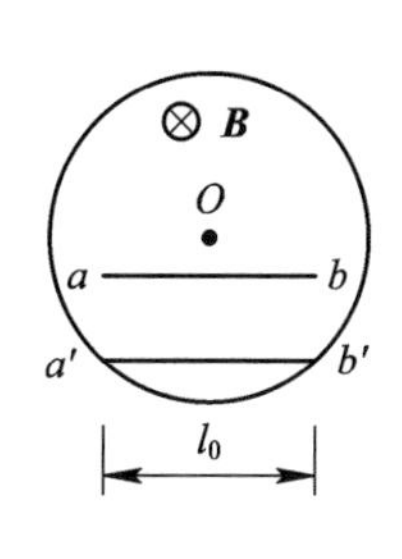

图 F5.4

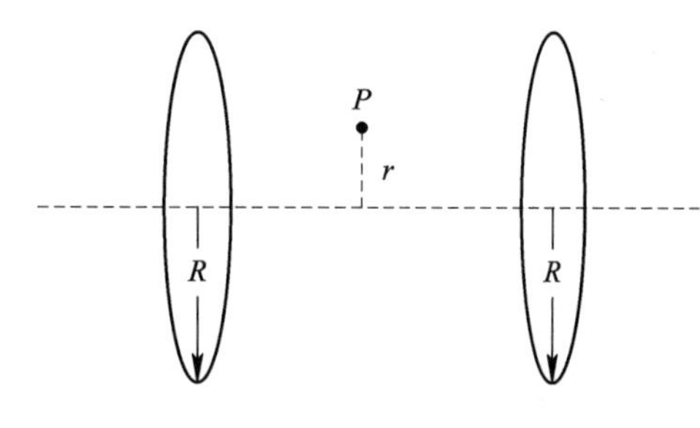

图 F5.5

8. 用频率为 ν_1 的单色光照射某一种金属时，测得光电子的最大初动能为 E_{k1}；用频率为 ν_2 的单色光照射另一种金属时，测得光电子的最大初动能为 E_{k2}。如果 $E_{k1}>E_{k2}$，那么(　　)。

A. ν_1 一定大于 ν_2　　B. ν_1 一定小于 ν_2

C. ν_1 一定等于 ν_2　　D. ν_1 可能大于也可能小于 ν_2

9. 静止且质量不为零的微观粒子作高速运动，这时粒子物质波的波长 λ 与速度 v 之间的关系为(　　)。

A. $\lambda\propto v$　　B. $\lambda\propto 1/v$　　C. $\lambda\propto\sqrt{\dfrac{1}{v^2}-\dfrac{1}{c^2}}$　　D. $\lambda\propto\sqrt{c^2-v^2}$

10. 氢原子中处于 2p 态的电子，描述其量子态的四个量子数(n，l，m_l，m_s)可能取值为(　　)。

A. (2，2，1，1/2)　　B. (2，0，0，1/2)

C. (2，1，−1，−1/2)　　D. (2，0，1，1/2)

二、填空题(每小题 3 分，共 30 分)

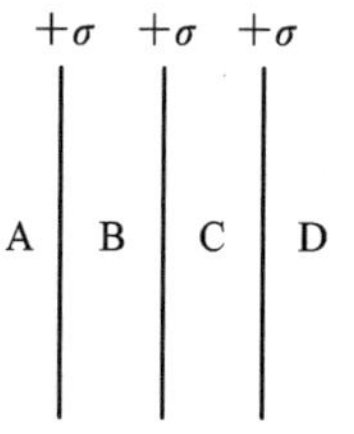

1. 三个平行的无限大均匀带电平面，其电荷面密度都是 $+\sigma$，如图 F5.6所示，则 A、B、C 三个区域的电场强度分别为 $E_A=$________，$E_B=$________，$E_C=$________(设方向向右为正)。

+σ　+σ　+σ

A　B　C　D

图 F5.6

2. 一空气平行板电容器，电容为 C，两极板间距离为 d。充电后，两极板间相互作用力为 F，则两极板间电势差为________，极板上的电荷量大小为________。

3. 静电场中有一质子(带电荷量 $e=1.6\times10^{-19}$C) 沿图 F5.7 所示路径从 a 点经 c 点移

动到 b 点时，电场力做功 8×10^{-15} J，则当质子从 b 点沿另一路径回到 a 点的过程中，电场力做功 $A=$______；若设 a 点电势为零，则 b 点电势 $u_b=$ ______。

4. 一无限长载流直导线，通有电流 I，弯成图 F5.8 所示形状。设各线段皆在纸面内，则 P 点磁感应强度 $\boldsymbol{B}$ 的大小为______。

5. 如图 F5.9 所示，电流元 $I\mathrm{d}\boldsymbol{l}$ 在磁场中某处沿直角坐标系的 x 轴方向放置时不受力，把电流元转到 y 轴正方向时受到的力沿 z 轴反方向，则该处磁感应强度 $\boldsymbol{B}$ 指向______方向。

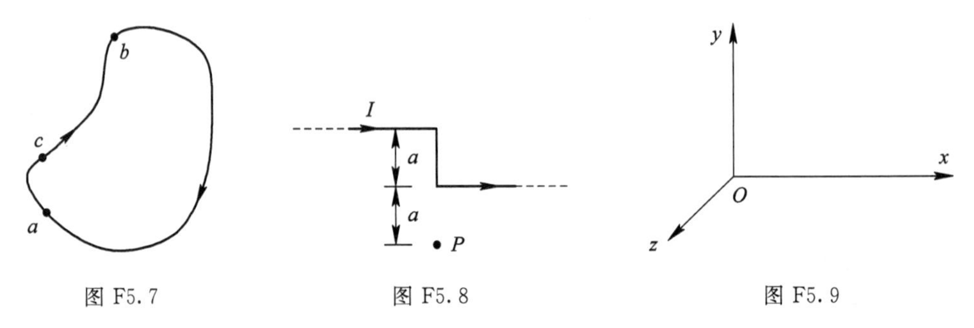

图 F5.7　　图 F5.8　　图 F5.9

6. 在惯性系 S 系中，有两个静止质量都是 m_0 的粒子 A 和 B，均以速度大小 v 沿同一直线相向运动，相碰后合在一起成为一个粒子，则合成粒子静止质量 M_0 的值为______(用 c 表示真空中的光速)。

7. 一个以 $0.8c$ 速度运动的粒子，飞行了 3 m 后衰变，该粒子存在了______ s。

8. 粒子在一维无限深势阱中运动，其波函数为 $\Psi(x)=\sqrt{\dfrac{2}{a}}\sin\left(\dfrac{\pi}{a}x\right)(0<x<a)$，则在 $(0, a/2)$ 中发现粒子的概率为______。

9. 按照原子的量子理论，原子可以通过______和______两种辐射方式发光，而激光是由______方式产生的。

10. 纯硅在 $T=0$ K 时能吸收的最长辐射波长是 1.09 μm，故硅的禁带宽度为______ eV。(普朗克常量 $h=6.63\times10^{-34}$ J·s，1 eV$=1.60\times10^{-19}$ J)

三、计算题(每小题 10 分，共 40 分)

1. 图 F5.10 所示为一沿 x 轴放置的长度为 l 的不均匀带电细棒，其电荷线密度为 $\lambda=\lambda_0(x-a)$，λ_0 为一常量。取无穷远处为电势零点，求坐标原点 O 处的场强和电势。

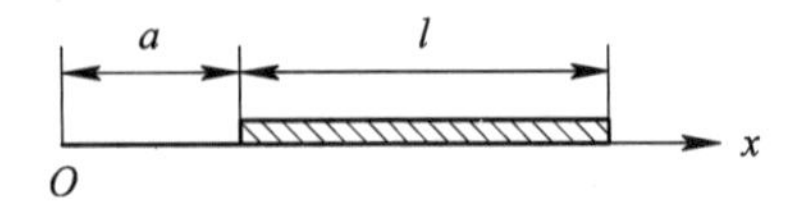

图 F5.10

2. 如图 F5.11 所示，长直导线中的电流 I 沿导线向上，并以 $\mathrm{d}I/\mathrm{d}t=2$ A/s 的变化率均匀增加。导线附近放一个与之同面的直角三角形线框，其一边与导线平行，放置位置及线框尺寸如图所示。求此线框中产生的感应电动势的大小和方向。($\mu_0=4\pi\times10^{-7}$ T/(m/A))

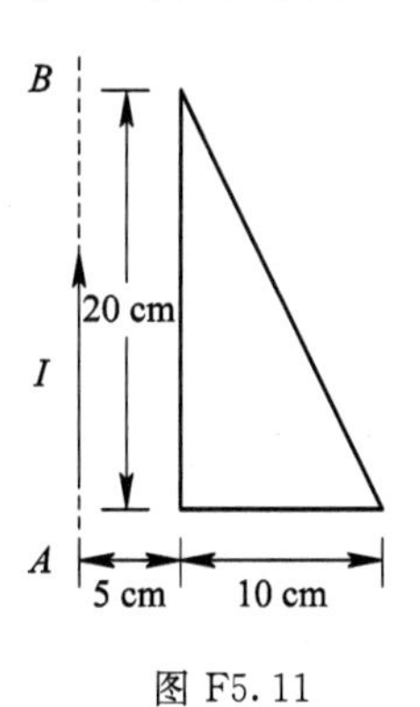

图 F5.11

3. 一个平行平板电容器板面积为 S，板间距离为 y_0，下板在 $y=0$ 处，上板在 $y=y_0$ 处，充满两板间的电介质的相对电容率随 y 而改变，其关系为 $\varepsilon_r=1+\dfrac{3}{y_0}y$，求此电容器的电容。

4. 根据玻耳氢原子理论，推导氢原子中电子的轨道半径和定态能量的表达式。

大学物理Ⅱ期末模拟试题二答案

一、选择题

1. B　2. D　3. A　4. B　5. A　6. B　7. B　8. D　9. C　10. C

二、填空题

1. $-3\sigma/(2\varepsilon_0)$，$-\sigma/(2\varepsilon_0)$，$\sigma/(2\varepsilon_0)$

2. $\sqrt{2Fd/C}$，$\sqrt{2FdC}$

3. -8×10^{-15} J，-5×10^{4} V

4. $\dfrac{3\mu_0 I}{8\pi a}$

5. $+x$

6. $\dfrac{2m_0 v}{\sqrt{1-v^2/c^2}}$

7. 1.25×10^{-8} s

8. 1/2

9. 自发辐射，受激辐射，受激辐射

10. 1.14 eV

三、计算题

1. $E=\dfrac{\lambda_0}{4\pi\varepsilon_0}\left(\ln\dfrac{a+l}{a}-\dfrac{l}{a+l}\right)$，方向沿 x 轴负向

   $u=\dfrac{\lambda_0}{4\pi\varepsilon_0}\left(l-a\ln\dfrac{a+l}{a}\right)$

2. $\mathscr{E}=-5.18\times10^{-8}$ V，方向为逆时针绕行方向

3. $C=\dfrac{3\varepsilon_r S}{y_0\ln4}$

4. $r_n=\dfrac{4\pi\varepsilon_0\hbar^2}{me^2}\cdot n^2\left(\text{或 } r_n=\dfrac{\varepsilon_0 h^2}{\pi me^2}\cdot n^2\right)$，$n=1，2，3，\cdots$

   $E_n=-\dfrac{me^4}{32\pi^2\varepsilon_0^2\hbar^2}\dfrac{1}{n^2}\left(\text{或 } E_n=-\dfrac{me^4}{8\varepsilon_0^2 h^2}\cdot\dfrac{1}{n^2}\right)$，$n=1，2，3，\cdots$

大学物理Ⅱ期末模拟试题三

一、选择题(每小题 3 分，共 30 分)

1. 真空中两块互相平行的无限大均匀带电平板，其中一块的电荷面密度为$+\sigma$，另一块的电荷面密度为$+2\sigma$，两板间的距离为d，两板间的电势差为(　　)。

A. 0　　B. $\frac{3\sigma}{2\varepsilon_0}d$　　C. $\frac{\sigma}{\varepsilon_0}d$　　D. $\frac{\sigma}{2\varepsilon_0}d$

2. 如图 F6.1 所示，在均匀电场中，将一负电荷从A点移到B点，则(　　)。

A. 电场力做正功，负电荷的电势能减少

B. 电场力做正功，负电荷的电势能增加

C. 电场力做负功，负电荷的电势能减少

D. 电场力做负功，负电荷的电势能增加

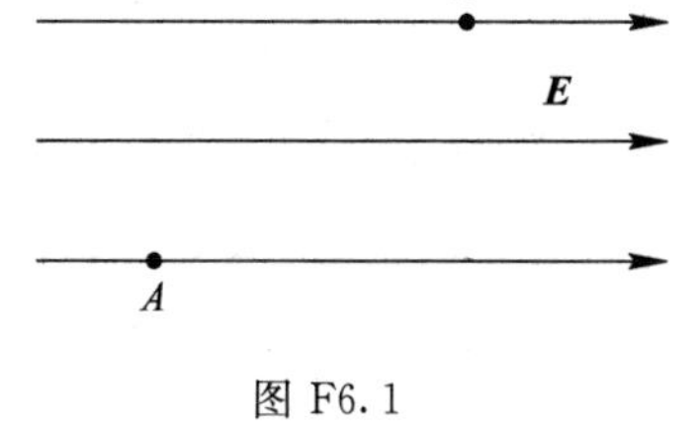

图 F6.1

3. 直径为 2.0 cm 的线圈，匝数为 300，线圈内通有 10 mA 的电流，同时放在 0.05 T 的恒定磁场中，那么磁场作用于该线圈的最大力矩为(　　) N·m。

A. 4.7×10^{-8}　　B. 4.7×10^{-5}　　C. 4.7×10^{-4}　　D. 4.7×10^{-2}

4. 将形状相同的铜环和木环静止放置，通过两环面的磁通量随时间的变化率相等，则(　　)。

A. 铜环中有感应电动势，木环中无感应电动势

B. 铜环中感应电动势大，木环中感应电动势小

C. 铜环中感应电动势小，木环中感应电动势大

D. 两环中感应电动势相等

5. 如图 F6.2 所示，平行板电容器(忽略边缘效应)充电时，分别沿环路L_1、L_2的磁场强度$\boldsymbol{H}$的环流，必有(　　)。

A. $\oint_{L_1}\boldsymbol{H}\cdot d\boldsymbol{l} > \int_{L_2}\boldsymbol{H}\cdot d\boldsymbol{l}$

B. $\oint_{L_1}\boldsymbol{H}\cdot d\boldsymbol{l} = \int_{L_2}\boldsymbol{H}\cdot d\boldsymbol{l}$

C. $\oint_{L_1}\boldsymbol{H}\cdot d\boldsymbol{l} < \int_{L_2}\boldsymbol{H}\cdot d\boldsymbol{l}$

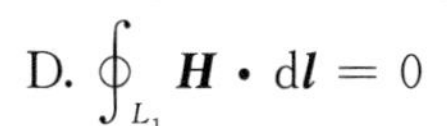

D. $\oint_{L_1}\boldsymbol{H}\cdot d\boldsymbol{l} = 0$

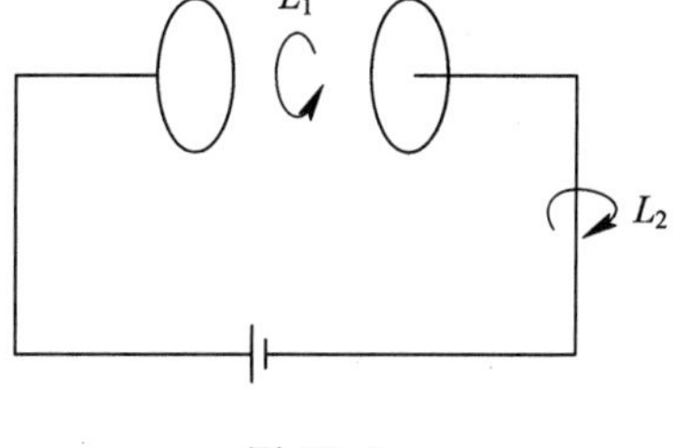

图 F6.2

6. 一光子以速度c运动，一人以$0.9c$的速度去追，此人观察到的光子速度为(　　)。

A. $0.1c$　　B. c　　C. $\sqrt{0.19}c$　　D. $0.9c$

7. 用绿光照射一光电管，发生了光电效应，欲使光电子从阴极逸出的最大初动能增加，下列做法可取的是(　　)。

A. 改用红光照射　　B. 增大绿光的强度

C. 增大光电管上的加速电压　　D. 改用紫光照射

8. 如图 F6.3 所示，两个同心的均匀带电球面，内球面半径为R_1、带电荷Q_1，外球面

半径为 R_2、带电荷 Q_2。设无穷远处为电势零点，则在两个球面之间，距离球心为 r 处的 P 点的电势为(　　)。

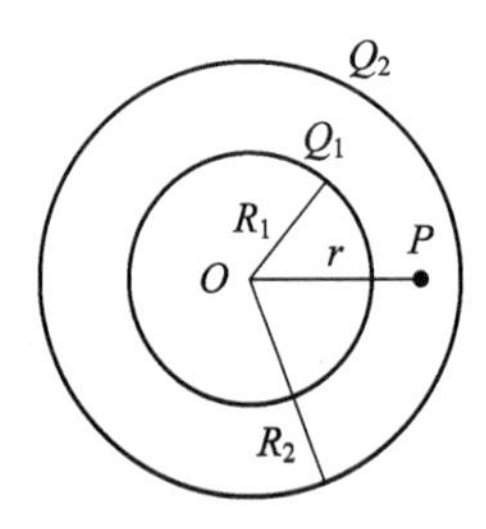

图 F6.3

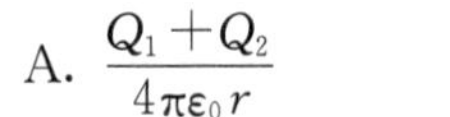

A. $\dfrac{Q_1+Q_2}{4\pi\varepsilon_0 r}$　　B. $\dfrac{Q_1}{4\pi\varepsilon_0 R_1}+\dfrac{Q_2}{4\pi\varepsilon_0 R_2}$

C. $\dfrac{Q_1}{4\pi\varepsilon_0 r}+\dfrac{Q_2}{4\pi\varepsilon_0 R_2}$　　D. $\dfrac{Q_1}{4\pi\varepsilon_0 R_1}+\dfrac{Q_2}{4\pi\varepsilon_0 r}$

9. 氢原子中处于 3d 量子态的电子，其量子态的四个量子数(n，l，m_l，m_s)可能取值为(　　)。

A. $\left(3, 2, 1, -\dfrac{1}{2}\right)$　B. $\left(3, 3, 1, \dfrac{1}{2}\right)$　C. $\left(3, 1, 1, \dfrac{1}{2}\right)$　D. $\left(3, 0, 1, \dfrac{1}{2}\right)$

10. 一宇航员要到离地球 5 光年的星球去旅行，如果宇航员希望把这路程缩短为 3 光年，则他所乘坐的火箭相对于地球的速度 v 应为(　　)。

A. $0.5c$　　B. $0.6c$　　C. $0.8c$　　D. $0.9c$

二、填空题(每小题 3 分，共 30 分)

1. A、B 为两导体大平板，面积均为 S，正对平行放置。A 板带电荷 $+Q_1$，B 板带电荷 $+Q_2$，如果使 B 板接地，则 A、B 两板间电场强度的大小为________。

2. 一个球形雨滴半径为 0.40 mm，所带电荷量为 1.6×10^{-12} C，它表面的电势大小为________，两个这样的雨滴相遇后合并为一个较大的雨滴，这个雨滴表面的电势大小为________。(以无穷远处为电势零点)

3. 一个无限长通电螺线管由表面绝缘的导线在铁棒上密绕而成，每厘米绕 10 匝。当导线中的电流 I 为 2.0 A 时，测得铁棒内的磁感应强度的大小 B 为 1.0 T，则铁棒内的相对磁导率 μ_r 为________。(答案可以用含 μ_0 的式子表示)

4. 如图 F6.4 所示，长为 L 的导体棒在均匀磁场(磁感应强度大小为 B)中，绕通过 C 点的垂直于导体棒且沿磁场方向的轴 OO' 转动(角速度 $\boldsymbol{\omega}$ 与 $\boldsymbol{B}$ 同方向)，BC 的长度为棒长的 1/3，则点 A 与点 B 之间的电势差是________。

5. 如图 F6.5 所示，一个直导线与一个 N 匝平面矩形线框处于同一平面中，如果在平面线框中流有随时间变化的电流 $i=i_0\cos(\omega t)$，其中 i_0，ω 都是常量，则直导线中的感应电动势为________，两者之间的互感系数为________。

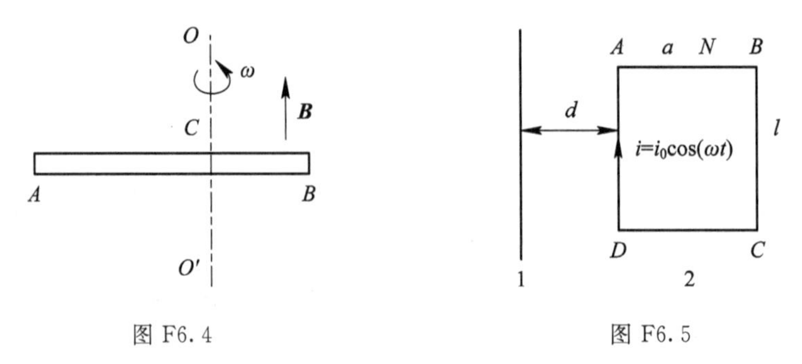

图 F6.4　　图 F6.5

6. 观察者测得一沿米尺长度方向匀速运动的米尺的长度为 0.5 m。则此米尺以速率 $v=$________接近观察者。(用真空中光速 c 表示)

7. 一光子与自由电子碰撞，电子可能获得的最大的能量为 60 keV，则入射光子的波长为________，入射光子的能量为________。

8. 一个电子从静止加速到 $0.1c$ 的速度需要做的功是________。

9. 动能为 1.0 eV 的电子的德布罗意波长是________。

10. 某一宇宙射线中的介子的动能 $E_k = 7M_0c^2$，其中 M_0 是介子的静止质量，试求在实验室中观察到它的寿命是其固有寿命的________倍？

三、计算题(每小题 10 分，共 40 分)

1. 半径为 R 的均匀带电圆盘，电荷面密度为 σ。试求穿过圆盘中心 O 的轴线上距 O 为 x 处的 P 点的电场强度 $\boldsymbol{E}$。

2. 如图 F6.6 所示，共轴长电缆由两个柱形导体(相对磁导率为 1)组成，内导体半径为 R_1。外导体的内径为 R_2，外径为 R_3。两导体之间充满磁导率为 μ 的均匀磁介质，两导体内的电流 I 等值反向，且均匀分布在横截面上，试求：

(1) $R_2 < r < R_3$ 区域的磁感应强度大小；

(2) $R_1 < r < R_2$ 区域的磁场能量密度。

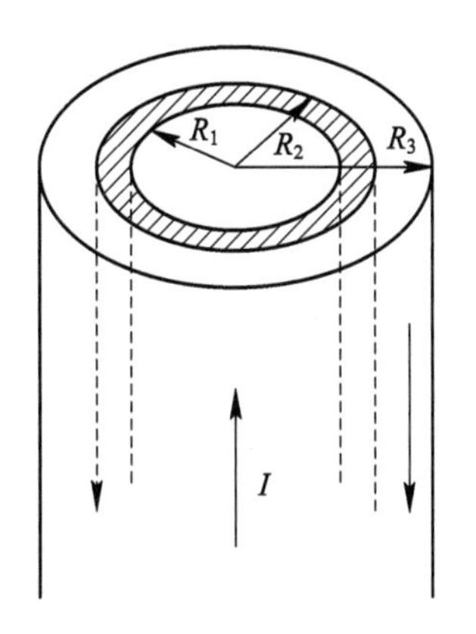

图 F6.6

3. 如图 F6.7 所示，一无限长直导线通有电流 $I=I_0 e^{-3t}$，一矩形线圈与其共面放置，其长边与导线平行。

(1) 求矩形线圈中感应电动势的大小及感应电流的方向；

(2) 若只有矩形线圈通有电流 $I=I_0 e^{-3t}$，长直导线中无电流，求长直导线中的感应电动势的大小。

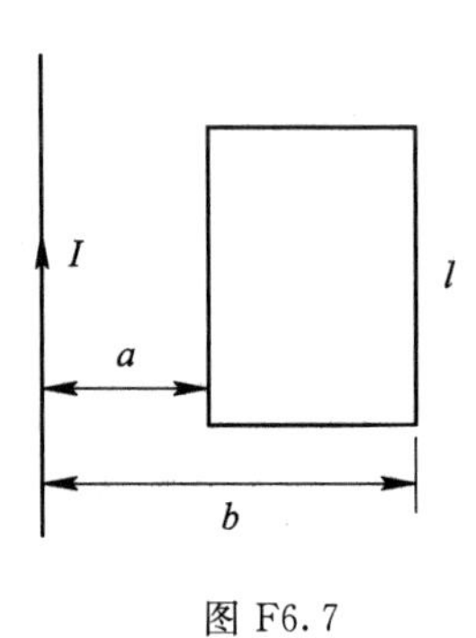

图 F6.7

4. 质量为 m 的粒子，在宽度为 $2a$ 的一维无限深方势阱中运动，其势能函数为 $V(x)=\begin{cases}0, & 0<x<2a \\ \infty, & x<0,\ x>2a\end{cases}$，根据定态薛定谔方程，求：

(1) 波函数表达式；

(2) 基态能量；

(3) 基态德布罗意波长；

(4) $n=1$ 及 $n=2$ 时，概率密度最大的位置；

(5) 处在基态的粒子在 $a/2 \sim 3a/2$ 范围内的概率。

大学物理Ⅱ期末模拟试题三答案

一、选择题

1. D　2. D　3. B　4. D　5. C　6. B　7. D　8. C　9. A　10. C

二、填空题

1. $\dfrac{Q_1}{\varepsilon_0 S}$

2. 36 V，57 V

3. $\dfrac{1}{2000\mu_0}$

4. $\dfrac{1}{6}B\omega L^2$

5. $\mathscr{E}=\dfrac{\mu_0 N}{2\pi}\ln\dfrac{d+a}{d}\cdot i_0\omega\sin(\omega t)$，$M=\dfrac{\mu_0 N}{2\pi}\ln\dfrac{d+a}{d}$

6. $\dfrac{\sqrt{3}}{2}c$

7. 0.007 86 nm，2.53×10^{-14} J 或 158 keV

8. 4.12×10^{-16} J 或 2.58×10^{-3} MeV

9. 1.23 nm

10. 8

三、计算题

1. $E=\dfrac{\sigma}{2\varepsilon_0}\left(1-\dfrac{x}{\sqrt{R^2+x^2}}\right)$，方向沿 x 轴正向

2. (1) $B=\dfrac{\mu_0 I}{2\pi r}\dfrac{(R_3^2-r^2)}{R_3^2-R_2^2)}$

(2) $w_m=\dfrac{1}{2}\mu H^2=\dfrac{\mu I^2}{8\pi^2 r^2}$

3. (1) $\mathscr{E}_i=\dfrac{3\mu_0 I_0 e^{-3t} l}{2\pi}\ln\dfrac{b}{a}$，感应电流的方向与电动势的方向相同，也是顺时针方向

(2) $\mathscr{E}_{12}=\dfrac{3\mu_0 I_0 e^{-3t} l}{2\pi}\ln\dfrac{b}{a}$

4. (1) $\Psi_n(x)=\begin{cases}\sqrt{\dfrac{1}{a}}\sin\left(\dfrac{n\pi x}{2a}\right) & 0<x<2a \\ 0 & x<0,\ x>2a\end{cases}$

(2) $E_1=\dfrac{\pi^2\hbar^2}{8ma^2}$

(3) $\lambda=\dfrac{h}{\sqrt{2mE_1}}=4a$

(4) 当 $n=1$ 时，$x=a$

当 $n=2$ 时，$x=\frac{a}{2}$，$\frac{3a}{2}$

(5) $\frac{1}{2}+\frac{1}{\pi}$

参考文献

[1] 教育部高等学校物理学与天文学教学指导委员会物理基础课程教学指导分委会．理工科类大学物理课程教学基本要求．北京：高等教育出版社，2010.
[2] 吴百诗．大学物理(新版)．北京：科学出版社，2001.
[3] 张孝林．大学物理(新版)学习指导．北京：科学出版社，2002.
[4] 李存志，郑建邦，徐中锋．大学物理学习题分析与解答．北京：高等教育出版社，2005.
[5] 张三慧．大学物理学．4 版．北京：清华大学出版社，2018.
[6] 任保文．大学物理学习指导．西安：西安电子科技大学出版社，2015.
[7] 胡盘新．大学物理解题方法与技巧．3 版．上海：上海交通大学出版社，2014.
[8] 赵凯华，陈熙谋．新概念物理教程：电磁学．2 版．北京：高等教育出版社，2006.
[9] 曾谨言．量子力学导论．2 版．北京：北京大学出版社，1998.